高校社科文库
University Social Science Series

教育部高等学校
社会科学发展研究中心

汇集高校哲学社会科学优秀原创学术成果
搭建高校哲学社会科学学术著作出版平台
探索高校哲学社会科学专著出版的新模式
扩大高校哲学社会科学科研成果的影响力

徐佳宁 / 著

数字环境下科学交流系统重组与功能实现

System Recombination and Functions Realization of Scholarly Communication in the Digital Environment

光明日报出版社

图书在版编目（CIP）数据

数字环境下科学交流系统重组与功能实现 ／ 徐佳宁著．
--北京：光明日报出版社，2010.12（2024.6重印）
（高校社科文库）
ISBN 978 - 7 - 5112 - 0991 - 7

Ⅰ.①数… Ⅱ.①徐… Ⅲ.①科学技术—文化交流—研究 Ⅳ.①G321.5

中国版本图书馆 CIP 数据核字（2010）第 257177 号

数字环境下科学交流系统重组与功能实现

SHUZI HUANJING XIA KEXUE JIAOLIU XITONG CHONGZU YU GONGNENG SHIXIAN

著　　者：徐佳宁

责任编辑：田　苗　钟祥瑜　　　　责任校对：何斯琴　王维杰
封面设计：小宝工作室　　　　　　责任印制：曹　净

出版发行：光明日报出版社
地　　址：北京市西城区永安路 106 号，100050
电　　话：010-63169890（咨询），010-63131930（邮购）
传　　真：010-63131930
网　　址：http：// book. gmw. cn
E － mail：gmrbcbs@ gmw. cn
法律顾问：北京市兰台律师事务所龚柳方律师

印　　刷：三河市华东印刷有限公司
装　　订：三河市华东印刷有限公司
本书如有破损、缺页、装订错误，请与本社联系调换，电话：010-63131930

开　　本：165mm×230mm
字　　数：278 千字　　　　　　印　　张：15.5
版　　次：2011 年 4 月第 1 版　　印　　次：2024 年 6 月第 2 次印刷
书　　号：ISBN 978 - 7 - 5112 - 0991 - 7 - 01
定　　价：68.00 元

前　言

　　科学和技术是形成知识积累和应用的社会活动，科学的增长依赖于积累，这种积累只有在单个的科学知识元素以合适的方式聚焦在一起时才能发生，在这个知识增长和积累的过程中，科学家相互交流思想、方法和成果是最重的，所以，交流是科学重要的组成部分。英国科学家诺贝尔生物与医学奖获得者Francis Crick 曾于 1977 年指出"科学的精要是交流"（Communication is the essence of science）。科学家在其研究的整个过程中一直都在寻找和交换信息，从选题和策划、数据收集或实验，到数据分析、论文撰写到出版，其动因在于：一方面，科学研究是一个累积过程，必须站在前人的肩膀上，课题相关信息的获取会潜在影响其研究速度，甚至决定其研究成败，科学交流决定着科学进程的步伐和进一步的工作能否实现；另一方面，科学家必须发布其科研成果以提高其个人和所在机构的声望，也依赖于其他科学家提供信息使其进一步完善他的工作。科学交流渗透于知识的生产、认证、传播和保存的整个过程，与知识增长有着直接的关联。

　　科学信息交流系统是随着科技发展不断发展变化的系统，新的交流手段和方法不断出现，而原有的手段和方法会将部分功能让位于新的工具。开放存取和 Web2.0 作为一种新的学术交流机制和支撑技术，从根本上改变了学术信息传播方式，改变学术信息链上各个节点（包括图书馆）的功能和影响，从而引发科学信息交流系统的重组和图书馆服务和功能的相应变革。传统的学术交流链是一个线型的垂直结构体系，其功能主要是依赖期刊来实现，通过收稿日期进行注册，专家评审进行认证，最终文章发表执行通告功能，由发表期刊级别和被引次数来实现对作者的认可和荣誉，一个功能实现后，才会继续履行下一个功能。而现代科学交流系统变成了一个互动的网状交流体系，有多个节点和多种路径发布、传播、保存，平行实现注册、认证、通告、存档和荣誉功能，而且可以同时实现多个功能。科学信息交流系统是由社会需求、科学发展规律和技术力量驱动的不断发展变化的系统，数字环境下科学交流系统已经发生了重大的变革和重组。因此，解析开放存取和 Web2.0 环境下重组的科学交流系统的结构，探寻科学家在新的环境下进行科学交流的习惯和规律，构建新的科学交流模式，寻找图书馆主动参与科学交流系统再造的具体原则、策略、方式、途径，实现图书馆功能的重塑，成为图书馆在新的环境下面临的新问题。

因此，本书将按照科学发展的历史进程，沿着历史的时间线，解析科学交流的历史沿革和数字环境下科学交流系统的重组和功能实现。首先，按照科学发展的历史进程，沿着历史的时间线，解析科学交流体系产生、发展的历史变革历程。书中系统回溯了科学交流系统产生、发展的历史进程中的五个阶段，即古典文化时期的科学交流、中世纪的科学交流、科学革命时期的科学交流系统、18～19 世纪的科学交流系统、现代科学交流系统，以便考察和追溯科学交流发展的轨迹，分析各个发展阶段科学交流系统的特点。在回顾科学交流系统历史沿革的基础上，想要进一步研究数字环境下科学交流系统的重组和功能实现，主要从以下三方面着手：一是解析科学交流的载体、媒介的沿革和数字环境下科学交流频道方式及其层次结构；二是探索数字环境下科学交流系统的变革，包括数字环境下传统期刊和电子期刊的发展、预印本文库的发展和现状、学科导航网关的发展、基于 Web2.0 的非正式科学交流特点等；三是详述数字环境下科学交流系统的模式重组及功能实现，解析现代科学交流系统互动的网状交流体系结构，多节点和多种路径发布、传播、保存，平行实现注册、认证、通告、存档和荣誉等功能。

由于水平有限，书稿难免存在缺陷和不足。欢迎各位读者、专家批评指正。

序　言

　　科学交流是科学活动的重要组成部分。在科学研究过程中，科学家相互交流思想、方法和成果，促进了知识的生产、传播、更新和积累。正是有效的科学交流促进了科学技术的发展。

　　科学交流系统是知识生产、认证、传播和长期保存的系统，是知识生产的依存体系。它的要素和结构直接影响着科学研究的步速和效率，从而影响知识生产总量。无论是科学家还是图书情报工作者都试图去解析科学交流系统的结构、特点和发展规律，以建立一个更适合于科学生产的科学交流系统。因此，科学交流系统成为科学家和信息服务者研究的对象和关注的课题。

　　科学信息交流系统是由社会需求、科学发展规律和技术力量驱动的不断发展变化的系统。随着科学的发展和信息技术的进步，新的载体、通信工具、交流方式在不同的历史时期不断出现，系统中的各种组织和文献单元及其相互关系时刻发展变化着，科学交流系统经历了怎样的发展历程？特别是近二十年来，数字化、网络、开放存取和 Web2.0 技术服务，急剧改变了学术信息生产、传播、保存的方式，现代数字化环境下科学交流系统的结构、要素、模式及功能发生了怎样的变革？这些问题还不很清楚，需要我们对科学信息交流系统作进一步深入和系统的研究。

　　近年来，徐佳宁同志潜心研读中外科学交流方面的研究成果，致力于从发展的视角来解读科学交流系统的沿革和现状，就科学交流系统的发展史、阶段特点、科学交流模式、系统功能、系统重组进行了较为深入的研究，并且提出很多有价值的见解。

　　科学交流系统是随着科学的发展而发展的，在科学发展的不同时期，科学交流呈现出与之相适应的体系结构和状态。徐佳宁同志依照科学发展的历史进程将科学交流系统的发展划分为五个发展阶段，从古代科学诞生的古典文化时期开始，详细分析各个历史时期科学交流的状况，总结各个历史时期科学交流系统的特点，追溯科学交流系统的发展历史。

她在著作中指出科学交流系统是由科学家内部交流系统和外部的信息服务系统组成的科学交流体系。数字环境下科学交流系统变成了一个互动的网状交流体系，有多个节点和由多种路径来发布、传播、保存，平行实现注册、认证、通告、存档和荣誉功能，而且可以同时实现多个功能。同时，在全面回顾和吸纳多位前辈学者描绘的科学交流模型的基础上，绘制了数字环境下科学交流系统内部信息流程模型和外部信息服务系统模型，新的模型较为全面地覆盖了数字环境下新的平行的出版模式、新的索引系统、新的引文工具等数字化科学交流元素。

科学交流系统是由多种组织和文献单元组成的，每个组织和单元在科学交流中起不同的作用。为了剖析数字环境下科学交流系统的组成、重组及功能实现，她在这本著作中从载体、媒介、新的文献单元、交流模型、评价机制等方面着手研究科学交流系统内部元素和结构的演变，尝试从各个层面反映整体的变革。她对数字环境下科学交流的载体、媒介、交流频道的种类、特性进行了细致的阐述，描绘出数字环境下科学交流渠道简图。她还对数字环境下期刊的数字化、预印本文库现状、学科导航网关的概况、非正式交流的发展等进行了大量的在线调查，搜集了详实的第一手资料，并总结分析这些新的交流单元和交流方式的发展特点，预测其未来发展趋势。

无论从国际科学交流研究的发展，还是从国内学者的相关研究来看，科学交流系统研究还没有形成完整的体系，基本的科学交流体系框架也很缺乏。很高兴看到徐佳宁同志的著作问世，她的研究是对科学交流系统历史发展和现代模式的有益探讨，希望能给同行一些启示，对推动科学交流系统研究的发展有所助益。

李爱国

2010. 11. 16

CONTENTS 目 录

第一章

概　述

第一节　科学交流相关概念

一、科学和科学交流的概念

著名物理学家海森堡曾说："科学扎根于交流，起源于讨论。"

科学家在其研究的整个过程中一直都在寻找和交换信息，科学交流决定科学进程的步伐，甚至决定其研究的成败，原因在于科学是累积性的，是以前人的研究为基础的，并且科学家必须发布其科研成果以提高其个人和所在机构的声望，也依赖于其他科学家提供信息使其进一步完善他的工作。科学交流是科学活动中最大量、最普遍的社会形式。尤其是现代科学活动中，一个科学家如果只是单枪匹马地从事科学研究，脱离正式或非正式科学交流的网络系统的话，那么，他将一事无成。不论是研究课题或方向的确立、研究工作的进行，还是研究成果的评价和确认，都离不开科学的交流。美国心理学家伽尔维（W. D. Garvey）将其著作命名为《Communication：The Essence of Science》（《交流：科学的精要》）；英国科学家诺贝尔生理与医学奖获得者弗兰西斯·克里克（Francis Crick）曾于 1979 年根据自己的观察并引用伽尔维的观点指出"科学的精要是交流"（"communication is the essence of science"）。[1]

讲到科学交流首先要明确"科学"的定义和内涵。在西方的语境中，"科学"（science）是指自然科学，如天文学、物理学、化学等等，所以通常"科学"、"数学"与"医学"三者是并列。在当代的汉语语境里，"科学"的范

---

[1]　Malhan I V, Rao, "Agricultural Knowledge Transfer in India：a Study of Prevailing Communication Channels," *Library Philosophy and Practice*, 2007 （http：//www. webpages. uidaho. edu/ ~ mbolin/ malhan-rao. htm）

畴有了进一步的拓展，数学、医学也被归入科学的范畴内。1999 年版《辞海》将"科学"定义为：运用范畴、定理、定律等思维形式反映现实世界各种现象的本质和规律的知识体系。科学按研究对象的不同，可分为自然科学、社会科学和思维文科学。

古代科学（拉丁文是 scientia，希腊文是 episteme）与现代科学的含义不同，意指"自然哲学"或"关于自然的哲学"。古代西方将哲学统称为"智慧"、"知识总汇"，它包罗了自然界的各个方面。17 世纪后期伟大的科学家伊萨克·牛顿（Isaac Newton）把他有关力学和万有引力理论的伟大著作冠名为《自然哲学的数学原理》（Mathematical Principles of Natural Philosophy）。我们研究自古典文化时期至今的科学交流，所以本书中的科学涵盖自然科学、社会科学和人文科学。

关于科学交流（scholarly communication）的定义，米哈依洛夫指出："人类社会中提供、传递和获取科学情报的种种过程是科学赖以存在并发展的基本机制，这些过程的总和我们将称之为科学交流。"① 简洁地说"是指个体或组织之间借助于他们的共同的符号系统（口语、手势、文字等）传递、获取信息和知识的过程的总和"。广义地讲，它指卷入科学研究过程中的所有信息交换活动，它研究的是渗透于科学研究整个过程中的信息交流，从选题、寻找资料、实验、验证、调查、整理、撰写、修改、发表、保存，直到在学术团体内传播和被参考引用。

伽尔维认为科学交流是"主要发生在科学家之间的卷入研究活动的那些信息交换活动"（By scientific communication I mean those information-exchange activities which take place mainly among scientists actively involved on the research front）。它包括从非正式的科学家之间的讨论到正式交流的方面，如期刊、综述、图书等。它覆盖科学信息生产、扩散和使用的全过程中的交流活动，从科学家有了研究思想（idea）直到研究结果信息被作为科学知识而接受。②

美国大学和研究图书馆学会将"科学交流"系统化定义为：科学交流是一个系统，通过这一系统研究成果和作品被创造，其质量被评价，被扩散到学术社团，并且为未来的使用而长期保存（Scholarly communication is the system

---

① ［俄］A. И. 米哈依诺夫著，徐新民等译：《科学交流与情报学》，科学技术文献出版社，1980年。

② W. D. Garvey, Communication：The Essence of Science, Elmsford：Pergamon Press, 1979.

through which research and other scholarly writings are created, evaluated for quality, disseminated to the scholarly community, and preserved for future use.)① 可以看出，科学交流渗透于知识的生产、认证、传播和保存的整个过程。

从过程的角度来讲，科学交流包括人类社会中提供、传递和获取科学情报的种种过程，这些过程的总和我们将称之为科学交流。米哈依洛夫概括指出科学交流的基本过程是：

—— 科学家和专家之间就他们所从事的研究或研制进行直接对话；

—— 科学家和专家参观自己同行的实验室、科学技术展览等等；

—— 科学家和专家对某些听众作口头讲演；

—— 交换书信、出版物预印本和单行本；

—— 研究或研制成果在发表前的准备工作，包括发表形式（致杂志编辑的信、通讯、寄存用手稿、期刊论文、工作报告、学术报信、专利申请书、合理化建议、述评、专著、教科书，等等）以及发表地点和时间的选择；

—— 为发表手稿所必需的编辑出版和印刷过程，包括写书评；

—— 科学出版物的发行过程，包括与发行过程相关的书刊商业活动；

—— 图书馆书目工作和档案业务（在其与科学情报业务相配合的范围内）；

—— 科学情报工作本身，即科学情报的收集、分析与综合加工、存储、检索和传播，包括科学技术宣传，而且，当前的科学情报工作基本上是与科学文献联系着的。

上述科学交流过程中的前五种，基本上是由科学家和专家自己来完成的，这些过程属于科学交流的非正式过程，而后四种过程涉及成果的正式出版、发行和由图书情报加工、存档、传播属于科学交流正式过程。必须强调指出，科学家或专家自己必然要参与科学交流的所有过程。他们参与这些过程的程度，基本上取决于这种或那种科学交流过程的特点。②

驱动科学家交流，维持科学交流过程的机制是个人兴趣同与社会团体兴趣的心理互动，两者相互控制。交流的驱动力是每个科学家都想拥有较高的社会声望，每个科学家的声望依赖于同行对其科研产品的反应，也依赖于其他科学

---

① ACRL, "Principles and Strategies for the Reform of Scholarly Communication", (http://www.ala.org/ala/mgrps/divs/acrl/publications/whitepapers/principlesstrategies.cfm#)

② ［俄］A. И. 米哈依诺夫著，徐新民等译：《科学交流与情报学》，科学技术文献出版社，1980年，第151页。

家提供信息、评价和意见，使他进一步完善他的工作从而赢得声誉；同时他的成果也给其他科学家带来新的观点和启示。科学家如果太过于追逐个人兴趣而与其他科学家相矛盾，其他科学家就会通过停止或限制向他提供信息来约束他。科学家个人可以通过选择投稿期刊来控制信息流向，避免编辑对新的所谓"非正统"研究的歧视；社会团体也能"控制"个人科学家的研究活动，如编辑通过选择性拒绝不符合他们观点的论文，来保证信息质量，同时规范科学家个人的研究。

二、科学交流系统的概念

科学交流系统是使得学术信息得以有效交流和传播的支撑系统。它包括由科学家自主参与形成的内部交流网络（如社团）、定期的交流活动（如会议）和外部的信息服务系统（包括信息的出版、传播、编辑、加工）。系统主要元素包括信息生产者、信息接收者、信息、载体、传播媒介等。

科学交流系统是指由承担科学交流任务的机构、组织构成的网络系统。其职能是把与科学交流相关的机构、组织纳入到一个互动的大系统中，提高科学交流的效能和效率，建立起更为活跃的科学交流关系。

英国物理学家、科学学奠基人贝尔纳（J. D. Bernal，1901～1971 年）是最早注意科学交流和科学交流系统的学者之一。他在《科学的社会功能》[①]（1939 年）一书中呼吁，人类要对科学交流的整个制度依次进行更加彻底的改组，建立一个系统，或者说服务体系，来对科学情报进行记录、归档、协调和分配，以全盘解决科学交流问题。

科学交流系统是一个不断发展进化着的社会系统，它是随着科学的发展和技术的进步而进化的，如同生物体系进化一样。它同样遵循适者生存原则，在不同的历史时期有不同的交流方式诞生，其中一些可持续发展的长期保存下来（如图书、期刊、会议、访学、机构库），加入到原有的体系中，替代或部分替代执行原有的交流工具和方式的功能，与原有的工具并存或取而代之；另外一些因被新的工具或交流方式替代而消失，如（FTP、BBS、纸本的 preprent）等。新的交流手段和方法不断出现，而原有的手段和方法会将部分功能让位于新的工具，并继续发挥作用，两者互补、共存。

科学交流系统包括两个子系统，其一是科学交流的内部系统，即研究过程

---

① ［英］J. D. 贝尔纳著，陈体芳译：《科学的社会功能》，广西师范大学出版社，2003 年版，第344 页。

中学者之间信息交流的子系统，指从研究开始到产出新知识的知识生产全过程中的信息交流子系统。信息服务子系统，前苏联学者米哈依洛夫将传统的科学信息的出版、发行、搜集、保存、加工、服务等过程作为"科学技术文献系统"和"科学信息和图书—书目工作"，纳入科学信息交流体系，这一部分实质上是科学交流的外部信息服务体系。

三、科学交流与科学传播的区别

科学交流也是科学传播的一个重要组成部分，科学传播是科学赖以存在和发展的基本机制。"科学传播"在英文文献中为"scientific communication"。英国物理学家、科学学奠基人贝尔纳是最早注意到科学交流和科学交流系统的学者之一，其在著作《科学的社会功能》（1939 年）① 中讨论科学传播时，使用了"scientific communication"。最初这个词组曾被我国学者译为"科学交流"，其实，它是传播学领域中的一个概念，指除科学的生产环节以外的其他所有科学活动过程，包括科学在科学共同体内部的传播以及在整个社会的传播。科学传播可以分成三个层面，首先是科学界内部的传播，其次是科学在公众之间的传播，第三是科学在文化之间的传播。传播学领域的科学传播狭义地讲专指后两方面，即在公众之间和在文化之间的传播。② 而信息学的科学交流指科学研究过程中的科学研究者之间的信息交流，它主要专指研究共同体内的传播和交流。在信息学范畴内，其研究对象之间的信息流是双向的"交流"而非单向的"传播"，其研究焦点也主要集中于科研人员之间的学术交流方面。

科学交流在英文文献中早期大多是使用单词"Scientific Communication"，主要用于描述自然科学领域的信息交流活动③，后来更多文献中使用的是"Scholarly communication"，因为它描述的不仅是自然科学领域，也包括人文科学和社会科学等所有知识领域的信息交流活动，同时还可以与科学传播区分开来，更具有专指性。但是，在英文科学文献中"Scientific Communication"与"Scholarly communication"并不是被严格区分使用的。尽管有许多学者规范地将科学交流称做"Scholarly communication"，但也有文献将科学共同体内的信息交流称为"Scientific Communication"。

① ［英］J. D. 贝尔纳著，陈体芳译：《科学的社会功能》，广西师范大学出版社，2003 年。
② 尹兆鹏：《科学传播的哲学研究》，博士学位论文，复旦大学，2004 年。
③ W. D. Garvey, Communication：The Essence of Science, Elmsford：Pergamon Press, 1979.

第二节　科学交流的功能

关于科学交流的功能，Roosendaal 等在对自 18 世纪起出现的正式科学交流进行分析的基础上，指出每个科学交流系统必须执行下面的功能①：①注册（Registration），声明科学发现或新思想理论的优先权；②认证（Certification），确定已注册科学发现或新思想理论的正确性；③通告（Awareness），使科学系统中的学者知道新的声明和发现；④存档（Archiving），为未来的使用而长期保存学术记录；⑤荣誉（Rewarding），基于源自系统的文献计量结果派生的对参与者在交流系统中表现的认可和荣誉，如在某一级别刊物上发表文章以及被引用所隐含的对学术水平的肯定。通过科学交流，系统学术成果得以确认优先权并被更多的科学家了解、利用及永久保存和传承。

科学家的工作与艺术家的作品是不一样的。文化艺术活动中，创造性的贡献都独一无二地属于个人，艺术的成果往往是举世无双、无可替代的。如果没有艺术家达芬奇的话，世界上就没有像"蒙娜丽莎"之类的作品。科学则不一样。如果历史上没有著名的科学家牛顿出现的话，那么迟早会有人作出本质上完全相同的贡献。因为，科学要发现的是同一个客观世界。因此，某项研究最终由谁做出成果贡献都一样。已做工作若不公开宣布，进入科学交流的信息网络获得评价和承认，那么，科学发现的优先权就会被人取代。因此，科学交流在科学活动中具有重要的地位。

科学交流系统的发展与文字、语言、文学、艺术、技术和科学的发展，有着紧密的联系，特别是交通技术、知识载体、交流媒介和交流方式的发展，直接影响科学交流的速度和广度。人类历史上迄今为止的三次媒介革命（印刷术、电话电视技术、电脑网络技术），提高了交流的速度，扩大了交流的广度，并增加了交流的频道和方式。从泥版、纸草纸、纸张、胶带、磁盘，到电话、电报、网络，特别是近十年来开放获取和 Web2.0 服务的普及引发了科学交流系统的重组和变革。学术成果的出版、交流以及保存已经全面电子化，电子版与纸本同时并存，从根本上改变了学术信息传播、交流模式。传统的学术

---

① Roosendaal H. and Geurts，" Forces and functions in scientific communication：an analysis of their interplay，"转引自 Herbert Van de Sompel etal，"Rethinking Scholarly Communication Building the System that Scholars Deserve，" D-Lib Magazine，Vol.10，No.9，2004.（http：//www. dlib. org/dlib/september04/vandesompel/09vandesompel. html）

交流链是一个线型的垂直结构体系，其功能主要是依赖期刊来实现，通过收稿日期进行注册，专家评审进行认证，最终文章发表执行通告功能，由发表期刊级别和被引次数来实现对作者的认可和荣誉，一个功能实现后，才会继续履行下一个功能。而数字环境下科学交流系统变成了一个互动的网状交流体系，有多个节点和多种路径发布、传播、保存，平行实现注册、认证、通告、存档和荣誉功能，而且可以同时实现多个功能。学术交流体系已由古代的口口交流，发展到以纸本期刊为主的线型、垂直结构体系，再变成互动的网状交流体系。数字环境下科学交流系统的重组和变革，引起网络环境下知识的生产、传播系统的变革，这将对科学研究和知识生产产生深远的影响。

第二章

科学交流发展史

    科学交流发展是由科学研究需求和科学技术发展共同推动的，可以说科学交流是随着科学的诞生、发展而产生和发展进步的。在科学发展的不同时期，科学交流呈现出与之相适应的体系结构和状态，因此我们依照科学发展的历史时期对科学交流进行分期，划分科学交流产生、发展的不同历史阶段，并籍此考察和追溯科学交流发展的轨迹。

第一节　古典文化时期的科学交流
（公元前 6 世纪～公元 5 世纪）

    随着科学技术的发展，科学交流在不同的历史时期以不同的方式为主。古典文化（Classical Culture）时期科学交流并未形成基本的体系，但伴随着科学的诞生科学交流就已经存在了。尽管交流手段可能极为简陋，效率极为低下，效果可能极为有限，但是，原始的科学信息交流对于科学技术的奠基却发挥着极为重要的作用。古典文化时期的科学交流以口口交流为主要方式，有学者认为直到亚里士多德时期科学家仍大多依赖口头方法传递他们的知识。当然书信也是重要的交流工具。另外，图书这种正式的科学交流方式也已经诞生，出现了"文献汇编"这样的综合整理性的文献，并且成立了图书馆这样的专门机构来保存和管理文献。由于印刷术还未发明，图书和文献以手稿或手抄本的形式存在，记录在泥板、纸草纸和羊皮纸上。早期的科学交流主要是以非正式的私人的方式进行，通常是在师生之间、学派内部、学术团体内部进行学术观点和思想的交流，但科学家们已经通过多种交流方式和渠道进行有效的交流，如游学、讲学、演讲、交谈、讨论、授课、手稿、手抄本、信件、图书等；这可以从最早的科学家的活动中得以证实。

一、古典文化时期科学家及其交流活动

科学诞生于公元前 845 年前后，创立科学的是希腊爱奥尼亚（Ionia）学派的自然哲学家。他们最先对关于自然现象的知识加以理性的思考，探索其各部分之间的因果关系，把丈量土地的经验规则（大部分是从埃及传来的）变成一门演绎科学——几何学。古典文化时期科学交流主要是以非正式的私人方式进行的，是无组织的科学家的个人行为。这一时期著名的科学家及其重要研究和交流活动如下：

科学的创始者相传是米利都的泰勒斯（Thales of Miletus，公元前 580 年左右）和萨摩斯的毕达哥拉斯（Pythagoras of Samos）。泰勒斯可以说是世界上第一位自然科学家和哲学家，他精通数学和哲学，为希腊七贤之一。泰勒斯是第一个认为月亮是靠反射太阳光而发光的希腊人；他最早巧妙地用一根木棍测出了金字塔的高度；他最先证明了关于园的半径和三角形的五个重要定理。泰勒斯早年是一个商人，曾到过不少东方国家，学习了古巴比伦观测日食月食和测算海上船只距离等知识，了解到腓尼基人英赫·希敦斯基探讨万物组成的原始思想；向埃及人学习了几何学知识，知道了埃及土地丈量的方法和规则等。泰勒斯并不满足于仅仅向埃及人学习，他经过思考，将这些具体的，只是实际操作的知识给予抽象化、理论化，使之概括成为科学的理论，使数学具有理论上的严密性和应用上的广泛性，故而被尊称为数学之父。

科学的另一个创始者是毕达哥拉斯。毕达哥拉斯于公元前 580 年出生在米里都附近的爱奥尼亚群岛之一的萨摩斯岛（今希腊东部的小岛），毕达哥拉斯最伟大的贡献是发现了勾股定理。他曾被富商父亲送到闪族叙利亚学者那里学习，在这里他接触了东方的宗教和文化。以后他又多次随父亲商务旅行到小亚细亚。公元前 551 年，毕达哥拉斯来到米利都、得洛斯等地，拜访了泰勒斯、阿那克西曼德和菲尔库德斯，并成为了他们的学生。后来在前往埃及的途中，他学习当地神话和宗教，并在提尔一神庙中静修，抵达埃及后入神庙学习。在早年的治学时期，毕达哥拉斯经常到各地演讲，以向人们阐明经过他深思熟虑的见解，除了"数是万物之原"的主题外，他还常常谈起有关道德伦理的问题。从公元前 535 年到公元前 525 年这十年中，毕达哥拉斯学习了象形文字和埃及神话历史和宗教，并宣传希腊哲学，受到许多希腊人尊敬，有不少人投到他的门下求学。毕达哥拉斯在 49 岁时返回家乡萨摩斯，开始讲学并开办学校。公元前 520 年左右，为了摆脱当时君主的暴政，他与母亲和唯一的一个门徒离开萨摩斯，移居西西里岛，后来定居在克罗托内。在那里他广收门徒，建立了

一个宗教、政治、学术合一的团体，他的演讲吸引了各阶层的人士，很多上层社会的人士来参加演讲会。

苏格拉底（Socrates，公元前 469~公元前 399），著名的哲学家，被后人广泛认为是西方哲学的奠基者。他出身于雅典，青少年时代继承父业，从事雕刻石像的工作，后来研究哲学，他熟读荷马史诗及其他著名诗人的作品，靠自学成了一名很有学问的人。他在雅典和当时的许多智者辩论哲学问题，主要是关于伦理道德以及教育政治方面的问题，苏格拉底被认为是当时最有智慧的人。他以传授知识为生，30 多岁时做了一名不取报酬也不设馆的社会道德教师。许多有钱人家和穷人家的子弟常常聚集在他周围，跟他学习，向他请教。苏格拉底的一生大部分是在室外度过的。他喜欢在市场、运动场、街头等公众场合与各方面的人谈论各种各样的问题，如战争、政治、友谊、艺术，伦理道德等等。苏格拉底本人一生没有写过什么著作，他的思想和学说，主要是通过他的学生柏拉图和色诺芬的著作记载流传下来。但是，作为一个伟大的哲学家，苏格拉底对后世的西方哲学产生了极大的影响，哲学史家往往把他作为古希腊哲学发展史的分水岭，将他之前的哲学称为前苏格拉底哲学。在教学的方法上，苏格拉底通过长期的教学实践，形成了一套独特的教学法，人们称之为"苏格拉底方法"。"苏格拉底方法"自始至终是以师生问答的形式进行的，所以又叫"问答法"。苏格拉底在教学生获得某种概念时，不是把这种概念直接告诉学生，而是先向学生提出问题，让学生回答，如果学生回答错了，他也不直接纠正，而是提出另外的问题引导学生思考，从而一步一步得出正确的结论。它为启发式教学奠定了基础。

柏拉图（Plato，公元前 427 年~前 347 年），古希腊伟大的哲学家，也是全部西方哲学乃至整个西方文化最伟大的哲学家和思想家之一。他和老师苏格拉底，学生亚里士多德并称为古希腊三大哲学家。柏拉图出身于雅典贵族，青年时从师苏格拉底。苏氏死后，他游历四方，曾到埃及、小亚细亚和意大利南部从事政治活动，企图实现他的贵族政治理想。公元前 387 年，活动失败后他逃回雅典，创办了知名的学院（Academy），这所学院成为西方文明最早的有完整组织的高等学府之一。此后他执教 40 年，直至逝世。他一生著述颇丰，以他的名义流传下来的著作有 40 多篇，另有 13 封书信。柏拉图的主要哲学思想都是通过对话的形式记载下来的。在柏拉图的对话中，有很多是以苏格拉底之名进行的谈话，因此人们很难区分哪些是苏格拉底的思想，哪些是柏拉图的思想。经过后世一代代学者艰苦细致的考证，其中有 24 篇和 4 封书信被确定为真品,其教学思想主要集中在《理想国》(The Republic)和《法律篇》中。

亚里士多德(公元前384~前322年),古希腊斯吉塔拉人,是世界古代史上最伟大的哲学家、科学家和教育家之一。亚里士多德是柏拉图的学生,在18岁的时候被送到雅典的柏拉图学园学习,此后20年间亚里士多德一直住在学园,直至老师柏拉图去世。公元前335年,他在雅典办了一所叫吕克昂的学校,被称为逍遥学派。亚里士多德的著作在这一期间也有很多,主要是关于自然和物理方面的自然科学和哲学,而使用的语言也要比柏拉图的《对话录》晦涩许多。他的作品很多都是以讲课的笔记为基础,有些甚至是他学生的课堂笔记,因此有人将亚里士多德看做是西方第一个教科书的作者。虽然亚里士多德写下了许多对话录,但这些对话录都只有少数残缺的片段流传下来。被保留最多的作品主要都是论文形式,而亚里士多德最初也没有想过要发表这些论文,一般认为这些论文是亚里士多德讲课时给学生的笔记或课本。亚里士多德一生勤奋治学,从事的学术研究涉及到逻辑学、修辞学、物理学、生物学、教育学、心理学、政治学、经济学、美学等,写下了大量的著作。他的著作是古代的百科全书,据说有四百到一千部,主要有《工具论》《形而上学》《物理学》《伦理学》《政治学》《诗学》等。他的思想对人类产生了深远的影响,他创立了形式逻辑学,丰富和发展了哲学的各个分支学科,对科学作出了巨大的贡献。

欧几里得(Euclid,公元前330年~前275年)是古希腊著名数学家、欧氏几何学的开创者。欧几里得生于雅典,当他还是个十几岁的少年时,就迫不及待地想进入"柏拉图学园"学习。"柏拉图学园"是柏拉图40岁时创办的一所以讲授数学为主要内容的学校。他在有幸进入学园之后,便全身心地沉潜在数学王国里。他潜心求索,以继承柏拉图的学术为奋斗目标,除此之外,他哪儿也不去,什么也不干。他熬夜翻阅和研究了柏拉图的所有著作和手稿,可以说,没有谁能像他那样熟悉柏拉图的学术思想、数学理论。欧几里得通过早期对柏拉图数学思想,尤其是几何学理论系统而周详的研究,已敏锐地察觉到了几何学理论的发展趋势,并决心在有生之年完成一部几何学著作。为了完成这一重任,欧几里得不辞辛苦,长途跋涉,从爱琴海边的雅典古城,来到尼罗河流域的埃及新埠——亚历山大城,为的就是在这座新兴的、文化蕴藏丰富的异域城市实现自己的初衷。在此地的无数个日日夜夜里,他一边收集以往的数学专著和手稿,向有关学者请教,一边试着著书立说,阐明自己对几何学的理解。经过欧几里得忘我的劳动,终于在公元前300年结出丰硕的果实,这就是几经易稿而最终定形的《几何原本》一书。

图 2 – 1　Henry Billingsley 先生的第一个英文版欧几里得《几何原本》的封面，1570 年

　　《几何原本》的影响与作用超过任何一本数学著作，手抄本流传了一千八百多年，到 1482 年印刷发行以来，世界上各种主要文字几乎都有译本，据说印行超过一千版次，它的发行量仅次于《圣经》而位居第二。现存《几何原本》的一种版本是公元 4 世纪末泰恩（Theon）的《几何原本》修订本；还有一个版本是 18 世纪在梵蒂冈图书馆发现的一个 10 世纪的《几何原本》希腊手抄本，其内容早于泰恩的修订本。①

---

　　①　*Euclid's Elements*（http：//en. wikipedia. org/wiki/Euclid's_ Elements）

总结这一时期著名科学家的科学交流及其重要成果如表 2-1。

表 2-1　古典文化时期著名科学家的科学交流及其重要成果

科学家	交流活动	重要成果
泰勒斯 （公元前 580 年）	游学（巴比伦、埃及）	测出了金字塔的高度，证明了关于园的半径和三角形的五个重要定理
毕达哥拉斯 （公元前 580 年）	游学（叙利亚、米利都、得洛斯、埃及），静修，创办团体，演讲，办学	发现了勾股定理
柏拉图 （约公元前 427 年）	游历四方，创办知名的学院（Academy），执教 40 年，	手稿、著作有 40 多篇，13 封书信
亚里士多德 （公元前 384 ~ 前 322 年）	在柏拉图学园学习，创办了吕克昂学校	讲课的笔记、论文和著作，他的著作据说有 400 ~ 1000 部，主要有《工具论》《形而上学》《物理学》《伦理学》《政治学》《诗学》等。
欧几里得 （公元前 330 年 ~ 前 275 年）	"柏拉图学园"学习，研究柏拉图著作，游学（雅典、埃及）	《几何原本》

二、古典文化时期科学交流的特点

通过考察科学诞生时期科学家和古典文化时期的科学活动和信息交流情况，可以看出这一时期的科学交流有以下特点：①以面对面的口口交流为主要方式；②主要以非正式的私人的方式进行；③交流是跨地区的，广泛学习和吸取各地区和民族的科学成果；④图书已经诞生，并有图书馆这样的专门机构负责图书、文献的管理；⑤已经有专门的图书出版作坊和书商进行图书抄写复制和销售。这一时期的科学交流主要是以非正式的私人的方式进行的，是无组织的科学家的个人行为。

（一）古典文化时期的科学交流以面对面的口口交流为主要方式

古典文化时期交通、通讯和文献载体都很原始，主要依靠马车作为交通工具来传递信件和手抄本，当时学者们大多通过游学各地和亲自访问面对面地交流学术思想和心得。直到亚里士多德时期科学家大多是依赖口头方法传递他们的知识，这些面对面的口口交流包括游学、访问、演讲、交谈、讨论、讲学、授课等多种形式。

演讲是这一时期重要的交流方式，通过演讲表达自己的学术观点、传播学术成果、获得尊重并建立自己的学术地位。毕达哥拉斯经常到各地演讲，通过口头方法传播其学术和哲学思想。公元前 600 年至公元前 330 年，在古希腊的古典时期各城邦有一种商业活动场所，称之为市场。当时人们的文化生活也都集中在市场周围。农民、商人、水手和工匠聚集在这里交往和娱乐。哲学家和科学家们也来到市场边上的阴凉处，在学生、拥护者和有兴趣的公众的簇拥下演讲，交流各种新的思想，发表不同的学术观点，从而历史地形成了著名的七大学派。他们是先后在爱奥尼亚地区的泰勒斯学派、毕达哥拉斯学派、厄里亚学派、巧辩学派和在雅典地区的柏拉图学派、欧多克索学派、亚里士多德学派。

毕达哥拉斯、柏拉图、亚里士多德创建了著名的学院（Academy）和吕克昂学校等学校，在学校里以面对面的口口传授方式传授、交流、讨论学术思想。在柏拉图学园里，师生之间的教学完全通过对话的形式进行，也是面对面的口头传递知识、交流思想。亚里士多德在教授门徒和学生的时候，常在英雄吕克欧（LycMs）的墓地附近边漫步边讲学，因而被称为"逍遥学派"。柏拉图和亚里士多德的作品有许多是通过对话录的形式记载下来的。柏拉图的主要哲学思想都是通过对话的形式记载下来，在柏拉图的对话中，有很多是以苏格拉底之名进行的谈话。

（二）古典文化时期的科学交流多是以非正式的私人的方式进行，通常是在师生之间、学派内部、学术团体内部进行学术观点和思想的交流

柏拉图与老师苏格拉底通过对话进行交流，并承继了苏格拉底的主要哲学思想，在柏拉图记载的对话中，有很多是以苏格拉底之名进行的谈话，人们很难区分哪些是苏格拉底的思想，哪些是柏拉图的思想。欧几里得进入柏拉图学园后，全身心地沉潜在数学王国里，他以继承柏拉图的学术为奋斗目标，翻阅和研究了柏拉图的所有著作和手稿，可以说，没有谁能像他那样熟悉柏拉图的学术思想、数学理论。正是通过早期对柏拉图数学思想，尤其是几何学理论系统而周详的研究，欧几里得敏锐地察觉到了几何学理论的发展趋势，并开始撰写《几何原本》这部著作。

亚里士多德在游历小亚细亚期间结识了狄奥弗拉斯特（公元前 371 ~ 286 年），他们成为了亲密研究伙伴。当亚里士多德于公元前 335 年返回雅典时，

狄奥弗拉斯特同他一道来到这里，并且在此后的 30 年间参与了吕克昂的活动。亚里士多德死后，狄奥弗拉斯特成为吕克昂的领导者，并担任这个职位达 36 年之久。他继续从事教学，并开展亚里士多德生前已经开始的博物学和哲学史的合作研究计划。他将苏格拉底前的哲学家的见解收集成册，这就产生了我们现在所说的"文献汇编"，即收集和保存关于各种主题的哲学意见的一系列手册。

毕达哥拉斯在意大利南部的希腊属地克劳东成立了一个秘密结社，叫做"兄弟会"，其科学发现作为学派的秘密永不泄露。这个社团每个学员都要在学术上达到一定的水平，他们遵守共同的规范和戒律，甚至于科学和数学的发现也认为是集体的，并且宣誓永不泄露学派的秘密和学说。

不过，科学家不仅在学术团体内部相互学习和交流，也会向其他人取经或请教，并搜集其他人的相关研究成果。在亚里士多德的生物学著作《动物史》(History of Animals) 中，他提到了 500 多个物种的动物，许多动物的行为被描述得相当细致，没有哪个独立工作的博物学家能收集到像亚里士多德生物学著作中所包含的如此之多的资料。显然，他依靠了旅行者、农夫和渔民的讲述、助手们的帮助以及前人的著作。

（三）交流是跨地区的，广泛学习和吸取各地区和民族的科学成果

泰勒斯、毕达哥拉斯、柏拉图、亚里士多德都曾游学四方，包括东方国家、埃及、希腊、意大利等文化胜地，向当地人学习语言、哲学、几何学和科学知识。新的技术、知识或新科学主要是通过外国学者到发源地去访问来传播的。这种跨地区的游学，使先哲们广泛吸收了阿拉伯文明和印度文明甚至中国文明的丰富营养，以及埃及、希腊、意大利等国的几何、数学、天文知识和操作实践，在此广泛学习的基础上，经过抽象化、理论化，使之概括成为科学的理论，建立了自己的科学思想和理论，形成了新的科学发现。泰勒斯早年曾到过不少东方国家，学习了古巴比伦观测日食月食和测算海上船只距离等知识，了解到腓尼基人英赫·希敦斯基探讨万物组成的原始思想，知道了埃及土地丈量的方法和规则等。他还到美索不达米亚平原，在那里学习了数学和天文学知识。泰勒斯年轻时也去过埃及，在那里，他向埃及人学习了几何学知识。毕达哥拉斯出生希腊，因为向往东方的智慧，经过万水千山来到巴比伦、印度和埃及，大约在公元前 530 年又返回萨摩斯岛。后来他又迁居意大利南部的克罗通，创建了自己的学派，一边从事教育，一边从事数学研究。

（四）在古典文化时期的科学交流中图书也已经扮演重要的角色，图书成

为教学和著述重要的参考资料

欧几里德撰写《几何原本》前在柏拉图学园翻阅和研究了柏拉图的所有著作和手稿，藉此他熟悉和完全了解了柏拉图的学术思想、数学理论；后来迁居文化名城亚历山大，在那里一边写作一边寻找相关手稿和著作，图书在其撰写《几何原本》的过程起到了重要的作用。柏拉图曾经遍游四方，为了进行教育、著述、演讲，也势必要参考图书。亚里士多德有一个古代最大的私人图书馆。他的图书馆有数百卷藏书，有的是购买的，有的是门徒们送的，同时也存一些抄本，包括他们自己的作品和亚里士多德所喜欢的其他著作。据合理估计，藏书中一定有许多供他本人写作时用的参考书，而且占了相当大的比例。他的学生和朋友们也可以使用这批图书。另外，有充分证据表明，当时希腊的作家和学者们已经有了使用图书馆丰富资源的机会。而且，当时希腊的城市中已经有了学校，虽然教学方法仅限于课堂讲授，但教师们肯定要有一些书面材料来补充他们出色的记忆力。

（五）出现了图书馆这样的负责收藏和管理图书、文献的专门机构

由于当时统治者及官员对科学藏书的重视，社会上已经出现了图书馆这样的专门机构来收藏和管理图书、文献。许多皇家、寺院和个人图书馆已建成，并且馆藏丰富。早在亚述时代，沙尔根二世（卒于公元前 705 年）时期，亚述人在卡色巴（Khorsabad）建立了宫廷图书馆，这一图书馆的遗址已经发掘出来。沙尔根的继位者还扩展了这个图书馆，他的曾孙亚瑟班尼拔（Assurbanipal，公元前 668 年～前 627 年）把这个图书馆扩建成古代世界上最大的图书馆之一。亚瑟班尼拔将亲自派遣专人在南到波斯湾北至地中海的广袤的亚述国土上收集各种各类的文献，甚至还到外国去搜集。① 亚瑟班尼拔还命令文官们学习早期苏美尔和巴比伦的文字，以便把这些古代典籍译成亚述文。他特别感兴趣的是宗教典籍、咒文和符语，但他却指示收集所有的文字记录。如同几个世纪之后的亚历山大图书馆一样，亚瑟班尼拔的图书馆对所有的学者、官员及平民开放，实际上许多文官和学者都被网罗到亚瑟班尼拔的图书馆，负责编纂修订的工作。②

亚瑟班尼拔的图书馆在皇宫占有许多房间，藏书按不同的专题排放于若干室内。包括有关历史和官府的泥版，以及军事情报、地理资料、法律文件和商

---

① 郭星寿：《现代图书馆学教程》，山西高校联合出版社，1992 年，第 130 页。
② ［英］M. H. 哈里斯著，吴晞译：《西方图书馆史》，书目文献出版社，1989 年，第 17 页。

业文体、传说和神话方面的泥版。除此之外，还有一处存放科学及伪科学的著作，包括天文学、占星术、生物学、数学、医学和自然史等方面。该馆收藏的各种文献总计约 1 万多种，泥版在 3 万块以上。图书馆中有许多是非亚述文著作的抄本和译本，是美索不达米亚平原上的前人们留传下来的，或者是从周围的国家收集来的。另外，在该地区的考古发掘中，人们还发现寺院图书馆也收藏有关农业、生物、数学、天文学和医学方面的著作。

另一个重要的古代图书馆是位于古埃及托勒密王国首都亚历山大里亚的皇家图书馆——亚历山大图书馆，始建于公元前 259 年，据说当初建亚历山大图书馆唯一的目的就是"收集全世界的书"，实现"世界知识总汇"的梦想，所以历代国王甚至为此都采取过一切手段：下令搜查每一艘进入亚历山大港口的船只，只要发现图书，不论国籍，马上归入亚历山大图书馆。[①] 有一则传说更讲到，当时古希腊三大悲剧作家欧里庇得斯、埃斯库罗斯和索福克勒斯的手稿原本收藏在雅典档案馆内。托勒密三世得知后此事后便设了一计，以制造副本为由先用一笔押金说服雅典破例出借，可据说最后归还给希腊的实际上是复制件，而真迹原件却被送往亚历山大图书馆了。

通过各种正当不正当的手段，亚历山大图书馆迅速成为人类早期历史上最伟大的图书馆：拥有公元前 9 世纪古希腊著名诗人荷马的全部诗稿，并首次在图书馆复制和译成拉丁文字；藏有包括《几何原本》在内的古希腊数学家欧几里得的许多真迹原件；早在公元前 270 年就提出了哥白尼太阳和地球理论的古希腊天文学家阿里斯托芬的关于日心说的理论著作；古希腊三大悲剧作家的手稿真迹；古希腊医师、有西方医学奠基人之称的希波克拉底的许多著述手稿；第一本希腊文《圣经》旧约摩西五经的译稿；对医学也有贡献的古希腊哲学科学家亚里士多德和学者阿基米得等均有著作手迹留此。此外，当时古埃及人及托勒密时期许多的哲学、诗歌、文学、医学、宗教、伦理和其他科学均有大批著述收藏于此。极盛时据说馆藏各类手稿逾 50 万卷（纸草卷）。[②]

另外，由于四方学者纷纷云集此地，古希腊地理学家、天文学家、数学家和诗人的埃拉托色尼，古希腊文献学家亚里斯塔克等不少历史名人都曾出任过亚历山大图书馆的馆长。而诸如哲学家埃奈西德穆，数学家、物理学家阿基米得等睿智圣贤也均在此或讲学或求学，使图书馆享有"世界上最好的学校"

---

① 方楠、秋燕：《河流的故事》，团结出版社，2007 年，第 88 页。
② 艺衡等：《文化权利：回溯与解读》，社会科学文献出版社，2005 年，第 62 页。

的美名，并在整个地中海世界传播文明长达 200 至 800 年。

古代埃及寺院因是医疗中心而特别知名，所以寺院图书室可以看做是早期的医学图书馆。在赫利典玻里的"卷籍文官"中，人们曾发现记载疾病名称及其医治方法的长篇著作；在孟菲斯的达寺（Ptah），曾发现医学处方的残本；在伊德富（Edfu）的哈鲁斯寺（Horus）中，还发现了一本名叫"病源之转移"的小册子。管理这些医学书籍的人被称为"生命之宫的文臣"和"神圣图书馆的学士"。现存最大的纸莎草纸卷之一就是医学文献，被称之为埃伯期纸莎草纸文献（Ebcrs Papyru），有 110 页，所载都是医学资料和处方，大约是公元前 1550 年写成的。又如爱德温·史密斯纸莎草纸文献（Edwin Smitn Papyrus），记载的是内外科医学，包括疾病的诊断和治疗。最大一批纸莎草纸医学文献是在埃尔莫波利斯（Hemopolis）的汤期寺（Thoth）中被人发现的，这批文献包括 6 部完整的著作，还有一些残篇。

柏拉图曾一度拥有相当规模的私人图书馆。有一份资料提到他曾向塔兰顿（Tarentum）的一位语言学家购买书籍，另一份资料则记载他在西西里的希腊人聚居地叙拉古购买图书的事。柏拉图死后，这批图书的下落不明，只有一个作者提到，柏拉图死后亚里士多德曾向柏拉图的侄子斯珀西波斯（speusippus）购买了一部分书。亚里士多德有一个古代最大的私人图书馆，据合理估计，他的图书馆有数百卷藏书（估计至少会有 400 卷）。① 总之，当时这座图书馆规模宏大，如同亚里士多德本人的丰富著述一样，其内容涉及各个学科领域。当时的图书是以纸草纸为载体的，涉及各种主题，包括文学（如诗和戏剧）、历史（也有生平和信件集）、哲学以及技术方面等，特别是在农业、手工业、医药等方面。

后罗马时期书写材料发生了变化，公元前 3 世纪以后，纸草纸已经明显减少，羊皮纸开始代替它。另外从公元 1 世纪或更早，书卷方式开始了变化，形成了如现代书籍的样式，即由卷轴式变成了册本方式，从 4 世纪这就成为主流形式。

（六）已经有专门的图书出版作坊和书商进行图书抄写复制和销售工作

在古典文化时代，已经有了专门抄书的手工作坊书店和"出版"、推销作品的"出版"商。希腊人在约公元 1 世纪时发明了称为手抄本的书本型书籍，手抄本是以纸莎草纸为原材料制作的，并首次具有现代书的外形，从而完成了

---

① 杨威理：《西方图书馆史》，商务印书馆，1988 年。

古代文献向图书转化的过程，并逐步发展成西方印刷术产生前外国图书的标准形式。公元前 2 世纪前后，对各种书籍日益增长的需要使民间产生了为公共需要并以赢利为目的，从事知识或信息传播的职业——出版。其产品统称为出版物，其词根就是古拉丁文的"公共"或"公开"，书籍仅是其中一类。古罗马哲学家塞内加记载，这一时期出现了拥有固定门面从事书籍出售的书商。根据玛尔提亚里斯和盖里乌斯的资料，我们大体上知道，罗马的书店主要集中在阿尔吉列图姆（Argiletum）和桑达拉里乌斯街（Vicus Sanda1arius）一带。书店门口柱子上从上到下都贴满了出售的书名。书店里的书架上（有时是格子里）堆着一卷卷的书，标签向外，上面注出书名和卷次。书店里奴隶们正在努力抄写和加工最新图书，生产制作大量价廉的图书。①

在古代罗马，"出版"书籍的地方，其实就是抄书的手工作坊。过去学者私人的书卷除了从外地购求之外，大都是借别人的书卷亲自过录或利用奴隶来抄写。但专业的"出版者"却拥有一批经过专门训练的，有时甚至可以说是有学问的奴隶，可以把任何古老的名著或新写出的作品及时抄录成"书"。抄录的办法或是一人直接从原本抄录（有如后来中世纪的僧侣），或是由一人朗读，多人同时记录，最后再经专人加以订正，把误漏改正或注明在书中的空白上，还可能用轮班的办法连续抄录。这样，人们就可以做到在很短时间内复制多卷，几乎达到咄嗟立办的程度。

罗马作家在较早时期可以把自己的作品用各种办法重录若干份赠人，以征求意见或扩大影响，但如果作者不是显贵或豪富，单凭自己的力量是无法"自费出版"的。因此他们只能把"出版"和推销作品（在罗马和在行省）的任务交给"出版"商。

最初的出版业称为书籍誊写，首批出版商多是贵族或富有的艺术赞助人。在古代罗马乃至世界的出版史上，罗马帝国的阿提库斯虽不是最早的，但肯定是最杰出的"出版"人之一。提图斯·彭波尼乌斯·阿提库斯（T. P. Atticus，公元前 110 年~前 32 年）出身于富有的骑士家庭，他虽然同当时罗马的许多上层人物有联系，但他始终注意保持中立，把重点放到经济活动上，不肯卷入政治斗争的漩涡。他具有极大的事业心，拥有巨额财富，又极善经营，他从事多种商业活动，其中包括"出版"业。他是著名的罗马政治家、作家西塞罗

---

① 王以铸：《谈谈古代罗马的"书籍"、"出版"事业》（http://ebook.1001a.com/uploadfiles_6143/%CE%C4%D1%A7/）

的亲密友人，西塞罗的许多作品是由阿提库斯负责"出版"的。阿提库斯并非因经营"出版"业而致富，相反，他是以富豪的身份致力此业，加上他自己又是学者，故而能做到不专以营利为目的，从而能保证书卷的高质量。他手下有一个高水平而又严肃认真的"编辑部"，这使得"阿提库斯抄本"的名著在当时享有极高的信誉，可以同亚历山大里亚的精抄本比美甚且超过之。阿提库斯建立了一个遍布罗马各地的销售网，而且他的"出版"机构不仅罗马有，各行省也都有它的分支机构，可见他的经营规模是十分庞大的。①

据德国古典学者比尔特的估计，罗马的书每"版"一般在五百到一千卷。这个数量在古代应当说是相当可观的，更何况还有争取"出版"时间的问题。我国明朝是坊间印书最滥的一个时期，据专家估计，每版一般也不会超过五百部。书商出版如此大量的书卷，而且又不止一种，可以想见需要一个庞大的机构来组织这一工作。当然，在利用奴隶劳动来复制的"出版"业，其成品在一般情况下质量肯定不会很高，特别是那些追求时尚的流行作品更是如此。

在古典文化时期，地中海世界的以纸草纸为主要材料的"出版"中心从雅典转移到亚历山大里亚再到罗马。罗马文明是希腊文明的继承和发展，从"出版"业的产生和发展这一角度来看也是如此。罗马人起初只能到雅典和亚历山大里亚去购求书籍，直到共和末期和帝国初期，罗马才开始建立自己的"出版"业并成了当时的一大"出版"中心。此外，随着罗马之日益集中地中海世界的财富而兴起的私人藏书之风，对书卷的"出版"和贩售的繁盛也有促进作用②。

由于当时尚无保护作者与出版商权益的法律，出现了商业性的非法抄本。到公元 2 世纪，出版业的竞争迫使罗马的出版商们为维护自己的权益组成了类似行业组织的协会。

中国上古时期，"学术统于王官"，一切文献典籍，都归统治者专有，它只供贵族及其子孙世代传习，平民百姓无权查询和受用。春秋时期，由于社会生产的发展和生产关系的变动，使依附于奴隶制的"士"（知识分子）逐渐发生分化，成为一个新的社会阶层。知识已不能再为奴隶主阶级及其史官所垄断。春秋末年，私家讲学的风气逐渐兴起，出现了私人著书、编书和藏书，孔

---

① 王以铸：《谈谈古代罗马的"书籍"、"出版"事业》（http://ebook.1001a.com/uploadfiles_6143/%CE%C4%D1%A7/）

② 王以铸：《古代罗马的"书籍"、"出版"事业》，《出版史料》，2003 年第 1 期，第 107～112 页。

子就是代表人物之一。他打破了由史官垄断文献典籍的局面，成为私人著书立说的创始者。他整理编定了《诗》《书》《礼》《乐》《易》和《春秋》六部书作为教材。这六部书除《乐》外，其它都借助于儒家师徒的传抄授受流传下来，成为今天能够见到的中国最早的书籍。[1]

孔子在整理编定这几部书时，曾利用了当时所能见到的古代史料，孔子自称"述而不作"，实际上就是做编辑工作。孔子的编辑工作主要包括史料收集、整理、顺序、取舍、删节、修改及写序等。这些做法，与今天的编辑工作已有类似之处。可以说，孔子不但是中国历史上著名的思想家、教育家，也是中国最早的编辑工作者。

中国古代书籍的流传，最初是由人们辗转抄录，自抄自用，以后，有人抄书出卖，书籍开始成为商品。书籍的需求增多，就出现了以售书为业的书店。据《后汉书·王充传》记载：（王充）"家贫无书，常游洛阳市肆，阅所卖书，一见辄能诵记，遂博通众流百家之言。"王充生于公元27年，卒于公元96年，从这一记载中可知当时城市里的书店已很普遍，书籍品种已有不少。有了书店，就要有可供出售的书籍，于是就出现了以抄书为业的人。魏晋南北朝时，抄写宗教经典的人很多，称为"经生"。

第二节 中世纪的科学交流（5～15世纪）

一、中世纪的科学发展

中世纪在科学史上被称做"黑暗时代"，传统上认为这是欧洲文明史上发展比较缓慢的时期。欧洲自然科学确实处于沙漠状态，但是同一时期，阿拉伯人却建立了经济繁荣、文化发达的阿拉伯帝国。从盛唐（公元7世纪）到明末（17世纪）一千多年的时间里，由于中国政治的相对稳定，其独特的科学技术体系得以逐步完善和发展。构成这一体系的农、医、天、算四大学科以及陶瓷、丝织和建筑三大技术，是古代中国人聪明智慧的结晶。造纸术、印刷术、火药和指南针这四大发明，经阿拉伯人传入欧洲后，对近代科学的诞生起了重要的推动作用。

中世纪是欧洲历史上的一个重要时代（主要是西欧）。西罗马帝国灭亡

---

[1] 中国百科网：《中国出版史》

（476 年）数百年后，在世界范围内封建制度占统治地位，直到文艺复兴时期（1453 年）之后，资本主义才得以抬头。中世纪时期意大利一直不能统一，罗马教皇为了保持自己的独立地位，建立了教皇国，教会统治非常严厉，并且控制了西欧的文化教育。教会宣扬基督教神学中最核心的教义是圣父、圣子和圣灵三位一体、原罪说等经院哲学，严格控制科学思想的传播，并设立宗教裁判所惩罚异端，学校教育也都是为了服务于神学。在教皇格高列里一世（590～604 年）时期，古罗马图书馆也被付之一炬，中世纪被说成是漫漫长夜和科学的空白时期。

但是，深入的研究表明，中世纪传承了古代文化，孕育了近代科学的萌芽，如丹皮尔所说"中世纪是近代的摇篮"。公元 780～840 年间，在阿拉伯君主支持下掀起了翻译希腊典籍之风，将大批希腊典籍译成阿拉伯文。11 世纪十字军东征后，欧洲人开始向阿拉伯人学习，展开了另一场规模和时间都很深远的大翻译运动。这两次大翻译运动使得许多古代科学典籍从希腊和印度被介绍到阿拉伯和欧洲。公元 1000 年至 1200 年的"翻译时代"被著名的中世纪科学史研究专家爱德华·格兰特（Edward Grant）称为中世纪"黎明的曙光"。希腊的科学典籍经由拜占庭、阿拉伯高等教育机构和翻译机构移植、翻译、选择和研究，使西方世界认识并把握了古希腊人的科学思维和理论观点。另外，中世纪大学的诞生为后来的欧洲科学技术的起飞准备了条件。在 11～12 世纪，各种类型的公立或私立学校如雨后春笋般涌现出来，大学对于科学知识的收集、保存和传承作出了巨大贡献，极大地复兴和促进了学术的研究，而且对近代科学思想的产生起了积极的影响。

二、中世纪关于科学交流的重大事件及科学交流的特点

中世纪关于科学和科学交流有几个重大事件，影响了科学的发展及传播，使这一时期的科学交流表现出以下的特征：（1）中世纪的科学交流是洲际间的大传播和交流，翻译运动使得许多古代科学典籍从希腊被介绍到阿拉伯和欧洲。（2）大学诞生，并成为不同学派和思想的汇集、论战、交流和融合的重要中心，为科学研究活动和交流活动提供了组织保障。（3）由于修士们的旅行、君王间国际联系、政治的集权和疆域跨多个地域，使得各地和知识中心之间保持了很好的联系，书籍和思想通常以令现代人吃惊的速度长距离传播，提高了科学信息交流的速度和广度。（4）图书和书写资料成为交流依赖的主要工具，书籍的翻译和抄写使图书及手抄本成为中世纪科学交流的主要工具，图书受到同昂贵的瓷器完全一样的对待，但在中世纪时期只有少数的教会、大

学、贵族和政府有书籍的应用。（5）中世纪时期，图书馆更加普及，在印刷术发明之前书的拷贝都是由手工完成，其材料成本与人工费用都相当高。这一时期的科学交流是以大学、修道院为中心，在皇家和贵族支持下，部分有组织性的科学交流。

（一）中世纪的科学交流是洲际间的大传播和交流，大翻译运动使得许多古代科学典籍从希腊和印度被介绍到阿拉伯和欧洲

希腊学者在遭受罗马帝国基督教迫害时，大多来到了波斯和拜占庭。阿拉伯人征服波斯后，继承了这些希腊的学术遗产。在阿拉伯帝国极盛时期，阿拉伯人也从拜占庭那里获得了许多希腊书籍，其中包括欧几里得的《几何原本》。阿波斯朝的哈里发们不仅鼓励搞商业和贸易，而且愿意支持科学事业，这就为科学的发展再次创造了良好的氛围。在阿拉伯文学巨著《一千零一夜》中被推为理想君主加以颂扬的哈里发哈伦·拉希德（764～809年），奖励翻译希腊学术著作，开翻译希腊典籍之风。后任哈里发阿尔·马蒙（786～833年）的贡献更为巨大，他于公元830年在巴格达创办了一所"智慧馆"。这所"智慧馆"与亚历山大里亚的缪塞昂十分相似，设有两座天文台、一座翻译馆和一个图书馆，招聘了一批专职翻译人员，从希腊语、波斯语、叙利亚语翻译希腊科学著作，也从梵文翻译印度的数学和医学著作。欧几里得的《几何原本》大约于公元800年译成阿拉伯文，托勒密的《天文学大成》于公元827年译成阿拉伯文，成为著名的《至大论》。这种高水平的翻译活动持续一个多世纪，到公元1000年时，几乎全部的希腊医学、自然哲学以及数学科学著作都已经被译成可供使用的阿拉伯文版本了。希腊科学和自然哲学在伊斯兰受到异乎寻常的礼遇。翻译运动使阿拉伯人很快掌握了最先进的科学知识，为进一步的科学创造打下了基础。

11世纪十字军东征后，欧洲人开始向阿拉伯人学习，展开了一场规模和时间都很深远的大翻译运动。希腊的数学、天文学和医学著作，亚里士多德以及他的一些希腊科学家的著作从阿拉伯文被翻译为拉丁译本。亚里士多德的物理学、逻辑学和伦理学，欧几里得的数学，托勒密的天文学，希波克拉底和盖伦的医学，都通过翻译工作者的艰辛劳动引入西方世界，逐渐被人们所认识。公元1200年至1225年间，亚里士多德全集被发现，并被翻译成拉丁文。希腊的科学典籍经由拜占庭、阿拉伯高等教育机构和翻译机构移植、翻译、选择和研究，使西方世界认识、把握了古希腊人的科学思维和理论观点，并使古希腊科学得以传承和保存。更为重要的是科学知识中蕴藏的自然法则、理性批判精

神汇入宗教神学意识形态和行为框架之内，为学术研究奠定了知识基础和理性思维基础。

（二）大学诞生并成为不同学派和思想的汇集、论战、交流和融合的重要中心，为科学研究活动和交流活动提供了组织保障

在 11～12 世纪，古希腊文化典籍的传入，手工业、商业的发展，城市行会的出现，为大学的诞生奠定了坚实的文化、经济、组织基础，各种类型的公立或私立学校如雨后春笋般涌现出来。11 世纪后期，意大利的波朗尼亚的法律学校改为一所多科性的学校，成了中世纪时期的第一所大学。随后在欧洲各地相继出现了许多大学，如 1160 年巴黎大学创立；1167 英国牛津大学创立；1209 年剑桥大学创立；到了 13 世纪，北欧已有 5 所名牌大学，除巴黎大学、牛津大学和剑桥大学以外，还有奥尔良大学、昂热大学。① 这一时期，法国有 3 所大学，意大利有 11 所大学，西班牙有 3 所大学。到中世纪末，欧洲已有近 80 所大学。这些大学开设的课程，有的偏重于人文科学，有的偏重于自然科学，但系科的划分没有近代那样严格，主要有语法、修辞、逻辑、数学、几何、天文、音乐、法律、医学等，很少设有文学和史学课程。中世纪早期的大学，没有入学年龄的限制，没有明确的年级分配，也没有严格的入学考试制度，更没有奖学金和助学金②。许多大学的权力直接掌握在学生手里，他们甚至拥有武器和暴力。

由于当时民族国家尚未形成，师生来自世界各地，研习内容主要是"七艺"。拉丁语是中世纪欧洲的通用语，各地的学生可根据自己的志向和兴趣到自己所喜爱的大学求学，这就使得大学有着很强的国际性。到了 13 世纪，随着经院哲学的繁荣，巴黎大学成了欧洲学者云集的中心，来自各地的学者都在这里求学与讲学，不同学派与思想的论战也大都在此展开。大学成为各种学术观点和思想的汇集、论战、交流和融合的重要中心。牛津大学第一任校长罗伯特·格罗塞特，既继承发扬了柏拉图关于数学是了解物质世界之基本钥匙的观点，又通过对宇宙现象的观察和从亚里士多德那里了解到抽象知识的重要性。这样，他将古希腊两位思想家的两种学术传统融为一体，从而将自然哲学建立在数学与实验的基础上。"他是发展科学方法的先驱，他提出了一套观察、设想及实验的完整制度，后人将其进一步演化为方法论，至今尚为现代物理科学家所运

---

① 姬小龙等：《中外数学拾零》，甘肃教育出版社，2009 年，第 114 页。

② 宋红玲：《世界科技全景百卷书：近代科技》，中国建材工业出版社，1998 年。

用"，他曾是亚里士多德著作的著名翻译者和评注者，他翻译的《伦理学》是大学的标准教材，并对《后分析篇》《辩谬篇》《物理学》等著作加以注释。①

另外，严格说来，中世纪大学并不像一个教育机构，它更像一个学术研究组织。因为人才培养只是它的"副产品"，它突出和追求的是学术的自由研究和知识的广泛传播。中世纪大学对于科学知识的传播、保存和传承作出了巨大贡献，极大地复兴和促进了学术的研究，而且对近代科学思想的产生起了积极的影响。

中世纪知识分子阶层已经走向职业化和专业化，然而，在人文主义传统以及宗教神学的排挤下，科学依然没有走向体制化，但大学的学术行会为知识分子科学研究活动和教育教学活动提供了组织保障。

（三）由于修士们的旅行、君王间国际联系、政治的集权和疆域跨多个地域，使得各地和知识中心之间保持了很好的联系，书籍和思想通常以令现代人吃惊的速度长距离传播，提高了科学信息交流的速度和广度

不同社会阶层的知识中心代表主要包括修道院、大教堂、宫廷、城镇和大学。

中世纪早期，主要文化中心是修道院。由于罗马的影响、爱尔兰修士们的旅行、查理大帝的集权措施以及10世纪和11世纪克吕尼派改革，它们相互之间保持了联系。一个修道院可能是旅行者的一处避难所，是一个经济中心，一盏建筑艺术的明灯，一个思想和信息的交流场所，一个新音乐和新型文学的源泉。但是它执掌这些角色纯属偶然而绝非必然，它的核心功能是圣事崇拜。一个图书馆、一个学校、一份档案、一份精细的自我记录，只是修道院存在的伴生物，但却形成一定程度的知识生活的起点。尽管修道院很多，但真正成为学术中心的相对极少，尽管如此，它们犹如矗立在无知野蛮海洋中的岛屿，使学术在西欧幸存下来。

封建主的府邸和王室的宫廷是另一个重要的知识中心和交流中心，它们是记录事件、历史著述和文学创作的稳固中心。这一方面是因为宫廷管理的组织必备四类有教养的人：国务秘书、诗人、星象学家和医生，这些人通晓多种语言，是潜在的诗人、文学家、历史学者、天文学家和医学家；另一方面是因为部分贵族对科学和哲学的兴趣，资助和支持诗人和作家撰写诗歌、史书和文学

---

① 李建珊：《中世纪欧洲科学技术浅析——也谈中世纪是近代的摇篮》，《天津大学学报（社会科学版）》，2009年第1期，第29~34页。

作品。在英国，格洛斯特伯爵罗伯特是杰出的文学资助者，马姆斯伯里的威廉的历史著作就是献给他的；亨利二世赞助文学和游吟诗人，并有一个官方编年史家，在其宫廷人员所写的著作中，有 20 多本是献给他的，包括少量神学著作、一些科学著作和方言诗歌、一些医学著作、拉丁文和法文历史著作。西西里宫廷在知识领域有重要的影响，它是北方与南方、东方与西方的交汇点，是希腊文和阿拉伯文著作翻译的沃土，甚至是用这些文字撰写著作的地方。由于联姻、广泛的国际联系和领域跨多个地域，这种组织化程度更高的中心之间的相互交流促进了文化的交流和发展。

另外，中世纪总有旅行者或商人穿梭于东西方之间，而边境附近懂两种语言（甚至多种语言）的人也相当多。拜占廷、穆斯林和拉丁宫廷之间也有外交上的接触。早期的一个重要例子是法兰克福的奥托大帝宫廷和科尔多瓦的阿卜杜勒·拉赫曼曾在大约 950 年时互派使者（他们都是学者），另一种接触可以体现为 10 世纪 60 年代中期吉尔伯特游历西班牙北部学习阿拉伯数学科学的事例①。

由于联姻、广泛的国际联系和领土跨多个地区，这种组织化程度更高的中心之间的相互交流促进了文化的交流和发展，提高了科学信息交流的速度和广度。

（四）图书和书写资料逐渐发展成为科学传播和交流依赖的主要媒介

书籍的大量翻译和抄写使图书及手抄本成为中世纪科学交流的主要工具，图书受到同昂贵的瓷器完全一样的对待，但在中世纪时期只有少数的教会、大学、贵族和政府享有书籍。中世纪中许多学者致力于翻译、解读、评注、研究、讲授和传播希腊学者的书籍，并在此基础上，被称为站在巨人的肩膀上，进一步研究并撰写了大量书籍，书籍的翻译和抄写使图书及手抄本成为中世纪科学交流和传承的主要工具。大学中也以亚里士多德的著作作为教材，所以，可以说图书成为当时科学交流依赖的主要交流媒介。

普林尼在其名著《自然史》的序言中写道：他和助手仔细查阅了由大约 100 位作者所著的 2000 部书籍，从中摘录出 20000 条内容。看来普林尼开发出了一个作笔记的卡片系统，所以他才能以手工方式对这 20000 条知识进行分类。② 这些卡片是按学科组织起来的，经整理后成为《自然史》。德国的大阿尔伯特（1200～1280 年）评注或解释了所有可得的亚里士多德书籍——这个

① ［美］戴维·林德伯格著，王珺译：《西方科学的起源：公元前六百年至公元一千四百五十年宗教、哲学和社会建制大背景下的欧洲科学传统》，中国对外翻译出版公司，2001 年，第 211 页。
② 李兆友、高茜编著：《科学技术发展概论》，东北大学出版社，2006 年，第 11 页。

成果在 19 世纪汇编的阿尔伯特著作中长达 12 大卷（超过了 8000 页）。这些评注既解释了亚里士多德的科学和哲学思想，又没有完全局限于这些思想，有许多内容远远脱离了原主题。从中，阿尔伯特展示了自己研究和沉思的结果，并使这些古典名著为更多的人认识和了解，这在科学的传承中起到了重要的作用。

图书在这一时期作为教材被广泛地采用和传播，英国的罗吉尔·培根（1220～1292 年）曾在巴黎大学的艺学院执教，在那里他是最早讲授亚里士多德自然哲学著作的人之一。这些著作包括：《形而上学》《物理学》《论感觉与可感物》（On Sense and the Sensible），可能还有《论生与朽》（它研究物质理论）、《论灵魂》和《论动物》（On Animals），也许还有《论天》。后来，培根将后半生投入于研究和写作，他通过著述（并非是真正纯粹的哲学或科学文章）满怀激情地对教会统治阶层游说，他要努力使他们相信新学问的实用性（这些著作是献给教皇的）。这些新学问并不仅仅是亚里士多德哲学，而是整个自然科学、数学科学和医学的新文献。[1]

中世纪西欧的修道院、大学、图书馆、书商家里都设有抄写室，也有不少抄书人专门从事抄书的工作。但是，由于抄书是一种艰苦劳动，一本书从买进羊皮纸到抄写再到制作成书更是一个非常复杂的过程，因而书的成本很高，书的数量也很有限。以大学为例，巴黎大学最有名的索邦学院图书馆，1289 年只有 1000 多本藏书。1338 年的藏书量也只有 1700 种。牛津大学著名的奥里尔学院图书馆，1375 年只有 100 多本藏书，著名的新学院图书馆，1380 年也只有 374 本藏书。剑桥大学皇后学院图书馆，1472 年时才 199 卷书。海德堡大学图书馆，1461 年时也才有 840 卷藏书。堂堂著名学府尚且只有如此之少的藏典其他诸如修院学校、城市学校等就更少藏书了。据美国的图书馆史专家考证，在印刷术传入之前，西欧很少有图书馆能收藏到上千卷的图书。[2]

这一时期图书的主要来源是修道院的抄写。尽管最早的规章没有对抄写作出具体的规定，但人们很快认识到这是一种很有价值的劳动。但是，修士们持久从事抄写工作实属不易，于是记叙抄写员的情况越来越多。甚至修道院抄写员也可能受雇抄写。

---

① ［美］戴维·林德伯格著，王珺译：《西方科学的起源：公元前六百年至公元一千四百五十年宗教、哲学和社会建制大背景下的欧洲科学传统》，中国对外翻译出版公司，2001 年，第 232 页。

② 程德林：《西欧中世纪后期的知识传播》，北京大学出版社，2009 年。

　　手抄书籍是一件单调乏味的工作，有可能还是件痛苦的差事。书写的时候，人背部弯曲，肋条陷腹中，整个身体痛苦不堪，天冷时经常抄到手指发僵。关于一本到底需要多少时间，我们只知道后期的准确数据。1004 年，吕克瑟伊的康斯坦丁十一天内抄完了波伊提乌所谓的《几何学》（Geometry），篇幅相当于现代印刷的一般书籍的 55 页。12 世纪，圣特隆修道院的教士长花了整整一年的时间才抄了一首弥撒升阶圣歌。1162 年，在莱昂，一本圣经抄了六个月，第七个月进行修饰。这被视为一件大事而载入史册。如果需要抄写更厚的书籍，该书就会以刀为单位平均分给几个抄写员抄写。修士们的抄写按例是无偿的，抄写所用的羊皮纸可以从修道院的土地上得到供应。

图 2-2　一位中世纪的抄写员　牛津　波德莱恩图书馆（13 世纪）

　　来源：［美］戴维·林德伯格著，王珺译《西方科学的起源：公元前六百年至公元一千四百五十年宗教、哲学和社会建制大背景下的欧洲科学传统》，中国对外翻译出版公司，2001 年版，第 160 页。

没有人计算过 12 世纪有多少手抄本，但是我们知道，截止 850 年，也就是《语源学》（它是整个中世纪最流行的书籍之一）一书完成后两个多世纪，有 54 本全本和一百多本节选本从塞维利亚翻越了比利牛斯山。法律方面，教会法律方面的著作肯定是会有的，现在几乎不再抄写日耳曼法典和法兰克法规汇编了，而《民法大全》才刚开始传播。

中世纪加洛林时代书籍受到同昂贵的瓷器完全一样的对待，修士们的抄写初衷虽是丰富教堂财富，增加个人收益，但客观上对古希腊科学知识和思想的保存、传承起了重要的推动作用。

（五）中世纪时期图书馆更加普及

中世纪时期，图书馆更加普及，且规模逐渐扩大，主要包括四种类型图书馆，教会图书馆，大学图书馆、皇家图书馆和私人图书馆。

1. 教会图书馆

教会办的图书馆分为三种，一是罗马教廷图书馆，二是修道院图书馆，三是大教堂图书馆。

罗马教廷图书馆也称为梵蒂冈罗马教廷图书馆（Biblioteca Podtoliea Vaticana），它是中世纪后期一座著名的图书馆，以收藏丰富的手本而著称于世，到 1484 年，该馆的藏书已达 3650 卷，其中大约三分之一是希腊的，三分之二是拉丁文的。[①]

中世纪时期，每个修道院都设有图书馆，曾任美国国会图书馆馆长的丹尼尔·布尔斯廷，专门研究过中世纪修道院图书馆的问题。在著作《发现者：人类发现世界与自我的历史》中引用了 1170 年一位士所说的话："一个没有图书馆的修道院就像一座没有军械库的城堡（claustrum sine armario est quasi-castrum sine armamentario）。"但早期修道院图书馆规模较小，且收藏科学方面的书籍较少。中世纪时期人们谈论的图书馆，并非指一个特定的房间，更非一幢特定的建筑，当时通常用以指称图书馆的一个词是 Armarium，意思是衣柜或书柜，这就是当时的图书馆了。它通常设在教堂里，后来通常设在修道院的凹壁内，墙上有书架，有些还有专门存放教科书的地方。以这种方式收藏的书籍数量上必定很少，而且最早的修道院图书目录上只有几册图书，大约 20 本

---

① 刘新成：《西欧中世纪社会史研究》，人民出版社，2006 年，第 451 页。

左右。① 修道院图书馆主要收藏宗教著作、古典著作、历史著作和名人的著作，对其他书籍的收藏情况明显参差不齐，依据当时的馆藏目录可以判断，"逻辑学、医学和自然科学这些新学问似乎传播得非常缓慢"。当时的一些修道院图书馆目录可以提供具体的例证。1123 年，桑斯的对皮埃尔·勒·维夫修道院院长阿诺尔德制作了一份列有二十册图书的书单，这些图书是他任职二十七年时间里手抄而成的，其中包括十四册关于圣经和宗教礼仪的书籍。在1122～1123 年之间，米歇尔斯堡（Michelsberg）的二百四十二册手抄本图书中有一本撒拉逊的数学著作、两本希腊人的数学著作和今天仍收藏于班堡的里歇乐的《历史》一书原稿，这就足够时髦的了。圣阿芒的 102 册藏书中有许多医书，达勒姆大教堂医学图书占有很重要的地位，它那藏有 546 册图书的图书馆是中世纪早期最大的图书馆之一。② 后来，大教堂图书馆规模逐渐增大。1212 年，意大利诺瓦拉大教堂除了藏有宗教典籍外，还藏有古意大利学者波依修斯的书、伊西多尔的《词学》以及《教令集》和《查士丁尼法典》等抄本。最大的一座大教堂图书馆是英国坎特伯雷大教堂图书馆，它在 1300 年拥有 5000 册书。法国巴黎圣母院和德国科隆大教堂的图书馆也都藏书丰富。

这种收藏的积累依靠捐赠、购买或现场抄写。手抄本自然是昂贵的，据说购买一本精美的《圣经》花掉了十个塔兰特（Talents），而一本弥撒书换了一座葡萄园。1043 年，巴塞罗那主教用一座房子和一块地从一个犹太人那里买来了两册普里西安（Priscian）的著作。修士、旅客和遗赠者捐赠给修道院的图书通常都记录在案，12 世纪鲁昂主教列举了如下的捐赠：从大主教罗特鲁那里得到了普林尼的《自然史》（Natural History）、奥古斯丁的《上帝之城》（City of God）、伊西多尔的《语源学》（Etymologies）、维特鲁威（Vitruvius）的著作，以及他的前任大主教雨果的两本著作。①

但是，中世纪后期，修道院及其图书馆遭受了严重破坏。亨利八世时期修道院被解散，它们的藏书也散落到各地，最为小心谨慎的修道院在 14 和 15 世纪都肆无忌惮地出售抄本。15 世纪早期欧洲大陆的图书馆遭受了严重毁坏，大量的破坏被归咎于要求把修道院图书馆和其他图书馆改为公共仓库的法国大革命，以及在其他地方发生的类似运动。许多图书馆被迫搬迁，福勒里图书馆

① ［美］查尔斯·霍默·哈斯金斯著，夏继果译：《十二世纪文艺复兴》，上海三联书店，2005年。

② ［美］查尔斯·霍默·哈斯金斯著，夏继果译：《十二世纪文艺复兴》，上海三联书店，2005年，第62页。

的藏书被搬到了奥尔良，但其中许多书籍在 1562 年就已经被新教徒散落到了各地。

2. 大学图书馆

大学图书馆是随着大学本身的发展而发展的。大学始于 13 世纪，而大学图书馆发展缓慢，似乎到后一个世纪，甚至更晚才有。在中世纪大学建立之初，各个大学没有专门的图书馆，学生们靠抄课堂笔记来获得课本，或者从书商手中购买和租借图书。于是大学附近出现了许多书商，把手中的藏书供学生租用，成了"租赁图书馆"。除了书商之外，最早的大学图书馆可能就是学生团体的藏书了。这些藏书有时由吃住在一起的学生共同拥有和使用，或至有一个总部来存贮这些图书。在波伦亚，这些学生团体的图书馆是由一些被称为"图书管理员"的学生管理的①，在其他的大学里也有类似的情况。在牛津和剑桥学生团体最后发展为"学院"，每个学院都有自己的系科和课程，后来在贵族、僧侣等的捐助下建立了各自的图书馆，再以后，各大学便建立了总图书馆（或称"中心图书馆"）。牛津大学就是先有格雷弗尔学院图书馆、默顿学院图书馆、奥里尔学院图书馆以后，才建立牛津大学中心图书馆的。剑桥大学也是如此，它的中心图书馆建于 1424 年。在大学里，无论是书商，还是学生图书馆和学院图书包，在印刷术发明之前，它们的藏书通常都是很少的。

巴黎大学和牛津大学图书馆建馆初期的情况，能够反映中世纪大学图书馆发展的情形。巴黎大学图书馆是 1256 年由巴黎大学的创始人罗伯持·戴·棱本（Robert de Sorbonne）捐赠索邦学院时附送的私人图书馆发展而来的，这座图书馆后来又带来了其他捐赠的图书。牛津大学尽管在 1200 年以前就已被承认为"有知识的公众"，但直到 1214 年才得到教皇认可，成为正规大学，而牛津大学图书馆总馆一直到十五世纪时才初具规模，且经历了一段曲折的历史。1320 年英国伍斯特城主教科巴姆向牛津大学捐赠一批手稿，并计划在牛津大学建造楼房，其一部分用作所有学院的总图书馆。但项目没有完成科巴姆就去世了，这些藏书最后存入了奥里尔学院图书馆。1367 年，遵照大学校长的指示，这些藏书迁移到圣玛丽教堂。到了 1411 年，新校长理查德·考特乃（Richard Courtenay）把这座小图书馆置于他的亲自监督下，并出资聘用一名牧师任图书馆长，每天开放五小时供阅读。1435 ～ 1447 年，英王亨利五世之

---

① ［美］哈里斯著，吴晞、靳萍译：《西方图书馆史》，书目文献出版社，1989 年，第 114 ～ 115 页。

弟格洛斯特公爵汉弗莱把自己的 600 种手稿藏书捐赠给牛津大学，藏书大部分是希腊文、拉丁文的古典著作和当时法文、意大利文的图书，大大增加了总馆的藏书量。1480 年，这些书又被迁往新建的神学院大楼，并以奠基人"汉弗莱"命名新的图书馆。

大学图书馆的藏书主要来自国王、贵族、僧侣、以及书商的捐赠。当时巴黎大学图书馆的第一批藏书，就是由创办人罗伯特·索邦捐赠的，"根据 1289 年的馆藏目录，它的藏书已经超过 1000 册……1338 年已达到 1700 册"①。此外，海德堡大学、布拉格大学等都得到过当时一些名人的赠书。另外，大学图书馆的藏书相比于教会涉及面更广，尽管教会图书馆也收藏古代典籍与世俗著作，但毕竟是以收藏宗教典籍与神学著作为主，而大学图书馆的藏书则是各方面的书籍都有。当时，大学图书馆的图书已经开始分门别类存放，分为神学、医学、法学、文学、修辞学、音乐、逻辑学、数学、几何学、天文学等十大类。②

3. 皇家图书馆

皇家图书馆产生于中世纪后期，一些皇家图书馆后来发展为国家图书馆。西欧最早的皇家图书馆是法国的皇家图书馆，该馆始建于法王圣路易九世在位时期（1226～1270 年）。这一图书馆的创建得到了当时的大学者——13 世纪百科全书的编撰者樊尚的支持与帮助。1367 年，法国皇家图书馆的图书存放于闻名于世的卢浮宫，其中既有宗教典籍，也有历史、法律、文学以及自然科学方面的书籍。另一座建立较早的皇家图书馆是那不勒斯王国图书馆。该馆始建于那不勒斯国王查尔斯一世（CharleSI，1220～1285 年），之后其规模不断扩大，且使用情况良好。③

4. 私人图书馆

私人藏书在中世纪后期的西欧也是比较盛行的。当时各个国家都有不少私人藏书家，这里仅举其中几位代表性人物。

理查德·戴·布利（1287～1345 年，英国人）

布利当过教师、公务员，后来到英格兰北部的达勒姆任主教。有资料说："他狂热地喜爱图书，而且还写了一本优美的赞颂爱书之举的书，即《热爱图书》，他认为，图书馆是知识的宝库，谁利用了这座宝库都会有所发现、有所

① ［美］哈里斯著，吴晞、靳萍译：《西方图书馆史》，书目文献出版社，1989 年，第 114～115 页。
② 刘新成：《西欧中世纪社会史研究》，人民出版社，2006。
③ 程德林：《西欧中世纪后期的知识传播》，北京大学出版社，2009 年。

收获。据估计，他的藏书有 1500 卷之多，成为 14 世纪英国最著名的私人藏书者，被人们誉为"爱书家"。①

杰都·伊本·提邦（JaduIbnTibbon，1120～1170 年，法国犹太人）

提邦是一位哲学家，也是一位将多种阿拉伯文图书译成拉丁文的学者。起初，他是为了自己在研究学问时不必向别人借书而收集、购买图书的，后来，他的藏书越来越多，办起了私人图书馆。在去世前，他将这座图书馆作为遗产留给了他的儿子，并向儿子传授了管理图书的经验。

图 2 - 3　书房中的僧侣

来源：佛罗伦萨，美第奇·劳伦扎纳图书馆，手抄本（7~8 世纪）

转引自：[美] 戴维·林德伯格著，王珺译《西方科学的起源：公元前六百年至公元一千四百五十年宗教、哲学和社会建制大背景下的欧洲科学传统》，中国对外翻译出版公司，2001 年，第 163 页。

---

① 刘新成：《西欧中世纪社会史研究》，人民出版社，2006 年，第 454 页。

美第奇家族（意大利）曾经建立了一座当时西欧很著名的私人图书馆。而这座图书馆由小到大经过了几代人的努力，其中有两位值得一提：一是柯西莫·美第奇（CosimoMediei，1389～1464 年），二是柯西莫的孙子洛伦佐·美第奇（LorenzoMediCi，1449～1492 年）。柯西莫聘请当时著名的佛罗伦萨书商比斯提西专门为他收集、购买图书，后者不仅完成了美第奇交给他的任务，还延聘 45 名抄写员抄书，从而大大增加了图书馆的藏书量。除了自己收藏图书外，柯西莫还购买了佛罗伦萨人尼科利的一座有 800 卷藏书的图书馆，这样，美第奇家族图书馆的规模进一步扩大，藏书种类也增多了："该图书馆藏有《圣经》抄本多种，并有宗教注释本、早期基督教教父的著作，以及许多哲学、史学、诗歌和语法方面的古典书籍。"柯西莫去世后，洛伦佐·美奇继续搜集和购买希腊文和拉丁文的抄本书，并在圣洛伦佐教堂建立了另一图书馆，"到 1495 年，它的藏书已达 1017 册"①。美第奇家族图书馆既允许学者们利用其馆藏的文献资料，也允许其他藏书家到该馆抄写馆藏的珍本书，使得这一私人图书馆成了向公众开放的图书馆。

（六）中世纪是欧洲出版的"黑暗时期"，但在中国是出版开始兴旺的时期

公元 476 年西罗马帝国覆灭后，在意大利建立起的教会、君主和领主合而为一的封建神权统治逐渐扩展到欧洲其他地区。教会再次取得对出版的控制权。民间出版几乎被摧残殆尽。长达 700～800 年的中世纪是欧洲出版的"黑暗时期"。

6 世纪初，西方基督教修道院创始人本笃制定了在隐修院内设立抄书室，从事宗教书籍抄写与翻译的制度。出版成为宗教机构固定的专职之一。到 7 世纪，这种现象已扩展到欧洲其他地区形成一种总的趋势。

自 7 世纪起，阿拉伯人逐渐占据了西亚、中东和北非的广大地区，形成以伊斯兰教为主的伊斯兰文化。阿拉伯文和波斯文是该地区的主要文字。由于部族游牧生活的特性，使整个阿拉伯地区的社会长期停留在原始部族阶段，其出版活动也依然停留在抄写书卷型羊皮书的古代文献后期阶段。

自 11 世纪起，法国和意大利的教会为培养高级神职人员陆续兴办了西方首批附属教会的大学，主要是神学院、法学院和医学院。但大学的发展超出了

---

① 郎永杰：《中世纪大学对科学研究活动的贡献》，《山西大学学报（哲学社会科学版）》2007 年第 6 期，第 84～87 页。

教会的愿望。大学数目逐渐增多，学习内容由纯宗教扩大到非宗教领域。这时隐修院抄书室已无法满足大学对各类拉丁文古典著作（包括非宗教著作）的需求。教会被迫放松对出版的控制，允许在大学的监督之下恢复民间书籍出版。

很快在巴黎、博洛尼亚、萨莱诺等地的大学附近出现了一批依附于大学的定点书商（stationarii）。这个拉丁词具有书商、出版商和文具商三重含义，是指一种集出版与销售书籍并兼营书写材料为一体的作坊式书商。他们主要出版经大学批准的教科书和出售学生所需的二手抄本，起流通图书馆作用。由于有固定的供销对象，获利稳定，这种前店后厂式的书商发展很快，成为西方印刷术发明前民间出版业的主导。当时意大利佛罗伦萨著名的书商韦斯帕夏诺·达·比斯蒂奇设有专门的抄书作坊，一次就雇用50多名抄写人从事书籍出版。作为定点书商的辅助与补充，巡回出售书籍的流动书贩也十分活跃。① 到了15世纪，书籍誊写再次成为一种正式的行业。1403年，在英国伦敦成立了由各出版兄弟会合并而成的书业公会。在主要的出版中心巴黎，抄书人和书籍装饰画匠人数的增长也使他们组成各自的行会。②

中世纪是中国出版开始兴旺的时期，在这一时期，中国发明了雕版印刷术，近代一些专家通过文献和出土实物的考察分析，认为最早是在唐代。现存世最早的有明确印刷日期记载的雕版印刷物，是1900年在敦煌被发现的《金刚般若波罗蜜经》卷子，刻于唐咸通九年（868年）。其所刻的经文和图画刀法等技术的质量已臻纯熟，可以肯定在此之前雕版印刷技术已有相当长的发展历史。雕版印刷术的发明，为书籍的生产、学术文化的传播带来了十分有利的条件，同时文化的发展又进一步促使人们在印刷技术上寻求改进。北宋庆历年间（1041～1048年），平民毕昇发明了用胶泥制的活字印刷术，这是印刷技术的重大改进，比朝鲜、德国用铅活字印书早400年左右。宋代沈括著的《梦溪笔谈》中有详细记载。在毕昇之后260多年，元代的王祯又发明了木活字印刷，他在安徽用木活字印了一本《大德旌德县志》，6万多字，不到一个月便印成100部。明代中期，在苏州、无锡一带盛行铜活字印书，还出现了用多

---

① 中国大百科全书总编辑委员会：《中国大百科全书》，中国大百科全书出版社，1993年，第337页。

② 《外国出版史》（http：//www.hudong.com/wiki/% E5% A4% 96% E5% 9B% BD% E5% 87% BA% E7% 89% 88% E5% 8F% B2）

色印技术印制精美的彩色木刻画册。这些都是中国出版史上的重要成就。①

雕版印刷术发明后，有了印本书，正式的出版业也开始出现。唐代中叶以后，在今四川、江苏、浙江、安徽、陕西、河南等地，从事雕版印刷的民间出版业已很普遍。唐代末期，四川成都成为中国西部雕版印刷中心，刻书业非常兴盛，当时成都书店中出售的书籍，已大都是印本书。

三、中世纪的科学交流系统

总之，中世纪时期还没有形成完整的科学交流系统，无论是科学研究过程中的交流，还是外部的文献服务系统都没有构建出基本的支持交流的体系框架。只是科学家私人之间通过书信、互访、书籍来交流成果，图书逐渐成为主要的交流工具，但口口相传、辩论、书信等方式在科学交流中仍然起到重要的作用。文献服务方面也仅仅是由书商或修道院组织小规模抄写来复制书籍，且抄写耗时长、成本高，价格昂贵，数量有限，且没有形成固定的商业或其他形式的流通渠道，无法广泛传播。另外，尽管图书馆已经逐渐在皇家、大学、宗教机构和个人中普及开来，但其藏书量仍然较少，也没有文献加工和服务。

书信在科学交流中依然起着一定作用。1156 年去世的克吕尼派杰出代表人物、著名修道院长尊者彼得，他在自己的信函中记录了与一位萨勒诺的大师巴托洛缪（Bartholomew）进行医学通信的情况。腓特列与北非和东方的伊斯兰君主的哲学家及科学家保持学术通信联系。在数学科学上有精湛造诣的法国科学家吉尔伯特（Gerben，约 945~1003 年），其造诣几个世纪在拉丁世界中无出其右，他的书信尽管大多充斥着混乱的政治和宗教内容，但有时也提到数学、天文学、要誊抄或修正的手稿（包括老普林尼的《自然史》）、待翻译的书籍以及他希望获得的那些著作（包括波埃修和西塞罗的作品）。在一封信中，吉尔伯特想要获得西班牙人约瑟夫的一本关于乘除法的书籍；另一封信中，他请求能得到卢皮图斯（Lupltus，巴塞罗那大教堂的执事长）从阿拉伯文翻译而来的一本天文学著作；还有一封信，他在信中宣称自己发现了一本在他看来是由波埃修所著的天文学著作。

这一时期的书都是由羊皮纸制成，纸草在中世纪早期已不再普遍使用，而纸又尚未从东方引进。羊皮纸是由粗糙的羊皮或羊羔皮精心制作而成，然后切割叠成刀，并用尺子划上线。12 世纪抄本的尺寸差别很大，既有许多大字体

---

① 中国大百科全书总编辑委员会：《中国大百科全书》，中国大百科全书出版社，1993 年，第337 页。

写成的大开本《圣经》和祈祷书，也有数量庞大的小开本书籍（规格为 16 开或者更小），这些小书常用袖珍字体抄成但字迹清晰，而且体积小得足以塞入旅行者的口袋。12 世纪早期是中世纪书法艺术的黄金时期之一，此时的书法仍然具有加洛林小书写体清晰易读的特点。稍后，中世纪书法采用了哥特笔法、连字符和大量的缩略词，到 13 世纪时，它们已经变得司空见惯，另外草书也于当时再现于世。

第三节　科学革命时期（15～18 世纪）的科学交流

科学交流的第二个重要发展阶段是近代科学诞生前后，即科学革命时期，这一时期是近代科学诞生并快速发展的时期。众所周知，我们今天所说的自然科学，也就是近代自然科学，诞生于 16 世纪。科学史学家一般将哥白尼（Nicolaus Copernicus，公元 1473～1543 年）出版《天体运行论》的 1543 年视为近代科学的诞生年，哥白尼《天体运行论》的发表是近代自然科学诞生的标志。① 近代科学诞生后，相继诞生了许多新的科学理论、研究方法，如培根的经验主义方法：观察归纳，代表作为《新工具》；笛卡儿的推理方法：数学演绎，代表作为《方法谈》；伽利略的理想化实验：实验＋数学。科学家们发明和使用了很多重要的科学仪器，如显微镜、望远镜、温度计、气压计、抽气机和摆钟等。15 世纪谷登堡印刷术的发明，使得书籍成为普通老百姓能承受的物品，从而得以广泛的传播。

在近代科学刚刚起步的 16 世纪，科学研究的社会组织形式还处于低级阶段。由于学科尚未分化、研究课题及其规模较小、无需复杂和昂贵的仪器设备等原因，当时社会主要以个人研究为主要形式，很少有科学家之间的合作研究，更谈不上企业和国家对科学研究的支持乃至拨款资助。但是，学者之间的大量通信、互访以及人员与时间均不定的聚会，却早已存在。意大利那不勒斯"自然奥秘协会"就是这种聚会的一例。进入 17 世纪，由于所研究问题的深入、领域的扩大、学科的分化与独立以及研究视角的多样化，使得及时的交流成为迫切需要。这种交流只靠少数人之间的通信、互访已经不够了，而且即使是间隔较长时间的聚会也已不能适应。于是科学交流开始向人员相对不变、方向相对确定、时间相对固定（且周期缩短）的有组织的方向发展。同时，居

---

① 林德宏：《科学思想史》，江苏科技出版社，1985 年。

住地区接近而又志同道合的科学家、哲学家和社会上层人士的聚会也不再局限于交流研究动态和阶段性成果，而且在经费获得资助的前提下，逐步出现了某些在实验研究或技术开发方面的合作。17世纪出现了以各种不同形式进行科学交流乃至科学研究的社团。在一个相当短的时间内，一批有影响的科学社团陆续成立。这种新社团中最有影响的有西芒托学院、英国哲学学会（无形学院）以及国家特许乃至拨专款建立的官方科学组织（如英国皇家学会、法兰西科学院、柏林科学院等）。学术团体的出现促进了对研究科学感兴趣和对应用科学感兴趣的人的结合，合作研究和大量的各种形式的交流提高了科学研究的生产率，同时增加了交流的需要。

科学发展的需要和技术进步的支持催生了多种新的科学交流组织方式和有效渠道，如无形学院、科学学会、期刊、印刷图书和单行本。为了有效地进行科学交流，科学家自发的组织交流活动形成无形学院；以无形学院为基础，其进一步发展成为正式的有建制的科学学会；科学学会定期组织会议、讲演，并规律的出版科学期刊和图书；期刊和图书需求和发行量的增大，促进了期刊和图书的发行、印刷、管理、保存体系的发展，从而一步步逐渐建立起科学交流系统的框架。

科学革命时期科学交流系统已基本形成完整的架构，其内部科学家之间的交流系统和外部的文献服务系统都已初具模型。在科学家内部已经形成无形学院这样有规律的交流活动和柔性人际网络，有规律的组织成员的聚会和交流活动，并在此基础上成立了正式的学会。学会有组织、有目的、有规律的组织学术会议、出版学术期刊和书籍、分配研究项目、汇报研究成果，促进科学家讨论和交流学术信息和出版学术成果。学会这一正式的科学社团的建立和发展，形成科学组织建制，学会定期召开学术会议、讨论会、讲座等，形成了正式语言交流的科学交流渠道；另外，对于科学研究成果的广泛传播、交流和保存需要，促使学术期刊这一重要的纸媒为载体的正式交流方式和媒介诞生，由科学家甄选稿件、编辑期刊，发布新发现、新发明、新书等学术信息。这些定期的学术会议、学术期刊，以及非规律性的书籍、通信和科学家的个人交流网络共同组成科学家内部的交流系统。另一方面，科技的发展，造纸技术和活字印刷技术的发明，使得大量复印和获得价廉的书籍和单行本成为可能，期刊图书的出版发行和收藏管理机构逐渐发展起来，书商、期刊编者和图书馆已经形成一个完整的文献编辑、加工和出版社发行系统，文献信息传播和保存的外部支撑系统也已经建立起来。

一、无形学院——定期进行非正式科学交流的科学社团

科学家的组织形式与科学的发展有着密切的关系,墨顿早在其博士论文《17 世纪英国的科学、技术与社会》中就指出"在英国本身,科学家之间的交往由于'无形学院'以及由此而成的皇家学会的形成而得到便利。这提供了一个交流思想和理论的确定的手段,它是如此肯定地激励了创造性的研究"①。墨顿观点的理论意义在于启发我们,科学家交流的组织形式往往会影响科学知识的传播速度和范围,从而直接影响科学事业的发展。

"无形学院"(Invisible college)一词首先出现于化学家波义耳(Robert Boyle)于 1646 年和 1647 年写的两封信中。它是波义耳对其参与的,由一批对科学感兴趣的人自愿每周在一起聚会,讨论一些自然科学问题的形成的非正式科学团体的称谓,这个团体最初也被称为哲学学会(Philosophical Society)。从 1644 年底起,成员就经常在伦敦集会他们自愿结合到一起讨论问题,无拘无束,在某种有形的科学组织出现之前以一种无形的组织存在着,波义耳称其为"无形学院"。这个无形学院由一些著名的教授、医生、神学家组成,包括数学家和神学家约翰·沃利斯(1614 ~ 1703 年)、约翰·威尔金斯(1614 ~ 1672 年);一批物理学家包括乔纳森·戈达德、乔治·恩特和克里斯托弗·梅里特;格雷歇姆学院天文学教授塞缪尔·福斯特、特奥多尔·哈克等等,后来化学家波义耳,物理学家胡克、雷恩,经济学家威廉·配第等也加入了这个群体。这些人每星期都要聚会,进行实验和讨论科学理论问题,先是在棋卜赛德的牛首酒店,后来在格雷歇姆学院。社团旨在促进自然科学发展,表现出广泛的兴趣和评论范围,其成员约定把神学和政治排除在他们的讨论范围之外。1648 年大部分会员因内战迁到牛津大学活动,1660 年伦敦的集会又恢复举行。1662 年,在国王查理二世的特许下,这个组织正式定名为"英国皇家学会"。托马斯·斯普拉特在他的《皇家学会史》(1667 年)写到有关牛津哲学学会的每周聚会:"他们的学会记录是行动而不是讨论的产物,主要是参加一些具体的化学或力学试验。他们没有一成不变的规则和方法,他们的目的是彼此更多地交流自己的发现,而不是统一、不变和正规的论文。"

实际上这种无形学院在早 16 世纪已经存在,当时一些欧洲国家流行许多文学俱乐部和讨论哲学问题的团体,这些团体常常于周末定期或不定期在实验

---

① [美]默顿著,范岱年等译:《十七世纪英国的科学、技术与社会》,四川人民出版社,1986年。

室、沙龙或咖啡馆中举行聚会，又称为"科学沙龙"、"假日聚餐会"、"周末茶话会"、"学术车间"、"业余闲聊"，形成了非正式的科学社团和柔性学术信息交流网络。在这里，他们进行接触，建立联系，互相传阅和议论有关科学界信息和动态的材料和信件，介绍各自进行的研究工作。许多科学家都利用这些组织的活动进行相互交流和探讨。16世纪末，在意大利已有100多个交流会性质的组织，它们实质上就是波义耳所说的无形学院。

（一）早期著名的无形学院

1. 自然奥秘研究会

最早的这种科学团体是16世纪50年代出现在意大利那不勒斯的"自然奥秘研究会"（Academika Secretorum Naturae 或 Accademia dei Secreti），集会的地点就在协会会长那不勒斯的巴帕第沙·达拉·波尔塔（Baptisa della Porta，1538~1615年）的家里，它可能是效仿16世纪意大利繁荣的文学团体建立起来的，它是一个实验研究会。自然奥秘研究会的规划是："从书本中和其他专家那里寻求奥秘，并将它们用于实验测试，将得到证实的实验记录下来。"波尔塔曾在其著作《自然魔术》第二版（1589年）的序言中提到创建自然奥秘研究会初衷是为了"求知的人们进行一些实验操作"和"帮助我编辑和扩展这一版的内容"。但不久就以"私搞巫术"罪名被查封了。

2. 山猫学会

图 2-4　波尔塔《自然魔术》的英文版封面和山猫研究会的徽标

罗马的"山猫学会"（Academy of Lynx 或 Accademia dei Lincei），又称猞猁学会，从 1601 年开始活动，直至 1657 年。山猫学会是在喜好搜集自然物的罗马王子凯西（Federico Cesi，1585～1630 年）的支持下成立的，该团体的参加者经常聚会，并努力尝试建立自己的博物馆、图书馆、实验室、植物园和印刷所。"Lincei"是山猫的意思，这种动物的特点是目光锐利，以此为名是为了希望能以山猫一样敏锐的眼光发现自然的及科学领域的问题。成员包括伽利略和前自然秘密协会会长波尔塔在内，最兴盛时该学会有 32 名院士。1611 年3 月，伽利略的五项天文发现（1609～1610 年）被罗马学院接受之后，次月，获邀加入山猫学会成为第六位会员。他曾向学会赠送了一架自己制作的显微镜。山猫学会资助他出版《太阳黑子》（1613 年）与《试金者》（1623 年）两本著作。山猫学会会员共同居住在凯西提供的住房内，凯西给他们提供书籍和实验设备。在 1605 年的一封信中，学会目标被描述为："不仅要获得知识和智慧，而且公正和虔诚地居住在一起，通过口头和书面形式向人们展示这些，不造成任何伤害。"山猫学会完全致力于自然哲学研究，宣言从不参加与宗教和政治相关的争论。他们保证不因为琐事内部争吵，不提出无法实现的承诺，也不对自己的成就自吹自擂。为了不受干预，他们对自己的研究严格保密，采用笔名发表文章，并用密码通信。1630 年因赞助人凯西公爵的逝世，学院也解散了。山猫学会是意大利国家科学院的前身。[1]

3. 艾勒欧勒狄卡学会

在德国，1622 年生物学家和教育改革家约阿希姆·荣吉乌斯（1587～1657 年）在罗斯托克建立了"艾勒欧勒狄卡学会"，旨在促进和传播自然科学，把它建立在实验基础之上。然而，这个学会似乎仅维持了两年左右。虽然它的活动时间不长，但却是德国科学社团历史的开端。17 世纪，德国建立了许多科学社团，三十年以后，建立了自然研究学会。这个学会基本上是医生的行会，它的主要活动是出版一份期刊，刊载会员的医学专业研究成果。1672年，德国又建立了实验研究学会，它从其创立者阿尔特多夫的克里斯托弗·施图尔姆的学生中吸收新会员，施图尔姆把他精心收集的一批物理仪器供他的学会会员进行特殊的实验工作。[2]

---

[1] 李斌：《伦敦皇家学会以前的科学社团》，《世界博览》，2008 年第 1 期，第 74～79 页。

[2] ［英］亚·沃尔夫著，周昌忠等译：《十六、十七世纪科学、技术和哲学史（上册）》，商务印书馆，1984 年，第 81 页。

4. 西芒托学院

图 2－5　1773 年的一幅雕刻，西芒托学院的集会

　　另一个著名的无形学院是在后伽利略时代的"西芒托学院"，又称"实验学会"（Academy of Experiment），于 1657 年在意大利的佛罗伦萨建立。它的发起人是伽利略最杰出的两个门徒——维维安尼和托里拆利。美迪奇家族的托斯卡纳大公斐迪南二世及乃兄利奥波尔德对其提供了必要的资助。西芒托学院是在 17 世纪 40 年代美迪奇兄弟创办的一个装备完善的实验室基础上建立的，实验室完善地配备着当时所能获得的科学仪器。在 1651 到 1657 年间，各方面的科学家为了进行实验和探讨问题，定期地在这个实验室里聚会，进行实验并探讨学术问题。后来，它发展为西芒托学院，有不少欧洲著名的科学家是这个学院的成员，他们在这里做了一系列重要实验，研制了许多在当时堪称一流的科学仪器。① 西芒托学院仅仅是这种非正式团体的一个比较正式的组织。②
1667 年，西芒托学院的成员在佛罗伦萨集体发表了《西芒托学院自然实验文集》（*Saggi di naturali esperienze fatte nell*'*Accademiadel Cimento*），叙述了他们共同做的实验和发现③，这部著作最重要的部分是论述温度和大气压的测量。

闻名世界科苑的"无形学院"，还有德国物理学家劳厄喜欢的"卢茨咖啡馆"；爱因斯坦为"院长"的"奥林匹亚科学院"；日本科学家汤川秀树组织的"混沌会"；英国剑桥的"三一中心"和"卡文迪许实验室"等。它们对各国正式科学机构的建立以及对各国自然科学的研究与交流发挥过重要的历史作用。

（二）历史上的第二批"无形学院"

"无形学院"这个名称再次被用来称谓历史上的又一个科学家的特定团体，是普赖斯、马尔凯等人将 20 世纪 30 年代在英国出现的、以贝尔纳为代表的左翼科学家团体叫做"无形学院"。这个无形学院是在 1931 年英国伦敦举行的国院科学史第二次代表大会以后形成的。当时，贝尔纳、李约瑟、哈尔丹、霍格本、赫胥黎、列维、布拉克特等深受马克思主义的影响，热情地参加当时在英国出现的 SRS 运动（讨论科学与社会关系的运动），探讨科学与社会互动的关系问题。这个具有共同思想倾向和理论观点，但无具体的组织形态的学术团体，同样被称为"无形学院"。

（三）社会学意义上的"无形学院"

美国的科学社会学家普赖斯教授在他的《小科学、大科学》一书中，把某一研究领域非正式的学术交流群体称为"无形学院"（college 一词兼有学会、社团、学院之意），意指那些从正式的学术组织派生出来的非正式学术群体。④ 这些小群体的成员彼此保持不间断的接触，彼此传阅手稿，相互到对方的机构中进行短期的合作研究。普赖斯不仅意识到科学交流对于科学进步的意义和作用，而且从科学信息交流中，看到了科学家活动的社会形式，看到了正式的大规模的科学共同体中存在非正式、小规模的科学家群体——无形学院。

---

① 姚海：《世界近代前期科技史》，中国国际广播出版社，1996 年。

② ［英］亚·沃尔夫著，周昌忠等译：《十六、十七世纪科学、技术和哲学史（上册）》，商务印书馆，1984 年版，第 65 页。

③ Richard Waller, *Essays of Natural Experiments made in the Academie del Cimento*, London, 1684（英译本），p. 41.

④ ［英］D. 普赖斯著，宋剑耕、戴振飞译：《小科学、大科学》，世界知识出版社，1982 年。

普赖斯还明确地阐明了科学交流与无形学院的关系。他认为，无形学院是科学家（作为信息的传递者）通过信息交流形成的看不见的集体。所以"无形学院"是反映在科学中进行学术交流的人们的互动关系的社会学概念。普赖斯将"无形学院"从一个科学史中的名词演变成为一个社会学概念。

默顿曾经给"无形学院"下了一个定义，他说："从社会学意义上，可以把'无形学院'解释为地理上分散的科学家集簇（Clusters），这些科学家处在较大的科学共同体之中，但是，他们彼此之间在认识上的相互作用要比其他科学家的相互影响更为频繁。"无形学院是在信息交流中出现的，它的强大作用也是通过知识交流及传播的途径而实现的。

黛安娜·克兰教授拓展了普赖斯的研究，在其所著的《无形学院》中对无形学院重新下了定义①，她把普赖斯的无形学院概念所指的某一领域中非正式交流群体再划分为两部分：一类是由合作者群体组成的团结一致的亚群体；另一类是由这些亚群体中的领袖人物们通过彼此之间的非正式途径、横跨学科所进行的信息交流传播组成的交流网络群体。克兰把这类学术领袖之间形成的交流网络称为无形学院，这种无形学院把许多合作者群体联系在一起。②

任何一个成熟的学科都有一整套正式的科学交流系统，如具有正规的学术会议、专业期刊、学术专著、文献摘要以及目录索引等等。这是科学的组织化、社会化的表现。无形学院之所以作为科学共同体的另一种社会形态，其中一个重要的考察指标是，无形学院有其独特的、富有个性的科学交流的信息网络。现代科学的发展尤其是交通工具和信息传递的通讯手段日新月异，使科学家之间非正式的科学交流的信息网络不断得到发展，科学研究的非正式的"社会圈子"和非组织化的"无形学院"的活动非常活跃。不少科学家常常在不同的科学中心或研究中心之间穿梭来往，直接和间接的非正式的接触日益频繁。同时，科学组织也不断地呈现出开放性。导师和学生在一定时期内是正式关系，但当学生独当一面地进行工作时，更多的是非正式的关系。尽管如此，导师对学生的影响是深刻的，而且这种非正式的关系是频繁、牢固的。

二、科学学会——正式建制的科学社团，形成科学交流的正式平台

一些无形学院经过长期有组织有规律的活动，以及参与成员的积极努力逐

---

① ［美］戴安娜·克兰著，刘珺珺等译：《无形学院——知识在科学共同体的扩散》，华夏出版社，1988年。

② 王克君：《从科学史看无形学院对科学发展的作用》，《东北大学学报（社会科学版）》，2001年，第2期，第122~124页。

渐发展为正式的科学学会，成为正式建制的科学社团。科学学会负责组织学术会议、分配研究项目和探索任务、汇报研究成果、出版刊物、出版科学书籍，并建立委员会指导各个学科部门的工作，促进科学家之间交流和学科发展，形成科学交流的正式平台，在科学交流中起到重要作用。一方面，学会组织的各种活动，为研究人员搭起了思想交流的平台。通过定期或不定期的聚会，社团成员可以面对面地交流他们在研究中的最新研究成果，直接向同行演示最新的实验发现，并就共同感兴趣的研究对象交流看法，总结经验。这种零距离的交流，有助于开阔思维，避免重复研究和由于孤立研究而产生的偏见。另一方面，学会组织发表会员们的研究文集、合编著作、出版定期和不定期的学会期刊，形成了正式的科学交流媒介。这种间接的正式交流媒介在一定程度上打破了交流时间和空间的限制，提供了一个公开的、不受社交范围限制的、便捷的思想和成果交流媒介，具有规范研究成果，较好地表现科学研究的深度和研究成果的客观性等优点。第三，由于社团组织人员走出去到国外考察和请进来（如法兰西科学院就聘有一些外籍院士，如惠更斯等），形成了国际交流，扩大了科研信息交流的范围，从而使更多的人在世界的范围内从最新的研究成果中获益，加快了科学研究的进展。早期重要的学会及其活动情况如下。

（一）早期重要的科学学会

1. 英国皇家学会

英国皇家学会的起源可追溯到 1644 年，当时一些对科学感兴趣的学者每月聚会一次一起讨论和实验，罗伯特·波义耳把它称为"无形学院"。经过长年无形学院的非正式集会后，公元 1660 年查理二世复辟以后，在共和国时期对科学感兴趣的人数大大增加，人们现在觉得应当在英国成立一个正式的科学机构。因此伦敦的科学家于公元 1660 年十一月的一天在格雷山姆学院克里斯托弗·雷恩一次讲课后，召集了一个会，正式提出成立一个促进物理—数学实验知识的学院。约翰·威尔金斯被推选为主席，会议成员起草了一个"被认为愿意并适合参加这个规划"的四十一个人的名单。这以后不久，查理二世的近臣罗伯特·莫雷带来了国王的口谕，同意成立"学院"，莫雷就被推为这个集会的会长。1662 年，查理二世在许可证上盖了印，正式批准成立"以促进自然知识为宗旨的皇家学会"，即"英国皇家学会"（The Royal Society of London for Improve Natural Knowledge）。英国皇家学会（The Royal Society）这个名字在 1661 年首次见诸文字，在 1663 年第二个英皇宪章中，学会被称为"伦敦皇家自然知识促进学会"。查理二世的宠臣布隆克尔勋爵，一名以研究弹道闻名的数学家，当上了皇家学会的第一任会长，第一任的两个学会秘书是威尔金斯和奥尔登伯格。

作为自发成立的科学组织，查理二世只是在名分上承认皇家学会，并没有从经济上给予支持，因此，学术活动较少受到政治方面的干预。皇家学会的主要收入来自于会员缴纳的会费。虽有"皇家"之名，但实质上伦敦皇家学会是个纯粹的民间组织，成员主要是由一些爱好科学的教授、医生、神学家和贵族组成。当皇家学会在 1662 年获准成立时，它的第一批 96 名会员中，有 14 名贵族、男爵和骑士，18 名准骑士，18 名医生，5 名神学博士和两名主教，还有不少生意人和实业家。商人在促进科学发展和成立皇家学会上作出了不少贡献，他们对实验科学有兴趣，对科学发现向学问人和普通人所展示的新景象感到好奇。

伦敦皇家学会的基本精神是按照培根所倡导的实验哲学进行自然哲学研究的。公元 1663 年，皇家学会干事罗伯特·胡克起草学会章程的建议中就充溢着培根的影响，胡克写道："皇家学会的任务和宗旨是增进关于自然事物的知识，和一切有用的技艺、制造业、机械作业、引擎和用实验从事发明（神学、形而上学、道德政治、文法、修辞学或者逻辑，则不去插手）；是试图恢复现在失传的这类可用的技艺和发明；是考察古代或近代在任何重要专家在自然界方面、数学方面和机械方面所发明的，或者记录下来的，或者实行的一切体系、理论、原理、假说、纲要、历史和实验；俾能编成一个完整而踏实的哲学体系，来解决自然界的或者技艺所引起的一切现象，并将事物原因的理智解释记录下来。"①

皇家学会一开始就形成一个惯例，即在学会的会议上把具体的探索任务或研究项目分配给会员个人或小组，并要求他们及时向学会汇报研究成果。同时，学会还要求会员进行任何他们认为将促进学会目标的新实验。因此，早期的会议都是会员作报告和演说、演示实验、展览各种各样稀奇的东西，并对所有这些所引起的问题进行活跃的讨论和探究。最早由胡克担任实验管理者，负责为会议准备与示范实验。随着时间的推移，逐渐建立了一些委员会来指导学会各部门的活动。学会发行的刊物《哲学学报》（Philosophical Transaction）是迄今世界上仍存在的最早发行的杂志之一，学会刊物改变了以往通过书信传播

---

① ［英］斯蒂芬·F. 梅森著，周熙良等译：《自然科学史》，上海译文出版社，1980 年，第 240 页。

科学知识的方式，并由于刊登个人署名的观察与实验结果，建立科学发现的优先性。此外，在书籍出版受到出版商支配的年代，销售有限的情况下，科学专著难以受到青睐而问世。为突破此一困局，学会争取了国王颁布的出版特许状，支持包括牛顿《自然哲学的数学原理》在内的科学书籍出版，使学术专著出版免于受制于出版商。

2. 法国法兰西科学院

法兰西科学院也是以一群巴黎学者所举行的非正式聚会为基础。17 世纪初，在梅森（1588～1648 年）的寓所，经常有人在一起讨论科学问题，提出研究方案，后来聚会变得定期化，并最终于 1666 年，演变成为法兰西科学院。1666 年，受到伦敦皇家学会具"皇家"之名的影响，法王路易十四与大臣柯尔伯特（Jean-Baotiste Colbert）以其为范例，欲将皇权拓展到科学界，故在巴黎成立了法国科学院。相对于伦敦皇家学会这个民间组织，法国科学院则是一个皇家组织，科学家们受雇于国王，由皇室提供经费设备与集会场所。伦敦皇家学会可进行个人自主性的实验研究，法国科学院则必须为国王提供建议与解决难题，从事例如测量地球形状的大型计划，成果属于集体。

院士们在毗邻一个实验室的皇家图书馆的一个房间里聚会，共同进行研究。他们一周聚会两次，会议轮番讨论物理学和数学，并做了许多化学、生物、力学、工程和天文学实验和研究。院士们撰写了许多专著，还联合编著了一本关于力学的论著，但是没有什么科学价值。科学院还组织了几次海外考察。

3. 德国柏林学院

柏林学院是唯一能与英国皇家学会或法兰西科学院并驾齐驱的德国科学社团。柏林学院直到 1700 年才建立，是莱布尼兹多年精心规划和不断鼓吹的结果。莱布尼兹一开始设想，这个社团应由人数有限的学者组成，他们的职责是记载实验，同其他学者和外国科学社团通信和合作，建立一个大型图书馆，就有关商业和技术的问题提供咨询，这个社团应有权在德国批准出版那些达到他们标准的书籍。莱布尼兹在 1670 年左右写的两份备忘录中又记载了进一步的细节，其中把这个拟议中的机构称为"德国技术和科学促进学院或学会"①。莱布尼兹设想这个社团的兴趣应当非常广泛，除了科学和技术之外，还应包括历史、商业、档案、艺术、教育等等，广泛进行解剖学和生理学研究，结合患

---

① Oeuvres de Leibniz, "Foucherde Careil", Vol. 7, 1875, Paris.

病贫民的救济、孤儿的专门教育和监狱的管理等等事业，检验社会科学的各种新方法。这个社团将派遣旅行教师，出版一份期刊，以使任何人的有用发明都能广泛传播。经过莱布尼兹的建议和努力，1700 年 7 月 11 日经普鲁士选帝侯弗里德里希批准，"柏林学院"于收到了特许状。①

组织柏林学院的计划主要由莱布尼兹拟订，选帝侯规定学院的研究应当包括历史和德语的发展。莱布尼兹出任院长，而且像英国皇家学会一样，也有一个院务会负责学院的行政管理和选举新院士的工作。为了谋得正常活动，拥有自己的会场和正式章程，学院在障碍重重和令人沮丧的情况下奋斗了十年之久。学会定期举行会议，会议有三类，分别讨论物理、数学、德语和文学。1710 年，学院终于用拉丁文出版了它的《柏林学院集刊》（Miscellanea Berolinensia）的第一卷，它共收五十八篇文章，主要涉及数学和科学，其中莱布尼兹的有十二篇。按照莱布尼兹的原来计划，柏林学院应当成为遍布整个德国、最终是整个文明世界的社团网的中心，但是这个计划并没有实现。

4. 俄罗斯科学院

俄罗斯科学院初建时叫做圣彼得堡学院，1724 年圣彼得堡学院在俄罗斯的新首都圣彼得堡成立，它是这个国家和世界科学紧密相关的专业性学术机构。圣彼得堡学院是在彼得大帝的倡议下创建的，彼得一世创立彼得堡科学院的构想源于他多方面汲取到的思想，包括他曾经于 1698 年和 1717 年分别访问伦敦皇家学会和巴黎科学院后的一些想法。根据彼得一世的御旨和公元 1724 年 1 月 28 日参政院签署的法令，俄罗斯科学院正式成立。新成立的科学院包括本部（从事科研工作）、大学和中学三部分。院本部包括数学、物理和人文三个学科，又分为数学、化学、解剖学、历史、演说术等 11 个研究室。御臣布留门特洛斯特被任命为科学院的第一任院长。彼得一世建立彼得堡科学院的明确指导思想就是使其成为俄国的科学中心。在 1724 年彼得一世对科学院的构想中，数学占据着重要位置②，科学院的管辖范围不仅包括科学，还应当包括艺术。在科学院建立之初，彼得一世从西方国家邀请来数学和天文学等领域内的一些著名科学家外国学者占据科学院的支配地位。

俄罗斯科学院历史悠久，成就显著，在国内外享有很高的荣誉和地位。俄

---

① ［英］亚·沃尔夫著，周昌忠等译：《十六、十七世纪科学、技术和哲学史（上册）》，商务印书馆，1984 年。

② 李斌：《俄罗斯科学院——帝国的科学院》，《世界博览》，2008 年第 13 期，第 72～77 页（http://naturalworld. blog. 163. com/blog/static/128667741200991231821765/）。

罗斯在 18 世纪上半叶借助于彼得堡科学院迅速、有效地"培育"科学家，在
1904~1990 年间，俄共有 18 人获诺贝尔奖，其中 10 人所获为自然科学奖金。
直到 1934 年俄科院一直落户在彼得堡，1950 年后在当时的列宁格勒组建了俄
罗斯科学院列宁格勒科学中心（即现在的俄科院圣彼得堡科学中心）。俄罗斯
科学院主要任务是：促进自然科学、工程科学、人文科学和社会科学领域基础
研究的发展，其中包括面向解决本地区社会经济问题的研究工作；推动圣彼得
堡科学院系统的研究机构科技潜力的增长；组织跨学科研究工作；培养高级科
技人才；扩大国际学术交流等。

这只是建立科学社团的运动的开始，随后许多国家和地方都建立了正式的
科学学院，汇集了许多著名的科学家。1739 年瑞典皇家科学院成立，1783 年
爱丁堡皇家科学院成立，1785 年爱尔兰皇家科学院成立。[①]

（二）科学学会的出版物

科学学会组织会议和活动，促成科学家之间不定期的交流和讨论，教授、
展示新的仪器和研究方法，并公布会员们的研究成果。因而这些组织成立后，
科学的发展愈加迅速，特别是大半的学会不久都开始发行定期刊物，科学杂志
相继出现。

通常由科学社团所出版的原始期刊（Primary journal）会有两种基本形式：

Journals：刊载原始研究报告及研究论文的定期连续出版物。刊名通常带
有：Transactions、Memoirs 或 Journal of the society 等字样。

Periodicals：是为会员间交流和讨论共同感兴趣的问题而出版的刊物，主
要刊载最新研究的简要报告，通常也会报道最新消息、趋势及会议的议题等。
刊名中通常含有 Newsletter 、Bulletin of the society 等词。

以下是各种不同类型的出版物：

原始期刊；

摘要索引期刊；

评论；

参考工具书；

时事通讯；

翻译；

标准、工作条例规定、操作手册；

---

① J. S. Mackenzie Owen, *The scientific article in the age of digitization*, Springer, 2007, P30.

研究会报告及议项；

专题论文及专题性连续出版物。

西方早期学会都是综合性学会，这与当时科学还无学科分类有关，其成立是为了学术交流；后来其由综合向专业发展，是各门科学自然发展的结果，也是为了更好地进行学术交流；再后来由专门向综合发展，是在科学不断分化的过程中，为了协调各门科学的发展，成立了联合各专门学会、承担"指导、联络、奖励"功能的综合性社团。可见，西方科学学会的发展，是科学发展自然演进的结果。①

三、期刊出现并稳定地成为科学交流的可接受媒介

15 世纪中期，活版印刷术在德国诞生，并迅速向欧洲各地传播。与此同时，在法国（1464 年）、英国（1478 年）和德国（1502 年）先后建立起最早的国家邮政服务业务。这个时期，一系列政治、经济、文化因素促使欧洲国家对新闻的需要越来越迫切。15 世纪后期，欧洲印刷商开始印刷一些由 4 页、8 页或 16 页纸张组成的，记述最新战况、丧葬、喜庆之类重要事件或转印某份手抄新闻原文的活页新闻，有的还配有木刻画，交由书贩或流动兜售的小贩出售，在民间得到传播。晚些时候，出现了一种刊载奇闻、案情、灾祸与非常事件的文字较长的活页新闻。16 世纪初期，由于发生宗教改革运动和反宗教改革运动，印刷商与书商印刷出版了许多有关宗教辩论与政治论战方面的辩论招贴。上述三类活页新闻的内容概括起来包括：报道重大事件、社会新闻和各种观点。它们销量有限，不定期出版，是后来的期刊与报纸的雏形。

17 世纪中后期，在欧洲开始出现了以传播知识为主，摘要介绍学术进展与新书的期刊。世界上最早的学术期刊是于 1665 年 1 月法国阿姆斯特丹在法国高级官员科尔贝尔的支持下出版的法国著名的科学期刊《学人杂志》（*Journal des Scavans*，或译为《学者杂志》）（1665 ~ 1792 年）。该刊首次在刊名中采用 Journal（期刊）一词，被许多专家认为是世界上第一份真正的学术期刊，其宗旨为报导法国和国外出版的各类图书，有图书目录性质。它创办时是周刊，1724 年改为月刊。紧接着 1665 年 3 月，英国皇家学会出版会刊《哲学汇刊》（Philosophical Transactions）（1665 ~ ）。《哲学汇刊》的内容主要包括会员投交的论文和摘要、各方报告观察到的奇异现象的报道、与外国研究者的学

---

① 张剑：《民国科学社团与社会变迁——以中国科学社为中心的考察》（http://www.historyshanghai.com/admin/WebEdit/UploadFile/0305ZJ.pdf）

术通信和争论以及最新出版的科学书籍的介绍。① 《哲学汇刊》后来改名为《皇家学会哲学汇刊》（Philosophical Transactions of the Royal Society），现仍在出版。该刊的主要创办编辑者为皇家学会的秘书亨利·奥尔登伯格（Henry Oldenburg）。1617 年，奥尔登伯格（1617~1677 年）出生于英国的毕莱梅，1656 年进入牛津大学，1662 年 7 月被国王委任为英国皇家学会的首批会员、理事会理事及学会秘书，他主要负责学会的对外通信联络和记录工作。他是一位具有相当工作能力的语言学家和文学家，尽管他对自然科学较为陌生，但他

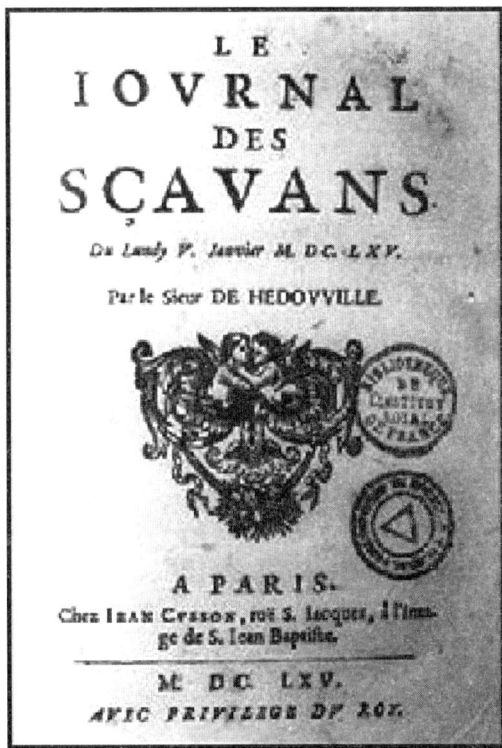

图 2-6　第一种学术期刊《哲学汇刊》封面

忠于职守，对工作高度的认真负责，为皇家学会早期的学术资料编目、保存与交流付出了大量的艰辛劳动。实际上，奥尔登伯格在学会工作期间，大量的时间花在与科学家之间学术信息的交流和往来之上。他认真积极地与英国国内和

---

　　① ［英］亚·沃尔夫著，周昌忠等译：《十六、十七世纪科学、技术和哲学史（上册）》，商务印书馆，1984 年。

西欧各国之间的科学家通信联络，征求和推介科学家们发现的新成果及观察到的新成就，并将这些获得的信息翻译成英文、法文与拉丁文，然后，编辑印成小册子，分别寄送给有关的学会与科学家，并保留存档。他所编辑的小册子，从功能、作用与形式等方面与现代期刊特征来比较，或说与报纸、图书的特征比较，完全可被认定为西欧早期期刊出版形式的雏形。奥尔登伯格在学会的工作，及其所做的学术资料收集、编辑工作，不仅为科学家交流学术信息提供了渠道和方便，而且为传播推广学术成果提供了一种有效的出版形式。《哲学汇刊》与法国的《学者杂志》被世界各国专家公认为世界学术期刊的鼻祖。①

自 1665 年第一种学术期刊诞生到 17 世纪末，共有 30 余种科学期刊刊行，据 Kronick 统计有 35 种②，这些期刊有实质性论文型的、会议论文型的、综述评论型的、书目型的，其中以刊载实质性研究成果论文的为最多。1668 ～ 1679 年，在意大利罗马 Michael Ricci 创刊了《Giornale de letterati》（《文学杂志》），它是一份以评论文艺复兴运动为主要内容的学术期刊；1670 年，德国的莱比锡自然科学学院开始出版了《Miscellanea curiosa medico-physica》（《医学物理学杂记》），它经过多次更名后至今仍在出版；1671 年，荷兰解剖学家托马斯·巴托林（Thomas Bartholin）为医学会创办了《Acta medica et philosophica Hafnienisai》（《医学与哲学学报》）（1671 ～ 1829 年）；1682 年，以汇集书籍摘要和书评为主要特色的英国期刊《Weekly Memorials for the Ingenious》（《智者纪念周刊》）开始发行；1692 年，《雅典信使杂志》（The Athenian Mercury）出版了有关自然历史和现象的增刊。17 世纪，全世界有 10 种医学期刊，多数诞生后不久便夭折。专门介绍图书的文学评论期刊寿命也不长，英国出版的《每周作品记事》（1682 ～ 1683 年）和《世界历史书目提要》（1686.1 ～ 1686.3）寿命分别不过 1 年和 3 个月。

早期的期刊带有强烈的通信性质，因而和报纸有相近之处，如《Journal des Scavans》除了向读者报道欧洲的图书出版消息、目录及其摘要，介绍一些解释自然现象的物理、化学和解剖学的实验，记述有用的和不寻常的发明，记录气象数据之外，还刊登民事诉讼及朝廷的判决，对学院的批评和指摘，以及为人们喜闻乐道的事件等。

———————————————

① 李频、于淑敏：《世界期刊史话》（http: //www. cgan. net/book/magazine/others/zgqk/html/fifth/out. htm）

② Kronick, David A., *Scientific and Technical Periodicals of the Seventeenth and Eighteenth Centuries: A Guide*, The Scarecrow Press, 1991.

这一时期期刊的内容几乎无所不有。17 世纪以后，近代科学虽然已经完全确立，但是受古代哲学的影响，自然科学工作者仍属于哲学的范畴。古代西方将哲学统称为"智慧"、"知识总汇"，它包罗了自然界的各个方面。因此，早期的科学期刊报道的内容十分广泛，包括自然界和实际生活中所有的方面，从星辰的距离到胡椒水里的维生素，从染色素服到死亡统计。[①] 刊载的文献类型包括论文和摘要、观察报告、实验说明、学术通信（摘要或全文）、书评或新书简介、书目、新闻等等。初期的期刊多是综合性的，18 世纪后期专业期刊才陆续出现。17 世纪，欧洲期刊出版活动比较活跃的国家是法国、德国和英国。17 世纪后期，在英国出现一些以印刷出版期刊为主的商人。

在创建时期，科学期刊兼有传播交流作用与科技信息存储作用，但后者是主要的。著名的科学史家 D. 普赖斯认为："看来科学论文是在多重发现的优先权要求中产生的，其社会根源是每个人都有一种愿望，在论文中记录自己的要求，保留自己的要求。科学论文作为信息的传递者，宣布给世界以好处的新知识，赠予对手以无偿的优惠，这的确是偶然的。"[②] 美国的 D. 朗尼克在《1965 年至 1790 年科学技术定期出版物史》一文中说："这一时期学术杂志的主要功能，与其说是传播情报的工具，倒不如说是存储新学术思想的场地。"

由于学术期刊能够快速准确地报道最新研究成果，扩大了传播范围，有效避免了重复研究，且能确定发现者优先权，保证其所有权，并对科学研究成果的累积起到重要的作用，到 17 世纪末期刊已经牢固地建立起其科学交流重要媒介的地位。[③] 科学期刊系统的采用和发展给人类文明提供了共享的知识载体、长期的共同记忆和人类发展的基础。期刊是科学交流从非正式交流走向正式交流的分水岭。

四、印刷术的发明改善了科学交流的条件，扩大了科学交流的广度和时空跨度

1450 年前后，德国的约翰·古腾堡（1397～1468 年）（Johannes Gensfleisch zur Laden zum Gutenberg，又译作谷登堡、古登堡、古滕贝格）创制发明了的铅、锑、锡合金活字版印刷。他是西方活字印刷术的发明人，他的发明导致了一次媒介革命，迅速地推动了西方科学和社会的发展。

---

① ［英］J. D. 贝尔纳著，伍况甫等译：《历史上的科学》，科学出版社，1981 年，第 262 页。

② 刘珺珺：《关于"无形学院》，《自然辩证法通讯》，1987 年第 2 期，第 36 页。

③ 王一煦：《期刊资料管理及利用》，吉林大学出版社，1991 年，第 7 页。

约翰·古腾堡常被称为印刷发明家，实际上他的贡献是发明了活字印刷术的印刷机，从而使多种多样的文字材料得到迅速准确的印刷。现代印刷术有四个主体成份：第一是活字及其定位法；第二是印刷机本身；第三是适宜的墨水；第四是适宜的材料，如印刷的纸张。中国的蔡伦所发明的纸早在古腾堡发明活字印刷术以前就传入了西方，纸对古腾堡来说是印刷术中唯一伸手可得的成份，其他三种成份虽说前人已经做了一定的工作，但仍需要他作出许多重要的改进。例如他发明了一种适于制造活字的金属合金，一种能准确无误地倒出活字字模的铸模，一种油印墨水和一种印刷机。古腾堡的整个贡献远远超出他的任何一项具体的发明或革新。他成为一位重要人物主要是因为他把所有这些印刷成份结合起来变成一种有效的生产系统，还因为印刷有别于先前所有的发明，基本上是一个大规模的生产过程。①

直到 15 世纪古腾堡印刷术发明后，图书的数量大幅提高，书籍才成为普通老百姓能承受的物品。在西方印刷术发明之前，欧洲各地抄本书的总数不过几万册。到西方印刷术发明后 50 年，欧洲的印本书已达 35000 种，印数超过900 万册。印刷出版业的发展，极大地改变了科学交流的条件，间接促进了期刊的萌芽，科学知识得以广泛传播，突破了少数人对知识的垄断。以前，科学知识和研究成果，基本上都是以口头方式和手抄方式传播的，古腾堡印刷术的发明使大规模印刷出版变为可能，改变了几千年传统科学手手传抄的传播手段，进而促成科学交流的转型。科学的传媒载体，直接作用于科学的传播、接受与创造，把科学的公共空间扩大到前所未有的广度与深度。科学的生产和流布就与传播媒介息息相关，而且也因之不断改变自己的形式性质特征，为建立系统化的科学交流系统打下了基础。

其实，早在 11 世纪中期中国就发明了活字，沈括《梦溪笔谈》卷十八中详细介绍了这一伟大发明，证明活字印刷术起源于中国。宋仁宗庆历（1041～1048年）年间，有位叫毕昇的普通老百姓发明了泥活字。具体做法是用胶泥刻成单个泥印，然后经火烧变硬，在铁板上排成版面，外用铁箍箍紧，内用脂胶粘牢，即可印刷。这无疑是世界上最早的活字印刷。可是毕昇死后，没人继承，他发明的器具被沈括的下属保藏起来，自此以后 800 年，很少有人用泥活字印书，直到清朝道光年间，才又有人用它印了一些书籍。宋以后还出现过木活字与金属

---

① 《历史上最有影响的人——约翰·古腾堡［德国］》（http：//www.cei.gov.cn/index/serve/showdoc.asp？Color＝Nine&blockcode＝wnworld&filename＝200306103017）

活字，都未成气候。

在欧洲，15 世纪古腾堡发明铅活字印刷术以后，印刷和出版尚未明确分离，一般仍是印刷厂既经营印刷业务又编译出版图书。16 世纪，图书的出版发行才逐步从印刷工业分离出来，形成了专门的出版发行体系。

五、通信、图书在科学交流中仍然发挥了重要作用

15 ~ 17 世纪，科学家之间的通信联系，在学术交流中发挥重要作用。几个世纪以来，书信一直是"最迅速、稳妥、价廉的"远距离交流工具。一封信适用于传布一件事或一小批事，它传布的经验不是广大无边的，而是逐渐积累的。17 世纪，科学家通常是独自工作，信件是报道个人研究结果或实验结果的便利方式，一封信一般发给一个或同时发给 3 至 4 个人，收集者也可能会拿给其他朋友看，但看到原始材料的人并不多。另外，收信者也很少批评和讨论信件内容。这时，通信已是科学家之间熟悉的交流方式。例如在巴黎，科学家们把自己的想法写信告诉朋友，出钱找人印刷，把几百份信发出去。17 世纪，复制术帮助人们成打地生产书信和文章的复印件。

为了随时了解新的发明和发现，科学家们需要在其他学术中心设有通信员。但能独自做到此事的人为数不多，能做到的也要承担很大的风险，英国皇家学会秘书奥尔登堡就是这样一个通信员。奥尔登堡在任英国皇家学会秘书时，甚至没有得到皇家学会指示，就自动写信给凡是他认为掌握或能发现点滴新的科学信息的人。有时他敦促学会指示他与某人开始正式通信。例如，他主动与约翰内斯·赫维留（1611 ~ 1687 年）通信。赫维留以自己的酿造厂所获利润建造一座天文台，他把在台上观测日蚀所作的笔记，连同一幅月球表面图，都交给英国皇家学会出版。赫维留通过和英国人联系这一渠道，得到他的天文台所需要的特殊透镜，他的望远镜设计图纸则传遍欧洲各地。法国医生寄给奥尔登堡的报告使英国医生及时了解到法国人关于输血的针锋相对的争论。[①]

当时还没有定期的"包裹邮件"，但在 17 世纪，伦敦、巴黎和阿姆斯特丹之间已有每周一次的"平邮"。然而邮递还得取决于气候和政治形势，它常出差错，邮资昂贵，而且只能送往附近目的地。具有创业心的奥尔登堡发展了一种更广泛、更可靠的服务，他请英国驻外使馆的青年工作人员为代理人，由

---

① ［美］丹尼尔·J. 布尔斯廷著、李成仪等译：《发现者 人类探索世界和自我的历史 自然篇》，上海译文出版社，1992 年，第 139 页。

他们将报告通过外交途径邮寄到伦敦。信件一到伦敦，由国务大臣办公室转寄给奥尔登堡，而奥尔登堡则以提供其中可能涉及的政治消息作为交换条件。①在那硝烟不断的年代里，一句话模棱两可，或者用词不慎，就能使一位自然科学家以叛国罪被投入牢狱，其实他所希望知道的是进一步观察土星光环的资料、关于输血实验的消息或者一只奇怪昆虫的形态而已。1667年，奥尔登堡本人也突然被关进伦敦塔，因为在科学通信中用了几个考虑欠周的字眼，而国务大臣却以为他在对自己指挥的英荷战争进行抨击，因而怀恨在心。

17世纪的英国，交通还不是很方便，科学交流的主要手段是科学家之间的通信。不仅英国与其他国家的学者之间是这样，伦敦与剑桥、牛津等地学者的交流也几乎全是依赖信件往来。沃利斯、波义耳、惠更斯和奥尔登伯格等之间的大量通信证明了他们对各种研究者之间的互动的迫切需要。

法国学者梅森致力于建立一个欧洲科学家的联系中心，亲自处理科学家之间的通信，帮助他们沟通和交流。他的活动实际上创立了当时欧洲最重要的科学信息交流系统。②

第四节　18～19世纪的科学交流

18世纪下半叶，西方兴起了产业革命，英国、法国、德国等国家成功地进入了近代资本主义。产业革命是围绕着蒸汽机的发明和应用而展开的，蒸汽机在交通运输、钢铁冶炼、机械制造等重工业中的广泛应用，推动了整个工业的发展。19世纪的科学领域也有许多重大发展，如热力学中的能量守恒和转化定律，电学中的电磁理论，生物学中的进化论等。特别是科学的应用，使电子技术、冶炼技术、电信技术、机技术和化工技术等得到迅速发展。19世纪六七十年代，第二次技术革命把人类从蒸汽时代带入了电气时代，它是以电力的广泛应用为显著特点的。产业革命促进了西方经济、文化和科技的发展。

科学交流系统是一个社会系统，科学的发展和变化直接影响系统的变化，18～19世纪科学的快速发展和二次产业革命推动的技术进步大大促进了科学交流系统的完善和快速发展。18～19世纪，各国及各地各学科学会纷纷建立

---

① ［美］丹尼尔·J.布尔斯廷著、李成仪等译：《发现者　人类探索世界和自我的历史　自然篇》，上海译文出版社，1992年，第138页。

② 姚海：《世界近代前期科技史》，中国国际广播出版社，1996年，第18页。

起来，乘坐车船跨国或国内参观访问、短期学习、开会旅行和查找资料变得更加方便快捷；学术会议和各种学术交流活动频繁；期刊数量稳定增加。期刊的数量和覆盖的学科数增加，到1900年全世界有约10000种期刊，并自18世纪下叶开始逐渐分化为学科专业期刊。化学、生物、技术等多种学科都拥有了自己的专业期刊。科学期刊成为"新科学"交流的主要载体或媒介。造纸和印刷技术的不断革新与机械化生产的普及，降低了图书、期刊生产成本。交通运输中铁路和轮船的出现，加速了图书、期刊发行速度，并扩大了销售范围，图书和期刊贸易已超出国家的疆界。出版系统也逐渐壮大，出版商与书商也进一步向专业化方向发展，全国性和国际性图书出版行业组织已经成立，西方图书出版体系基本形成。西方图书馆事业迅速发展，图书馆类型增多，服务范围不再限于学者和显贵，还扩大到工人、职员、学生和儿童等，向社会各阶层开放的程度大大提高，服务方式更为多样，图书馆的国际合作也日益增多。图书馆对文献的加工和整理更加深入，开始了对图书进行系统的、科学的组织和管理，图书管理工作更加职业化，产生了掌握图书知识的专业人员，同时也出现了近代意义的图书馆学，图书馆学教育开始出现并产生了图书馆协会（学会）。图书馆及图书管理、文献加工这一科学交流服务专业机构和服务系统已经初具规模。18～19世纪是科学交流系统初建成后逐步完善和快速发展的时期。

一、18～19世纪期刊数量快速增长，出现了专业期刊和检索期刊，期刊成为科学交流的主流媒体

18～19世纪，期刊数量稳定增加，在18世纪末全世界已有1000余种，到19世纪末约有10000种期刊，并自18世纪下叶开始逐渐分化为学科专业期刊。化学、生物、技术等多种学科都拥有了自己的专业期刊，科学期刊成为"新科学"交流的主要载体或媒介，出版系统也逐渐壮大，期刊的数量和覆盖的学科数增加。

（一）期刊数量快速增长

18～19世纪是科学期刊的发展期，在这一时期期刊数量快速增长，特别是在19世纪，期刊种数增长快速，在18世纪末已有1000余种，到19世纪末全世界约有10000种期刊。20世纪60年代初，美国著名文献学家普赖斯（Price）考察了300年来期刊增长情况，提出了"期刊文献大体按指数规律增长"的理论。在其出版的《巴比伦以来的科学》（1961年）中指出，世界最早的科学杂志是1665年出版的英国皇家学会的会刊《哲学汇刊》，接着大约有三、四种同样的杂志在几个欧洲国家科学院出版。1700 年，全世界出版的科学杂志不到 10 种，到 1800 年则增加到了约 100 种，1850 年为 1000 种，1900 年为 10000 种。① 这意味着，从 1750 年起，科学杂志的种类每 50 年增长 10 倍，即期刊是按指数增长的。②

不过普赖斯数据后来受到一些史学家和研究者的质疑，有人指出普氏数据与实际精确统计的数据出入较大，其时期刊数量远远大于普氏给出数量。Kronick 在其著作《1665～1790 年科学和技术期刊史，科学和技术出版的起源和历史》（1976 年）中列出了 1665～1790 年科技期刊的类型和刊种数（见表 2 -2）。③ 其中 17 世纪有 35 种，而普氏数据为 3～4 种；18 世纪有 1000 余种，而普氏数据仅为 100 种，相差均超过 10 倍。可见，实际上这一时期期刊数量增长非常迅速。

表 2 - 2　1665～1790 年间的科学期刊类型

类型	1665～1699 年	1700～1749 年	1750～1790 年	总数（种）
论文 Substantive	20	59	422	501
会议录 proceedings	8	47	209	264
文集 collections	–	7	74	81
学位论文 dissertations	–	9	31	40
文摘 abstracts	–	6	36	42
综述、评论 reviews	2	2	36	40
年度报告 almanacs	2	1	44	47
其他 other	3	10	24	34
总数 total	35	141	876	1052

来源：David A. Kronick, *History of scientific & technical periodicals, the origins and development of the scientific and technical press*, 1665～1790, The Scarecrow Press, 1976.

① D. F. Zaye, W. V. Metanomski, "Scientific Communication Pathways: An Overview and Introduction to a Symposium," J. Chem. Inf Comput. Sci., Vol. 26, No. 2, 1986, pp. 43～44.
② 段瑞华：《科学技术革命与社会主义之历史演进》，华中理工大学出版社，1996 年版，第 276 页。
③ David A. Kronick, *History of scientific & technical periodicals, the origins and development of the scientific and development of the scientific and technical press*, 1665～1790, The Scarecrow Press, 1976.

表 2 - 3　1725 ~ 1799 年间期刊的国别分布

时间（年）	期刊种数	国别分布
1725 ~ 1749	5	法（2），德（2），其他（1）
1750 ~ 1759	9	德（6），法（2），荷（1）
1760 ~ 1769	6	德（5），其他（1）
1770 ~ 1779	9	德（7），法（1），其他（1）
1780 ~ 1789	20	德（11），法（2），英（1），其他（6）
1790 ~ 1799	25	德（13），英（5），法（3），其他（4）

来源：David A. Kronick，History of scientific & technical periodicals，the origins and development of the scientific and development of the scientific and technical press，1665 ~ 1790，The Scarecrow Press，1976.

许多著名的期刊在这一时期创办，并刊行至今。如英国的《英国医学杂志》（1840 年）、《伦敦皇家学会会报》（1854 年）、《伦敦数学会会报》（1865 年）和《自然》（1869 年）。在美国有：《费城自然科学院报》（1812 年）、《新英格兰医学杂志》（1812 年）、《美国科学杂志》（1818 年）和《全国地理杂志》（1888 年）。在法国有《自然科学纪事》（1824 年）、《纯粹与应用数学杂志》（1836 年）和《物理学杂志》（1872 年）。在德国有《地质学与古生物学新年鉴》（1807 年）、《矿物学文摘》（1807 年）和《德国工程师学会杂志》（1857 年）。荷兰的《荷兰皇家科学院院报》（1898 年）、瑞士的《工业杂志》（1875 年）、丹麦的《丹麦技术杂志》（1878 年）、捷克斯洛伐克的《捷克斯洛伐克数学杂志》（1872 年）、比利时的《卢万哲学评论》（1894 年）、意大利的《意大利史学志》（1842 年）、挪威的《国家经济杂志》（1877 年）和奥地利的《维也纳人类学通报》（1870 年），都是 19 世纪创刊，至今仍在出版的学术期刊。

学术期刊从 17 世纪诞生，直到 18 世纪科学期刊逐渐发展成为"新科学"交流的主要载体或媒介，这个过程很慢，几乎是一个世纪的时间才成功成为科学交流主体。①

---

① Garfield，E. "Has scientific communication changed in 300 years？" *Essays of an information scientist*，*IS1 Press*：Philadelphia，*PA*. Vol. 4，1981，pp 394 ~ 400. （http：//www. garfield. library. upenn. edu/essays/v4p394y1979 ~ 80. pdf）

（二）期刊向专业化发展

早期的科学是综合性的，早期的科技期刊一般也是综合性。科学的不断发展，以及同生产实际的密切结合，促使科学本身迅速分化为许多专业性的学科，如基础科学分化为物理学、化学、生物学、天文学和地质地理学等。[1] 随着科学的不断分化，科学家们研究方向和对象越来越单一化和专门化，研究的科学领域也越来越窄，越来越深入。不同学科之间研究的对象、方法和理论各不相同，相互间交流的内容也越来越少。原来的一些综合性科学社团已经不能适应细化的专业知识交流的需要，专业学会在法国、英国、德国及其他地方纷纷建立起来。科学逐渐向专业化方向发展，科技期刊也相应地向专业化方向发展，逐渐分离出一些专业期刊。世界上第一种专业期刊是 1671 年在法国创刊的《医学各科新发现》（*Nouvelles Decouvertes Sur Toutes les Parties de la Midicine*），该刊报道的全部是医学成果，医学各科均在报道之列。[2] 而基础科学专业期刊分化是自 18 世纪下叶开始的，化学、生物、技术等多种学科都拥有了自己的学科专业期刊。最早从综合性期刊中分化出来的基础科学专业期刊是 1778 年德国的《化学杂志》（*Chemisches Journal*），1784 年改为《柯瑞尔化学纪事》（*Crell's Chemisches Annuler*），自此科技期刊向专业化发展。1807 年，德

表 2-4 1665～1790 年间期刊的学科扩展

类型	多学科	医药	生物	物理	技术	农业	其他
论文 Substantive	–	186	151	20	49	28	59
会议录 proceedings	178	34	–	3	6	37	9
文集 collections	44	63	–	–	–	–	13
文摘 abstracts	36	36					10

来源：David A. Kronick, History of scientific & technical periodicals, the origins and development of the scientific and development of the scientific and technical press, 1665～1790 , The Scarecrow Press, 1976.

---

[1] 周汝忠：《科技期刊发展的四个历史时期》，《编辑学报》，1992 年第 2 期，第 75～81 页。
[2] 黄晓鹂、刘瑞兴：《科技期刊工作研究》，中国科学技术出版社，1997 年版，第 29 页。

表 2 - 5　17 ~ 20 世纪期刊的学科分布

世纪　　学科	社会科学	理科	工科	合计	比例
17	0	3	0	3	1
18	3	4	2	9	3
19	228	421	421	944	315
20	5680	6922	6523	19137	6379
合计	5911	7350	6820	20093	

来源：黄晓鹂、刘瑞兴《科技期刊工作研究》，中国科学技术出版社，1997 年，第 44 页。

国创办第一种矿物学期刊《矿物学杂志》；1823 年英国创办了该国第一种医学期刊《柳叶刀》；1803 年英国创办了其第一种生物学期刊《动物学杂志》；1830 年法国创办第一种地质学期刊《法国地质学会通报》。① 一些综合性期刊也分辑出版为多种专业性期刊，譬如英国《伦敦皇家学会哲学汇刊》，1887 年起分为 A、B 辑出版，分别刊载数学与物理学、生物学领域文献。到了 19 世纪初，差不多所有的重要科学领域都有了自己的专业期刊。

（三）出现了综述类和文摘索引类期刊

随着科学工作发现的增多，期刊种数增大，出版的分散和文献内容的交叉，造成文献的离散，要想了解某一学科研究进展的全貌和应用最新的科学技术成果，就必须阅览大量的期刊，而这需要耗费大量的精力和时间，特别是学科越来越细的情况下，这将是十分不便的。为了使科学工作者能及时了解学科研究的进展情况，不太费力地就能查阅到有关学科的文献，人们又先后创办了综述性期刊和检索性期刊，出现了以"进展"（Advantage）、"年评"（Annal Review）、"述评"（Review）等为名的综述性期刊，以及检索类期刊，如文摘类（Abstracts）期刊、目录索引和题录索引类（Index）期刊。综述性期刊所登载的文章往往由一些专业科学家撰写，文章是将分散发表在各种刊物上的同一学科的学术论文汇集起来加以综合分析，提出看法，预测未来发展趋势。文摘类期刊是专门刊登有关学科领域的原始科学文献的摘要或简介的定期出版物。1830 年德国创办的《化学文摘》，是世界上最早的专业文摘期刊。上述刊物的出现，

① 罗健雄：《现代期刊管理综论》，华南理工大学出版社，1993 年。

说明这一时期的科技期刊不仅增加了数量，种类也不断增加，功能也趋向多样化。

（四）我国科学期刊诞生

在这一时段我国最早的中文科学刊物也出版了。关于现代概念上最早出版的中文科学刊物有两种说法。通行的说法认为世界上最早的中文科学刊物是1815年8月在马来西亚的港口城市马六甲，由英国传教士马礼逊创办的中文期刊《察世俗每月统记传》（1815～1821年），其英文刊名为 *Chinese Monthly Magazine*。最早在中国本土出版的中文科学期刊是在十余年后的1833年马礼逊与德国传教士郭士利两人在我国广州主持编辑出版的中文期刊《东西洋考每月统记传》（英译名为 *Easter Western Monthly Magazne*）（1833～1838年）。①从内容上比较，两种期刊的相同之处是，都是以传教与布道为办刊宗旨。不同之点是，《察世俗每月统记传》的主体内容为传播西方基督教义，穿插介绍少量西方科技知识；而《东西洋考每月统记传》，则主要宣传介绍西方科技知识，也刊登部分有关中国古代文化知识的内容，将少量传教布道的文章插于其间。

第二种说法是，我国最早连续出版的中文科学刊物是由古代吴国地域，现为江苏南部的苏州地方名医唐大烈编辑出版的《吴医汇讲》，诞生于清朝中叶的1792年。倘若此说成立，将把我国最早的"期刊"出版形式的时间，推至清代中期，比前说中的1833年由外国传教士创办、在我国国内出版的中文期刊《东西洋考每月统记传》要早出41年，比最早出版的中文期刊《察世俗每月统记传》也要早出23年。

龚维忠根据史料对《吴医汇讲》进行剖析，认为《吴医汇讲》是连续性不定期出版物，并具备众多作者和刊登文稿内容的多样性，以及出版名和开本的固定性，与现代杂志定义中集刊的基本概念相符合。根据杂志和期刊的概念，可确定《吴医汇讲》是我国最早编辑出版的中医学杂志，也是我国最早出版的中文科技杂志。《吴医汇讲》具备现代期刊的特征，正是《吴医汇讲》的出版，将我国最早的中文杂志（集刊）出版定格于1792年，毋庸置疑，在我国集刊的出版先于期刊。

二、图书出版业起飞并快速发展，西方图书出版体系基本形成

18～19世纪是西方图书出版业起飞和快速发展的时期，图书出版数量飞

---

① 徐耀魁：《世界传媒概览》，重庆出版社，2000年，第809页。

跃式增长。全国性和国际性图书出版行业组织的成立，标志着西方图书出版体系的基本形成。西方国家陆续颁布版权法，出版管理的组织机构和管理制度、相关法律更加健全。

（一）西方图书出版数量飞跃式增长，图书出版业"起飞"并快速发展

在18~19世纪，西方图书出版数量飞跃式增长，从17世纪的97万册增加到18世纪的163万册，19世纪猛增到6100万册。表2-6列出了15~19世纪图书的出版量。

表2-6　图书的出版量（万册）

世纪	15th	16th	17th	18th	19th
书的数量	3	24.2	97.2	163.7	610

来源：B. Iwinski, *La statistique internationale des imprimés*, Institut International de Bibliographie, Bruxelles, 1911.

在这一时期德、法、英、美、日五国出版发展过程中都有可以称为"起飞"的阶段，在五六十年间一年出书种数由不到1000种激增至6000种左右，其具体时段见表2-7。

表2-7　法、英、美、日五国出版起飞与经济起飞时段

国别	出版起飞	经济起飞
德国	1770 年	1850~1873 年
法国	1800 年	1830~1860 年
英国	1825 年	1783~1802 年
美国	1850 年	1843~1860 年
日本	1870 年	1878~1900 年

来源：箕轮成男《日本出版腾飞的经验和平面媒体的优势》（http://info. printing. hc 360. com/2009/08/040826104038. shtml）

这种出版的"起飞"主要与科学的进步、社会经济的发展、教育的普及、技术革新和出版管理的组织机构和制度的完善有关。其中技术革新和出版管理的进步是重要因素，造纸和印刷技术的不断革新与机械化生产的普及，降低了图书、期刊生产成本。而出版管理这一"软技术"的进步对出版的发展来说比硬技术的革新更为重要，这些出版组织机构和制度是图书业固有的，并随出版业的扩展而改进。没有它们的发展，出版的起飞显然不能顺利进行。

然而，分析和比较各国出版起飞时的国内环境，可知，出版的起飞不总是

取决于同样的基本条件，对起飞起决定作用的条件会因历史阶段或地理位置不同而不同。如英国和美国出版的起飞跟随经济起飞之后，而德国和法国的出版起飞大大早于经济起飞。在日本，两个阶段几乎同时发生，尽管出版的起飞看来略为先于经济发展的起飞。因此，出版业的发展是可能脱离，而且事实上也是脱离社会经济变革的。因此经济发展不一定是出版起飞的绝对必要前提。而在德国学校教育的迅速发展可能是引发德国出版起飞最有意义的因素。18 世纪后期，德国的出版环境日益优化，学校教育迅速发展，全国的求知欲望日益增长，读书社和私人图书馆大量涌现。然而，根据 1832 年及其前后的统计材料，法国的教育普及程度低于英国，而法国的出版繁荣却先于英国。出版管理的组织机构和制度的完善是影响出版业发展的另一个重要因素，包括编辑、计划、广告和销售技术到版权观念在社会上的建立，市场体制的形成和保障出版自由等各个方面。但是，看来它是不可能先于和导致起飞，相反，它们一定跟随其后。

促使 18～19 世纪西方图书出版和销量猛增的另外主要原因有三个。①图书成本大大降低。1800 年以前，纸张一直是手工制作的，1740 年纸张占一本书成本费的 20% 以上，到 1900 年，这个比例下降到约 7%。1820 年以后，布质书皮开始代替皮质书皮，装订费也降低了，进一步降低了成本。②大学图书馆和公共图书馆在欧美发展迅速。作为图书销售最稳定市场的团体订户数字因大学图书馆和公共图书馆在欧美发展迅速而有巨大增长。③美国出版商在 19 世纪末率先利用日益兴旺的报刊大登图书广告而成为扩大销售的有效方式后，欧洲各国图书出版业也随之普遍采用。交通工具的改善使发行量扩大，铁路旅行推销对书籍就是一个促进。英国有几个数字表明，大约在 1750 年以前，英国每年出版 100 种新书，到 1825 年增加到 600 种，到 19 世纪末已增加到 6000种。①

（二）全国性和国际性图书出版行业组织成立了，标志着西方图书出版体系基本形成

1825 年，德国首先成立非官方的全国图书出版组织"德国书商协会"。随后英国、法国等也成立了出版商或书商的非官方全国性组织。1896 年，国际出版商联合会在巴黎成立。西方主要国家政府除设立专门的政府出版机构，如英国的皇家出版局（1786 年）和美国的政府印刷局（1860 年）从事出版政府

---

① ［英］昂温 G.、昂温 P. S. 著，陈生铮译：《外国出版史》，中国书籍出版社，1980 年。

机构的出版物外，民间出版业事务完全由非官方的行业组织来处理。全国性和国际性图书出版行业组织的成立，标志着西方图书出版体系基本形成了。

（三）西方国家陆续颁布版权法，出版管理的组织机构和管理制度、相关法律更加健全

19世纪中期，在美国和德国出现由部分书商分化出专门起图书流通渠道作用的中间商——图书批发商或图书代理商。多数西方国家陆续颁布版权法，随着19世纪多数西方国家陆续颁布版权法，并出现了国家图书馆和国家书目后，制定国际间的版权协议时机已经成熟。1886年，两项国际版权协议在瑞士伯尔尼和乌拉圭首都蒙得维的亚分别通过。前者由13个欧洲国家当年签署，称为《伯尔尼公约》，后者由美国在内的美洲国家（1910年已有17个国家）签署，称为《泛美公约》。

发达国家在出版企业管理上曾经实施多种出版管理制度，如审查制度、特别许可证制度及保证金制度等。18世纪后，随着出版自由制度的产生和实行，各国陆续开始实行登记制度，并随之产生、形成了与登记制配套的宏观管理调控体系，包括法律管理体系，经济调控管理体系及行业协会管理体系等。

为保证图书出版的正常发展，避免行业内部的自杀性削价竞争，德国（1887年）和英国（1899年）的图书出版行业组织制定了本国出版商和书商之间的"实价书协议"，明确了两者之间相互依存的经济关系。

三、图书馆数量及馆藏大为增加，管理科学化，形成了图书馆学

18～19世纪，图书馆数量猛增，馆藏大为增加，服务范围扩大，出现了专业图书馆和免费公共图书馆；图书馆管理较前进步，图书管理工作更加职业化，产生了掌握图书知识的专业人员，成立了世界上第一个图书馆协会；图书管理科学化，出现了图书馆学专业图书和期刊，形成了近代意义的图书馆学；书目工作也有了进展，图书馆有了藏书字顺目录、分类目录和主题目录，并出现了国家图书馆和国家书目。

（一）图书馆数量猛增，馆藏大为增加，服务范围扩大，出现了专业图书馆和免费公共图书馆

18～19世纪是图书馆数量猛增的时期，馆藏大为增加，服务范围扩大，出现了专业图书馆和免费公共图书馆。

图书馆数量的猛增，一方面因为古登堡对于活字印刷术的改进，书籍的批量生产变得容易起来，成本的降低也使得书籍量增大，流通的社会领域扩大，新出现的图书馆越来越多；另一方面因为资本主义经济有了巨大的发展，世界

人口增加，社会对图书馆的关注有所提高，而且建立起良好的感知，私人图书馆和公共图书馆数量大增；第三方面，因为大学的普遍兴起，教师研究用书与学生对教辅读物的需要刺激了大学图书馆的发展。①

19 世纪下半叶，英国接受《图书馆案》的地方政府愈来愈多，特别是1850 年的《公共图书馆法》颁发后，一批新的图书馆先后建立，公共图书馆的数量由 1870 年的 40 余所增至 1899 年的 153 所。在图书馆的管理方面，开放式借阅及查阅演示方便了读者，阅读已成了社会成员生活中的一个组成部分。19 世纪末，美国建立了许多图书馆，图书馆达到 800 余所②。在民主德国，学术图书馆包括大学图书馆、学院和技术学院图书馆和研究院图书馆。民主德国有 7 所大学，它们历史悠久，图书馆收藏丰富，最古老的大学图书馆是莱比锡大学，创建于 1543 年，馆藏 330 万册。著名的柏林洪堡大学图书馆创建于 1831 年，1833 年正式对外开放，该馆除中央图书馆（总馆）外，还有 29 个分馆和 3 个宿舍图书馆，全部馆藏达 420 万册（总馆为 200 多万册），期刊1.3 万种，从 1831 年起收藏博士论文。

另外，有一些实例可以说明这一时期图书馆藏书量的增大。18 世纪初，牛津大学图书馆前身波德利图书馆的发展没有多大起色，靠缴纳制度获得大量书籍的希望也落空，但是到了 18 世纪后期却有了显著的发展，进书量成倍增长。欧文（Humphrey Owen，1747～1768 年）任馆长时期，图书馆藏的印刷本书籍增加到 26 万册，写本增加到 2000 册；从 1737 年哥廷根大学创立到 1812年，图书馆藏书已达 20 万册，至 1900 年扩大到 53.6 万册；③ 在法国，1789年的法国大革命中，皇家图书馆被宣布为"国有"，革命者还没收了修道院和逃亡贵族的图书将其充公为"国家财产"。这次革命中共没收了 800 多万册图书，分配给巴黎的国家图书馆和各地图书馆。法国国家图书馆的藏书从革命前的 15 万余册猛增到 1818 年的 100 万册。

18～19 世纪，西方图书馆事业迅速发展，图书馆类型增多，许多专业图书馆建立了，其中有专门收集和提供法律、医学、商业和文学等书籍的图书馆；免费开放的公共图书馆也开始建立并发展起来。服务范围不再限于学者和

---

① 王子舟：《图书馆产生特点与演进路径》，《图书馆论坛》，2007 年第 6 期，第 29～34 页。

② 吴稌年：《图书馆学/协会促进近代图书馆学术转型》，《图书馆理论与实践》，2007 年第 2 期，第 123～126 页。

③ ［日］小野泰博著，阚法箴、陈秉才译：《图书和图书馆史》，北京大学出版社，1988 年，第149 页。

显贵，还扩大到工人、职员、学生和儿童等，向社会各阶层开放的程度大大提高；图书馆对文献的加工和整理更加深入，服务方式更为多样；图书馆的国际合作也日益增多。可以说，18~19世纪是图书馆扩大和组织化的时代。

（二）图书管理科学化，产生了掌握图书知识的专业人员，成立了世界上第一个图书馆协会

17世纪后半叶到18世纪是欧洲的"启蒙时期"，资本主义生产力继续向前发展，崭新的哲学和新兴的科学有力地冲击了教会烦琐的哲学与世界观，印刷术也有了进步。仅仅收集和保存图书的图书馆已不能适应时代的要求了，图书必须进行系统的、科学的组织和管理。在这一时代要求下，图书馆管理较之前大大进步，采用了科学的分类和排架法；图书管理工作更加职业化，产生了掌握图书知识的专业人员，同时也出现了近代意义的图书馆学。以杜威为代表的图书馆学者，对于图书馆技术的总结与开创，发表了《杜威十进分类法》。《杜威十进分类法》发表时分为详、简两种版本，详本于1876年问世，取名为《图书馆图书小册子排架及编目适用的分类法和主题索引》，开创了图书馆界知识组织工具利用的新时代。

19世纪中叶以前，图书馆馆长往往都由教授、学者兼任。19世纪初以后图书馆事业更加专业化，一批精明强干的专业图书馆员在德意志出现了，例如施梅勒、摇篮本专家L. 海因，图书馆学、目录学家F. A. 艾伯特（1791~1834年），施雷廷格，J. 佩茨赫尔特（1817~1891年）等。他们多从事大型图书馆或学术图书馆的组织管理工作，同时也把图书馆的实践上升为理论。例如艾伯特曾任德累斯顿的王室图书馆馆长，著有《论公共图书馆》（1811年）和《图书馆员的教育》（约1821年）；佩茨赫尔特编有《目录大全》（1866年）、《德意志奥地利和瑞士图书馆总览》（1844年）、《图书馆学问答》（1856年），报道图书馆学研究成果的《图书馆学文献通报》（由佩茨赫尔特负责编辑出版）也于1840年创刊。专业图书馆员的出现和图书馆学的学术研究推动了图书馆事业的发展。①

19世纪末，美国资本主义经济有了巨大的发展，图书馆事业也很快发展起来，并出现了朱厄特、J. 温泽、G. H. 普特南、C. A. 卡特、M. 杜威等一大批杰出的图书馆学家和事业家。在他们的倡导下，美国于1876年成立了世界

---

① 中国大百科全书出版社编辑部编：《中国大百科全书 图书馆学 情报学 档案学》，中国大百科全书出版社，1993年，第507页。

上第一个图书馆协会——美国图书馆协会（American Library Association, ALA）。1877 年 10 月 5 日，来自 8 个国家和英国本国的 216 名代表参加了会议，并宣告英国图书馆协会成立。美英两国图书馆协会的成立，为世界图书馆事业的发展起了示范作用，从此，图书馆走上了专业化道路，标志着世界近代图书馆事业的发展步入了一个新的台阶。许多国家相继建立图书馆协会或学会，并在 1927 年成立了国际图书馆协会和机构联合会。①

这一时期的书目工作也有了进展，图书馆有了藏书字顺目录、分类目录和主题目录，并出现了国家图书馆和国家书目。近代植物学和动物学的奠基人、瑞士文献学家 C. 格斯纳于 1545 ~ 1555 年编成《世界书目》，收录了 1555 年以前出版的拉丁文、希腊文和希伯来文的书籍 1.5 万册。德意志的美因河畔法兰克福和莱比锡两地分别于 1564 年和 1595 年编出图书市场目录。

国家书目即揭示与报道一个国家在一定时期内出版的所有图书及其他出版物的目录。国家书目产生较早，公元前 1 世纪，中国汉代《别录》《七略》记载当时的国家藏书，具有国家书目的性质。1595 年，A. 蒙塞尔编制了《英国出版图书目录》。17 ~ 18 世纪，随着出版业的发展，国家书目不断增多。19 世纪出现定期出版的国家书目，如 1811 年创刊的《法国书目》，1825 年创刊的《现行德国图书通报》，1829 年创刊的《现行瑞典图书通报》，1833 年创刊的《现行荷兰图书通报》等。1858 年"国家书目"一词首次出现于文献中。1871 年瑞士出版了现行国家书目，美国（1898 年）、比利时（1875 年）、波兰（1878 年）、保加利亚（1897 年）也相继出版现行国家书目。到 20 世纪 80 年代全世界有近百个国家编辑出版了国家书目，中国自 1987 年起编制《中国国家书目》。②

（三）出现了图书馆学专业图书和期刊，形成了近代意义的图书馆学

图书馆学（协）会成立后学会成员编辑了图书馆学专业图书和期刊等出版物。图书馆学专业期刊最早于 19 世纪上半叶出现于欧洲，如 1834 年创刊的法国《藏书家通报》、1840 年创刊的德国《图书馆杂志》等。随着近代图书馆学的确立，图书馆学期刊开始在更多的国家出版，如 1876 年创刊的《美国图书馆杂志》、1888 年创刊的意大利《图书馆杂志》、1889 年创刊的英国《图

---

① 吴稀年：《图书馆学/协会促进近代图书馆学术转型》，《图书馆理论与实践》，2007 年第 2 期，第 123 ~ 126 页。

② 中国大百科全书出版社编辑部编：《中国大百科全书 图书馆学 情报学 档案学》，中国大百科全书出版社，1993 年，第 507 页。

书馆》等，这些期刊大部分迄今仍在继续出版。① 早期的图书馆专业杂志以通报馆藏，介绍工作方法，交流业务经验，评述书刊作为主要内容。②

1876 年，美国图书馆协会创办了的会刊《美国图书馆杂志》（1877 年改名为《图书馆杂志》），会刊刊载了大量的有关图书馆理论与实践方面的文章，指导了图书馆事业的发展。针对各种书目工具书的需求，美国图书馆学会于 1882 年完成了厚达 1450 页的单卷本《期刊索引》的修订版。为了扩大读者群，美国图书馆协会亦着力于编制启蒙读物的优秀推荐书目，这项工作是由杜威在 1877 年于《图书馆杂志》的一篇文章中首次提出的，为此，协会首先合作编纂了一部《美国图书馆协会目录》（ALA Catalog）。1886 年，美国图书馆协会成立了出版处，其任务是保证在联合协作下各类书目、索引及其他目录工具书的汇编出版，保证了图书馆主要业务的标准规范地开展，并在发展中起着主导的作用。

英国图书馆协会学会最早的出版物是 1880 年创刊的《每月摘记》，这是一种消息报导性的杂志，缺乏学术性。至 1883 年，协会的会员有近 400 人，1932 年增至 4095 人，1986 年为 2.5 万人。直到 1969 年，英国图书馆协会出版了学术性较强的《图书馆学杂志》季刊。

1627 年，法国的图书管理员诺戴发表了第一部组织和建设图书馆的指南手册——《关于如何创办图书馆的意见》。该书后来被大名鼎鼎的日记作家约翰·伊夫林（1620～1706 年）以《关于组建图书馆的建议》为题译成英语。在这部书中，诺戴陈述了他选择图书的原则，强调现代图书馆的图书与古籍珍本同等重要，异教作品与支持宗教的书籍同等重要，坚持用简明易懂的主题方法编排图书的分类体系。利普西乌斯是尼德兰的拉丁语学者，于 1595 年出版了《论图书馆的结构》一书，奠定了近代图书馆史的基础。而杜里所撰的《新式图书馆的管理者》一书则成为图书馆管理思想的萌芽。这些图书馆管理方面的著作被认为是图书馆学的萌芽。③

德国的启蒙运动领袖人物莱布尼兹，也是一个图书馆员，他在工作期间，首次开始了编制图书半年目录，并把这些目录累计成为揭示图书馆内容的

① 中国大百科全书出版社编辑部编：《中国大百科全书　图书馆学　情报学　档案学》，中国大百科全书出版社，1993 年，第 192 页。

② 《图书馆学期刊》（http://tqbk.slibrary.com/index.php?doc-view-2470.html）

③ 光雄：《从图书馆学产生的历史看图书馆学的本原》（http://blog.sina.com.cn/s/blog_4bc3c86b010007gi.html）

"人类知识一览表"。他阅读了诺戴关于组织图书馆的著作，他对图书采购、组织和编目方面提出的各项原则，影响着历代图书馆员。这是图书馆学将在德国产生的曙光。

德国人施莱廷格在 1807 年提出"图书馆学"这个概念。施莱廷格由于培养图书馆员的原因，在 1808 年出版了《试用图书馆学教科书大全》一书。在书中他第一次设想建立图书馆学的学科体系，并且给图书馆下了一个定义："我所说的图书馆，是将收集的相当数量的图书加以整理，根据求知者的各种要求，不费时间地提供他们利用。"由此，施莱廷格认为图书馆学是"符合图书馆目的的整理方面所必要的一切命题的总体"①。至此，图书馆学形成了。图书馆学是和近代科学和文明产生在同一时代，这不是偶然的，这说明图书馆学肩负着为科学和人类文明开道的重任。

图书馆学形成后，图书馆学教育也开始了。最早在大学开设图书馆学课程的是德国格丁根大学，1886 年由图书馆学教授开课。翌年，杜威在美国哥伦比亚大学设立了图书馆管理学院，杜威编制的和他倡导的目录卡片标准化等对全世界的图书馆产生了深远的影响。

四、学会数量增加，并逐渐分化为专业学会

在科学发展史上，学会起了重要的作用。一方面，学会联合了自然科学学者和爱好者，用经常交换情报的方式，协调他们的工作；另一方面，在精神上刺激了他们的努力。学会帮助这些学者们和吸引新的爱好者，从事自然科学实验，导致科学的分类，最后使业余科学变为职业性科学。与大学不同，学会（协会）不直接从事研究，它们主要是评定技能差别，搜集、分类和散发关于研究工作的资料，起交流情报的作用。18～19 世纪，学会数量增加，并随着科学的细分为各个专业，逐渐分化为专业学会。

17 世纪，英国只有一个学会，而到 19 世纪已有 67 个学会，此后就发展地更快了。18～19 世纪成立的学会有：林奈学会、地质学会、皇家天文学会、动物学会、化学学会、物理学会等等。这些学会除完成保护本行业利益的任务外，还举行学术报告会、讨论会，出版书籍刊物，搜集专业资料。学会直接变成了科学知识交流的中心。从这个时候起，我们可以把科学看做是一种组织起来的社会活动。按其法律地位，学会是私人的和完全自治的，经费靠会员会费和自愿捐款。

表 2 - 8　在伦敦的各学会成立日期

皇家医科学院	1518 年	化学学会	1841 年
林奈学会	1788 年	机械工程师协会	1847 年
皇家外科学院	1800 年	气体工程师协会	1863 年
地质学会	1807 年	电气工程师协会	1871 年
皇家天文学会	1820 年	物理学会	1874 年
动物学会	1826 年	生理学会	1876 年
蝗虫学学会	1833 年	法拉第学会	1903 年

来源：约翰·齐曼著，徐纪敏、王烈译《知识的力量——对科学与社会关系史的考察》，上海科学技术出版社，1985 年，第 49 页。

在美国，1727 年本杰明·富兰克林在费城建立了一个秘密结社"科学爱好者俱乐部"。它奠定了五个新科学学会的基础，其中最著名的学会之一是"美国哲学会"。美国哲学会，包括了当时的全部科学分支——自然哲学、历史、伦理、数学、化学、地理、矿物、植物、医学、天文、农艺等各个学科和技术领域。美国最早的专门化的科学团体，是 1742 年建立的波士顿海洋学会，目前仍在活动。以后陆续建立的学会有：费城医学会（1765 年），解剖学会（1771 年），美国医学会（1773 年），费城农业促进学会（1785 年），费细化学学会（1792 年），康涅狄格农业促进学会（1794 年），美国矿物学会（1798 年）。

19 世纪，欧洲的科学学协会已稳定地发展起来，不仅表现在纯粹的人数增长上，而且表现在把科学普及到更多的国家，如瑞士、瑞典、苏格兰、美国。

科学不仅普及到更多的国家而且科学及科学家也有国际性的交流。如果我们研究那时科学家的生平，像在柏林科学院和巴黎高等工艺学院任教的拉格朗日，以及实际上是圣彼得堡帝国科学院主要台柱的欧拉，那么 18 世纪科学的国际性是显而易见的。彼得大帝在 1725 年按法国式样建立的圣彼得堡帝国科学院，在这个科学院任职的几乎完全不是俄罗斯人，一些著名外国科学家受到高价聘请为俄国政府服务。当然，这种情况与 1930 年以后，德国流亡者为英国和美国的科学作出巨大的贡献是不一样的。不过由此可见，科学无国界并不是什么新鲜事。

第三章

科学交流载体、媒介和渠道

科学交流的载体、媒介和渠道是影响科学交流效率的重要因素。15 世纪以前，交流链缓慢地依赖于手抄科学文本和口头交流来扩散。15 世纪中期，印刷术发明使交流前进一大步，图书和期刊出现，后来逐渐成为主流媒介。20 世纪以来，科学被认为是由经济驱动发展的，科学家人数也迅猛增加，除了图书、期刊，会议也变成一个重要的交流形式，因为它可以带来旅游的可能性。① 20 世纪后半期计算机信息技术成为深刻影响科学交流的因素，首先，在科学文本的撰写和印刷处理过程中的文字处理变得更高效，另外它可以便利地进行检索。近 15 年来，万维网（world wide web）和 Internet 网络对于整个科学交流过程更起到了神奇的作用。由于网络提供的完美的网络工作容量和知识共享的学术交流目标，科学具有了全球化和合作化的属性，科学交流速度更快，交流方式更加多元化，传播范围更广。

科学交流必然要借助于各种载体、媒介，通过各种渠道和方式，其中载体是科学信息物化的客观依存体，媒介是承载、运送和传达各种科学信息、知识、文献的具体工具，诸如图书、期刊、博客、论坛、聊天工具等。这些载体和媒介是科学交流系统顺利运转的重要支撑，也是决定科学交流系统结构和效率的重要因素，作为信息存储和传输的载体及媒介，其发达程度决定着科学交流的速度、范围和效率。

载体是科学信息物化的客观依存体、支撑体或传播介质，是科学信息的承载者、传递者，是科学信息得以存续、传播的物质基础。没有物质载体科学信息将无以依存和传承，载体是科学交流的重要支撑体。科技发展促进科学交流信息载体的进化，在不同的历史时期科学成果记录在不同的载体上的。通过不

---

① Bjork Bo-Christer, "A Lifecycle model of the scientific communication process", *Learned Publishing*, Vol. 18, 2005, pp. 105 ~ 176.

同的介质传播，随着科学技术和生产力的发展，信息载体经历了天然载体—人工载体—纸型载体—缩微载体—音像载体—光盘载体—网络载体的，从简单到复杂，从低级到高级，并且在这个发展过程中，有些载体被逐渐替代，有些载体长期共存，形成一个互补的有机体。在这个发展过程中，载体的信息容量越来越大，载体的体积越来越小，其承载和传播的信息由可直读的文字符号，发展为不可直读的模拟或数字信号。单位体积承载的信息量也越来越大，使得不断增长的海量科学信息得以保存和快速传播。

载体也包括信息的传递介质。信息的传递介质是科学交流的另一个重要支撑体，是传送各种学术信息的传输介质或交流工具，包括直接传输模拟信号或数字信号的通讯工具，如电报、电话、网络、通信卫星等。

"媒介"这个词，广义地讲，指的是在人类活动中使两种事物彼此发生关系的中介，它可以是人，也可以是物。传播学中讲的媒介，是指人类在传播活动中用来取得信息与传递信息的工具。本书中所说"媒介"是科学交流中的传达媒介（vehicle），或称信息承载物、信息车辆，它指承载、运送和传达各种科学信息、知识、文献的具体工具，如图书、期刊、书信、机构库、博客、论坛、MSN、QQ 等等。媒介犹如高速公路上奔驰的各种车辆，载运着各种信息。

载体和媒介决定了科学交流的方式和效率。利用各种载体和传输媒介衍生出多种不同的科学交流渠道和方式。如以羊皮纸为载体的蜡封书信，以纸为载体的书信、图书、期刊、预印本、单行本；以网络为载体的预印本数据库（Preprint）、机构库（repository）、OA 期刊（Open Access Journal）、科学数据库（Genbank、CCDC）、博客（Blog）、播客（Podcast）、学术交流 QQ 群、论坛、Email、学科资源网站、会议网站、项目信息等等。

同一载体下，交流又有不同的方式和渠道，新的交流方式是否被采用不仅由其本身的技术特性决定，而且受到社会、文化和政治环境来解释其功能和价值。在《认知媒介》一书中，加拿大哲学家麦克卢汉（M. Mcluhan）写道："当任何一种新技术手段在社会环境中出现时，它会在这个环境中一直传播下去，直至渗透到每一个社会机构。"这位"电子时代的预言家"认为，社会生活比之于被传递的信息内容，要在更大程度上取决于信息传递手段的性质和特点。①

① M. . Mcluhan, *Understanding Media*. New York: The New American Library, 1964, pp. 161~162.

在科学发展过程中科学家都使用了哪些物质作为记录其成果的载体？科学家在科学研究过程中借助于哪些媒介获取资料和发布成果？通过哪种渠道和方式与同行交流信息？这些载体和交流渠道在整个科学交流系统中起到何种作用？载体和各种渠道相互之间的作用如何更替和互补的？这些都是研究科学交流行为和科学交流系统首先要厘清的问题，本章将对上述问题进行详细分析和论述。

第一节　科学交流的信息载体

一、科学信息载体的概念

（一）前辈学者的信息载体概念

自古以来，各种科学、哲学思想和科学计算、科技方法等成果记载于泥板书、纸草纸、羊皮纸、纸张、竹简等载体上，现代科学成果则是以脉冲模拟信号或数字信号的方式记载在缩微胶卷、磁盘、光盘上。关于信息载体的概念，我国图书情报学者从不同的角度给予载体的内涵和外延不同的界定，但目前我国图书情报学界没有形成统一的定义。不过许多学者对此概念进行了缜密的思考和描述。

南京大学倪波教授在《信息传播原理》[①] 一书中，指出"载有信息的物体为信息的载体"，"信息以物质为载体和媒介，信息之间的相互作用通过物质来表现"。

北京大学的刘兹恒教授在 1998 年出版的《信息媒体及其采集》[②] 一书中，将载体分为软载体和硬载体（亦称为载体的载体）两种，并界定了这两种载体的内涵："所谓信息载体，指信息内容赖以存在的语言文字、符号、声波、光波、电波等用以记录信息的载体，称为第一载体或软载体；所谓载体的载体，即承载信息的物质载体，指信息载体赖以存在和传递的纸张、胶片、磁带、光盘等物质材料，称为第二载体或硬载体。"刘兹恒先生依据载体的属性和功能对载体分别区分定义为软载体和硬载体。

武汉大学丰成君教授在其著作《信息交流原理》[③] 中将载体的定义为：

① 倪波：《信息传播原理》，书目文献出版社，1996 年，第 22 页。
② 刘兹恒：《信息媒体及其采集》，北京大学出版社，1998 年，第 9 页。
③ 丰成君：《信息交流原理》，武汉大学出版社，1997 年。

"信息是物质的基本属性，任何物质都载有信息，都是信息载体。"丰先生还对载体进行了分类，将信息载体划分为第一载体和第二载体。如果载体所载信息是显态的，则是第一载体，如果载体所载信息是隐态的，则是第二载体。丰成君先生给予载体的更宽泛的内涵，其定义的载体是广义的"载体"，即任何物质都是信息载体。

武汉大学方卿教授在其关于载体的研究著作《科学信息交流研究——载体整合与过程重构》中，将信息载体定义为："所谓信息载体是指借助一定的符号系统专门用于记录、存贮和传递信息的各种物体。"方卿教授的概念强调两点，一点是"用特定的符号系统来记录、存贮和传递信息"，即用文字、数字、声波、光波、电波等特定的符号系统作为支撑；另一点强调的是载体的"专用"性，即"专门用于记录、存贮和传递信息的物体"，通过强调载体的"专用"性将信息载体与那些信息的"寄主"区分开来，避免载体的泛化。例如，一个人的细胞就包含着这个人的全部遗传信息，一块陨石可能隐含着演化的历史信息，尽管它们都记载着大量的信息，但是它们都不是专门用于记载信息的，因此只能称其为信息的"宿主"。方卿教授吸收和借鉴了前人的理论和观点给信息载体一个确切的定义。这个定义对于信息载体承载的内容（符号系统）、载体的功能（记录、存贮和传递信息）、载体的专用属性和载体的物质性（即物体，或实物）进行了全面的概括，并且依据信息载体的演进将历史上出现过的信息载体划分为八大类：零载体、天然载体、人工载体、纸型载体、缩微载体、音像载体、封装型电子载体和网络载体。

（二）本书的信息载体定义

对于"科学信息载体"，本书将存储和传输科学信息的物理介质定义为载体。科学信息载体是科学知识和信息的承载物和传输介质，是科学信息物化的客观依存体、支撑体或传递介质，是存储或传输科学信息的物理介质。方卿教授的载体定义比较适合于界定科学交流的信息载体，我们借用之将科学信息载体定义为："科学信息载体指借助一定的符号系统专门用于记录、存储和传输科学信息的各种物理介质。"这里的载体概念是狭义的载体，首先载体是一种物质，其次是存储科学信息的物质。

为了区别于泛化的载体，本书将载体的概念的范畴缩小，具体到存储和传输信息的物理介质，而将语言、文字、脉冲信号、数字信号等（前辈学者将其定义为软载体）界定为符号（symbol）。

载体包括两大类：信息的承载物和信息的传递介质。已经出现在科学发展过程中记录和存储科学信息的载体，即科学信息的承载物，包括泥板、龟甲、兽骨、石头、树皮、简牍、缣帛、莎草纸、羊皮纸、纸张、胶卷、磁带、磁盘等等。其中有的载体上的信息是可直读的，如泥板、龟甲、兽骨、石头、树皮、简牍、缣帛、莎草纸、羊皮纸、纸张；另外一些载体上的信息是不可直读的，如胶卷、磁带、磁盘上的信息，必须使用专用设备才能读取。信息的传递介质也是信息载体，是传送各种学术信息的传输介质或交流工具，包括直接传输模拟信号或数字信号的通讯工具，如电报、电话、网络、通信卫星。其中电话、电报以模拟信号传递的主要是音频信息，主要传输的是非正式科学信息；而网络传递以数字信号传递的既有文字信息，也有音频、视频、图像信息，网络可以传输多媒体信息，包括大量的数字化的科学文献和各种灰色文献。

值得一提的是，交通工具是影响科学交流的另一种重要传输媒介，它运送的是科学信息载体或人——信息主体。新的传输媒介出现，以及物流、交通的发达，均会扩大交流范围、扩展交流社群、提高交流效率。

二、科学交流的信息载体的演变

载体决定着科学信息存贮和传播的方式、速度和效率，随着科学技术的发展，新的载体不断涌现，由于新的载体的成本、容量、便捷等方面的优势，有些旧的载体纷纷被淘汰，但更有一些载体与新的载体互补共存，只是主流载体与各种辅助载体的地位不断发生改变。下面我们回顾一下科学发展过程中的几种重要的科学信息载体。

泥板（公元前2100年）—古埃及纸草（公元前1850年）—羊皮纸（公元前170年）—纸（公元前105年）—缩微胶卷（1858年）—光盘（1982年）—Internet网络（1983年）

（一）泥板（Clay tablet）

现存最早的记载有科学信息的载体是巴比伦泥板，泥板是用截面呈三角形的利器作笔，在将干而未干的胶泥板上刻写而成的，由于字体为楔形笔画，故称之为楔形文字泥板书。从19世纪前期至今，这种泥板相继出土了50万块之多。它们分别属公元前2100年代苏美尔文化末期，公元前1790年至公元前1600年间汉莫拉比时代和公元前600年至公元最早年间新巴比伦帝国及随后的波斯塞流西得时代。其中，大约有300至400块是数学泥板，数学泥板中又以数表居多，据推测这些数表是用来运算和解题的。①

（二）纸草纸（Papyrus）

纸草纸又叫沙草纸，是用纸草的内茎切成薄片相互垂直叠在一起，经捶打、重压、干燥、磨光而成的。著名的古埃及纸草科学文献有两份，这两份纸草书都直接书写着数学内容。一份叫"莫斯科纸草书"，大约出自公元前1850年左右，它包括25个数学问题。另一份叫"莱因特纸草书"，大约成书于公元前1650年左右，开头写有"获知一切奥秘的指南"的字样，接着是作者阿摩斯从更早的文献中抄下来的85个数学问题。据这位僧人说，上面的内容又是从公元前2200年以前第十二王朝一位国王时代的旧卷子上转录下来的。②纸草纸上有关于分数和普通算术四则的一些说明，乘法是屡次相加的方法得到的，上面还记载有测量的规则。这份纸草纸藏在大英博物馆内。这两份纸草书是我们研究古埃及数学的重要资料，其内容丰富，记述了古埃及的记数法，整数四则运算，单位分数的独特用法，试位法，求几何图形的面积，体积问题，以及数学在生产、生活实践中的应用问题。

（三）简牍（Bamboo and Wooden slips）

简牍是我国先人在古代竹子或木头上书写文字而形成的信息载体。"简"是经过修治的细竹条，细木条则称作"札"。较宽的木板，也包括竹板，称作"牍"。后人将竹简、木札统称为"简"，将其与"牍"合称为"简牍"。将简用绳子编连起来，就制成简册。在殷商甲骨卜辞中已有"册"字，为简册之形，编有两道书绳；又有"典"字，为册在几上之形。《尚书·多士》记载："惟殷先人，有册有典。"可知最晚在商周时期（约公元前1600年~前1046年），已经有了条状的简和编连之册。③简由竹加工而成，通常是削成长条形，将写字的一面磨光；竹质的还要在火上炙干，这道工序叫做"汗青"或叫"杀青"，目的是使其易于着墨和防蠹。简的宽度一般为0.5~1厘米，厚数毫米，长度根据需要而定，在汉代有3尺、2.4尺、1.2尺、0.8尺（以上均汉尺）等。汉代似有定制：儒家经典和政府颁发的律令用长简，诸子百家著作用短简。各时代所用简的尺寸不尽相同。每枚简上书写一行字，也有少数简加

① 魏纶：《数学文化》，人民教育出版社，2003年，第16页。
② ［英］W.C.丹皮尔著，李珩译：《科学史及其与哲学和宗教的关系》，广西师范大学出版社，2001年，第5页。
③ 马怡：《简牍与简牍时代》，《中国社会科学院院报》（http://www.cass.net.cn/file/2007030688128.html）

宽约一倍，书写两行，径称为"两行"。很多枚简用麻绳或丝绳编连起来，叫做"册"。一般编 2~5 道，也有个别编 1 道的，通常视简的长度而定，大多数是先编后写。根据文献记载和考古发现可知，简牍文献流行于先秦，两汉时期最盛，直到东晋末年才被已发明四五百年的纸质文献所取代。它作为主要的文献形式在中国使用的时间长达千余年。已出土的简牍所载内容非常广泛，其中与科学相关简要的列其一二，其一为的汉初期的 92 枚医方简牍，上面书写的内容包括内科、外科、五官科、妇科等 30 余个医方，还讲到针灸的方法，它比成书于东汉末年的（公元 200 年~210 年左右）张仲景的竹简医方书《伤寒杂病论》还早，是目前所发现的最早的较完整的简本医方文献。其二为西汉早期的千余枚木简，包括兵书、医书和数学著作，其中《算术书》是比以前认为最古老的数学专著《九章算术》还要早的数学著作。

（四）羊皮纸（Parchment）

羊皮纸是制作书本或提供书写的一种材料。公元前 170 年左右，帕加马国王欧迈尼斯（Eumenes）二世令科学家发明新的原料取代纸莎草，聪明的帕加马人用精致的羔羊皮发明了可以书写文字的羊皮纸，以羊皮经石灰处理，剪去羊毛，再用浮石软化，便成了这种新的书写材料。羊皮纸的英文名称 Parchment 就是由这个城市的名字而来的。

中世纪的书都由羊皮纸制成，纸草在中世纪早期已不再普遍使用，而纸又尚未从东方引进。羊皮纸由粗糙的羊皮或精细的羊羔（取自小羊）皮精心制作而成，然后切割叠成刀并用尺子划上线。12 世纪抄本的尺寸差别很大，既有许多大字体写成的大开本《圣经》和祈祷书，也有数量庞大的小开本书籍（规格为 16 开或者更小），这些小书常用袖珍字体抄成但字迹清晰，而且体积小得足以塞入旅行者的口袋。2003 年，科学家借助现代科技手段初步破译了写在羊皮纸上的古希腊数学家阿基米德的一篇论文，结论是这篇被称做 Stomachion 的论文解决的是组合数学问题。这件手稿距今 975 年，是使用希腊文写在羊皮纸上的，而且遭到古代僧侣的覆盖书写和收藏者糟糕的保存方法的破坏。

图 3 - 1　工人将羊皮切割，1568 年的德国版画

（五）纸（Paper）

　　纸是价格低廉、使用方便、应用广泛且沿用时间最长的重要科学信息载体之一。中国是最早发明造纸技术的国家，西汉的蔡伦被公认为是纸的发明者。蔡伦在前人利用废丝绵造纸的基础上，采用树皮、麻头、破布、废鱼网为原料，成功地制造了一种既轻便，又经济，便于书写绘画的植物纤维纸张，总结

出一套较为完善的造纸方法，使造纸技术有了飞跃的进步。公元 105 年（元兴元年，汉和帝刘肇年间），蔡伦将造成的纸张献给朝廷，受到皇帝的赞扬。从此，人们都用这种纸，并在全国通称蔡伦造的纸为"蔡侯纸"。

纸的发明对人类文化和科学的发展有着巨大的影响。纸张发明以后，期刊、预印本等新的科学文献类型涌现出来，大量科学事件、研究进展、研究成果等学术信息以论文、快报、通讯等形式刊载于纸质载体上。纸的发明极大地促进了人类文明的进步。它使信息及时地公诸于世，并广泛传播。它记载了人类文明的发展史，促进了科学的传播和交流。纸张在中国发明后经历很快长时间才传到欧洲等地，它一登陆便很快代替羊皮纸等书写材料成为主流载体，并且长期占据主导地位，沿用至今。如果以西汉的纸为标志，纸型载体阶段至少有 2000 多年的历史；如果以公元 105 年蔡伦改进造纸术为标志，纸型载体阶段也已有近 1900 年的历史。①

表 3-1　造纸的传播

国家（地区）	时间（公元）
中国	100
印度	670
乌兹别克撒马尔罕	750
伊拉克巴格达	794
埃及开罗	850
叙利亚大马士革	1000
意大利西西里	1000
土耳其	1050
	1150
jafiva 法国蒙彼利埃	1250
德国纽伦堡	1390
英国伦敦	1490

注：撒马尔罕（乌兹别克东部城市，是亚洲最古老的文化和贸易中心之一）

来源：转引自 Brian C. Vickery, *Scientific communication in History*, The Scarecrow Press, 2000, p. 51.

---

① 方卿、徐丽芳：《科学信息交流研究》，武汉大学出版社，2005 年。

（六）缩微胶卷（microfilm）

缩微胶卷是采用专门的设备、材料和工艺，把原始信息原封不动地以缩小影像的形式摄影记录在感光材料（通常是胶片）上，经加工制作成缩微品保存、传播和使用。用照相机把书或者资料缩拍到胶卷就产生了作为信息载体的缩微胶卷。它一般是原书大小的 1/48，使用的时候，通过阅读器可以放大到原来的大小。缩微技术起源于 1852 年英国摄影师丹赛用摄影的方法通过显微镜第一次把一张 20 英寸的文件拍成 1/8 寸的缩微影像。缩微摄影技术虽有100 多年的历史，但利用它复制书刊资料却仅诞生于 20 世纪二三十年代。1928 年美国出现缩微阅读器，1930 年美国国会图书馆开始应用缩微胶卷复制珍贵资料。中国从 40 年代开始引进这一技术。[①] 缩微制品的种类很多，按其缩率划分，一般可分为低缩率，比原件缩小至 15 倍以内；中缩率，缩小 15～30 倍；高缩率，缩小 30～60 倍；特高缩率，缩小 60～90 倍；超高缩率，缩小 90 倍以上。传统缩微制品属于模拟缩微系统。此外，还有一种数字缩微系统，即通过对原件的扫描，将图像分解成许多微小的像素，以串行信号形式来存贮、传递信息的缩微制品。传统缩微制品是原件的忠实图像，主要适用于具有法律证据和其他需要忠实于原件的缩摄；数字缩微系统则以代码形式来记录信息，可以对已存贮的信息进行追加、更改，多适用于需要经常变动的文献缩微制品。缩微制品具有成本低、体积小、重量轻、信息密度高、制作迅速、规格统一、易于长期保存、便于携带等优点。缩微胶卷缩小了保存空间，保存空间节省 85%～98%。以 105×148mm 的缩微平片为例，若按每张平片拍 98 页原件计算，记录重 5 吨、体积为 6 立方米的 100 万页的纸质原件，缩微胶片的总重量只有 15 公斤，体积仅为 0.01 立方米，是纸质原件体积的 1/600。又如，1972 年英国将 2 万册大英百科全书拍摄成缩微平片，这些缩微平片只用两个缩微平片盒就可以存放，不仅节省了保存空间，传递十分方便，也节省了信息保存和管理的经费；缩微胶卷存储密度大，技术成熟及稳定性高，记录效果好，寿命长，历史已经证明缩微胶片可保存近百年，现在涤纶片的预期寿命可在 500 年以上。即使在使用中损伤胶片如划痕、断裂等，也只是损失有限的画幅，大部分信息不受影响，这是现代数字产品无法替代的。利用缩微摄影技术可以将需要快速查找的信息制成缩微品进行快速检索、显示和复印。缩微胶片上的信息可以输入到计算机内进行快速处理，计算机的输出信息也可以记录在

---

① 《缩微制品——科技中国》（http：//www.techcn.com.cn/index.php？doc-view-21499）

缩微胶片上进行高密度存储、长期保存。还可以将缩微胶片上的影像转换为电信号进行远距离信息传递。缩微胶卷所具有的天然属性使其没有成为主流载体，但成为重要的辅助性科学信息载体和良好的备份存储载体。

（七）光盘（Compact Disc）

光盘即高密度光盘（Compact Disc）是近代发展起来不同于磁性载体的光学存储介质，用聚焦的氢离子激光束处理记录介质的方法存储和再生信息，又称激光光盘。光盘是利用光学和电学原理进行读/写信息的存储介质。它是由反光材料制成的，通过在其表面上制造出一些变化来存储信息。当光盘转动时，上面的激光束照射已存储信息的反射表面，根据产生反射光的强弱变化，可以识别存储的信息，因而达到读出光盘上信息的目的。与磁盘上的磁道不同，光盘的信息是记录在一条单一的螺旋形的轨道上，该螺旋线从盘的内侧向外侧延伸开。这个轨迹也被划分成扇区，每个扇区为2kB。CD光盘的最大容量大约是700MB，DVD盘片单面4.7GB，最多能刻录约4.38G的数据（因为DVD的1GB=1000MB，而硬盘的1GB=1024MB，双面8.5GB，最多约能刻8.2GB的数据）。蓝光（BD）的则比较大，其中HD DVD单面单层15GB、双层30GB；BD单面单层25GB、双面50GB，是便于携带和传播的科学信息载体，也是重要的备份信息载体。因为光盘成本低、制作简单、体积小，更重要的是其信息可以保存100年至300年，21世纪初在计算机软件、期刊数据全文库（如清华同方的中国学术期刊全文数据库光盘）、电子图书、教育材料及各种数据库的出版发行中，都首选CD-ROM作为存储介质。

数目巨大的光盘的利用和管理是通过光盘柜、库、塔等存取设备。

光盘柜是非常特殊的一类光盘集中存放设备，体积庞大、价格昂贵。其特点是配置1~36个光驱，内部光盘存放数量极大，最多的可存放数千张光盘，光盘的装载和换片采用精密机械臂完成。因而装载和换片速度极慢，传输速率慢且不支持多用户并发访问。

光盘库实际上是一种可存放几十张或几百张光盘并带有机械臂和一个光盘驱动器的光盘柜。光盘库也叫自动换盘机，它利用机械手从机柜中选出一张光盘送到驱动器进行读写。它的库容量极大，光盘库一般配置有1~6台光盘驱动器，可容纳100~600片光盘，这种有巨大联机容量的设备非常适用于图书馆一类的信息检索中心，尤其是交互式光盘系统、数字化图书馆系统、实时资料档案中心系统等。但由于自动换盘机构的换盘时间通常在秒量级，因此光盘库的访问速度较低。

2000年以来众多图书馆、档案馆都采用智能光盘存储柜、库、塔等存取设备，但目前光盘存储柜、塔已经被磁盘阵列和大型网络存储替代。

（八）磁性载体

磁性载体主要包括磁带、磁盘、磁盘阵列、网络存储、云存储。

1. 磁带

磁带是最早出现的磁记录介质，在20世纪40年代前，磁带已作为录音介质出现，记录模拟信号，目前仍大量用于数字存储技术中。磁带是用聚酯薄膜作带基，布上一层磁性材料，经过磁性定向、烘干、压光和切割等工序而制成。磁带因宽度和形状不同而有很多种类，其相应的磁带机也有很多种类。磁带可储存的内容多种多样。同样的，磁带也多种多样，比如，用于储存视频的录像带，用于储存音频的录音带（包括 reel-to-reel tape、紧凑音频盒带（Compact audio cassette）、数字音频带（DAT）、数字线性带（DLT）、8轨软片（8-track cartridges）) 等等各种格式的磁带），用于计算机的磁带。计算机带作为数字信息的存贮具有容量大、价格低的优点，主要大量用于计算机的外存贮器，1980年代曾被广泛应用，但现在已经不常用。磁带价格便宜，标准化程度高，存贮容量大，但由于采用串行的记录方式，数据存储时间长，不能满足电子计算机对外存设备高速存取的要求，在网络环境下适于作硬盘的备份的载体。①

2. 磁盘

磁盘又分为两类，一类是硬盘，一类是软盘。软盘目前已经基本被淘汰，不再详述。

硬盘，又称硬磁盘（Hard Disc Drive 简称 HDD），硬盘是电脑主要的存储媒介之一，由一个或者多个铝制或者玻璃制的碟片组成，这些碟片外覆盖有铁磁性材料，是电脑上使用坚硬的旋转碟片为基础的存储设备。绝大多数硬盘都是固定硬盘，被永久性地密封固定在硬盘驱动器中。但也有移动硬盘存在，作为便于携带的大容量外设被广为利用。硬盘因尺寸和磁层的不同而有很多种类。硬盘最基本的组成部分是由坚硬金属材料制成的涂以磁性介质的盘片，不同容量硬盘的盘片数不等。每个盘片有两面，都可记录信息。盘片被分成许多扇形的区域，每个区域叫一个扇区，每个扇区可存储 128×2 的 N 次方（N = 0.1.2.3）字节信息。硬磁盘可随机存储，加之高速旋转，所以数据存储很

---

① 《网上课堂》（http://www.bjmydag.gov.cn/WSKT/WSKT10.htm）

快，传输效率高。现在一般的硬盘容量在80GB到3TB之间。它在平整的磁性表面存储和检索数位数据，信息通过离磁性表面很近的磁头，由电磁流来改变极性方式被电磁流写到磁碟上。自从硬盘技术出现以来，就以其大容量、高性能和低价格，成为计算机系统中永久保存海量数据的主要存储设备。一直以来，硬盘技术的发展是非常迅速的。特别是容量，几乎以每年100%的速度持续增长，而其价格却在不断下降，这也促进了需要大容量存储的应用的发展。

固态硬盘（Solid State Disk、IDE FLASH DISK、Serial ATA Flash Disk）是由控制单元和存储单元（FLASH芯片）组成，简单的说就是用固态电子存储芯片阵列而制成的硬盘（目前最大容量为1TB）。固态硬盘的接口规范和定义、功能及使用方法上与普通硬盘的完全相同，在产品外形和尺寸上也完全与普通硬盘一致。由于固态硬盘没有普通硬盘的旋转介质，因而抗震性极佳，同时工作温度很宽，扩展温度的电子硬盘可工作在 $-45℃ \sim +85℃$。尽管名字中带着"硬盘"的字眼，但SSD固态硬盘采用的是NAND闪存介质（NAND是一种非易失闪存技术），省去了传统硬盘每次进行读写操作时的寻址寻道，速度理论上要快于当前的传统硬盘快。同时根据闪存介质本身的物理特性，要比传统机械硬盘的安全性提高很多，无需担心由于在读写操作总遭遇碰撞而硬盘损坏的可能。虽然固态硬盘比磁盘技术似乎有巨大的优越性，但是也存在着一些缺点。首先它的价格昂贵，每单位容量价格是传统硬盘的 $5 \sim 10$ 倍（基于闪存），甚至 $200 \sim 300$ 倍（基于DRAM－动态随机存储器）。其次，它们通常由易失型DRAM组成，一旦断电，数据将永久地丢失。为了避免数据丢失，SSD应该采用后备电池保护。第三，容量低。目前固态硬盘最大容量远低于传统硬盘，传统硬盘的容量仍在迅速增长，据称IBM已测试过4TB的传统硬盘。第四，写入寿命有限（基于闪存）。一般闪存写入寿命为1万到10万次，特制的可达100万到500万次，然而整台计算机寿命期内文件系统的某些部分（如文件分配表）的写入次数仍将超过这一极限。特制的文件系统或者固件可以分担写入的位置，使固态硬盘的整体寿命达到20年以上。

（九）网络（Internet）

网络由分布于世界各地的计算机、网络存储设备和信息传输设备（光纤、同轴电缆、网线）组成，它是存储型载体与传输型载体的结合体。学者通过网络可以发布、传递和获取各种学术信息，从研究体会、会议通知等非正式学术信息到期刊论文、电子图书等科学文献均可发布和获取。不过用户所看到的信息并不是流淌在网络上的，而是存储在Internet不同服务器的磁盘上的，需要时通过访问来调取。"严格的讲，网络只是一种信息传递的通道，而不是一种信息载体。我们之所以将网络作为载体对待，主要是基于网络与各种服务器上的存储设备是一个有机的整体，且对广大用户来讲，网络比服务器上的存储设备更为直观这样一个事实。"① 我国国标 GB3469 标引电子文献载体类型时也是将"联机网络"作为电子文献载体类型的一种，其定义的电子文献载体具体四大类如下：①磁带〔MT〕、②磁盘〔DK〕、③光盘〔CD〕、④联机网络〔OL〕。

网络存储要求超大存储容量、大数据传输率以及高系统可用性，所以网络存储并不是磁盘的简单连接，而是有一定结构的存储系统。数字存储的发展可以用日新月异来形容，这些发展起因于不断涌现的新技术。新技术一方面不断生产创造出新的或更高性能的存储硬件，如光盘、软盘、硬盘、移动硬盘、固体硬盘、闪存等等；另一方面是构建新的大容量存储系统结构的技术。随着信息的不断增长，需要存储的信息也越来越多，对信息存储技术的要求也越来越高，存储体系也相应地不断更新。早期的网络存储是以服务器为中心的磁盘阵列存储，现在的网络存储是以存储网络为中心的存储系统。目前，按信息存储系统的构成，最常见的信息存储系统包括网络附着存储（Network Attached Storage，NAS）、存储局域网络（Storage Area Network，SAN）两种。另外，还有最新的云存储。

1. 磁盘阵列（RAID）

磁盘阵列的全称是 Redundant Arrays of Inexpensive Disks（简称 RAID），有"廉价磁盘冗余阵列"之意，它是 1988 年由美国加州大学伯克利分校的 David Patterson 教授等人提出来的磁盘冗余技术。RAID 是为了解决单一硬盘在容量、性能以及可靠性方面的不足，将大量的磁盘组合成单一的虚拟磁盘，通过磁盘的并行操作来提高存储系统的性能，通过数据的冗余来提高可靠性，提供了一种以低廉的价格构造大容量、高性能、高可靠性的存储系统的方法，因此很快就成为大容量存储系统中最重要的技术之一。

磁盘阵列是由很多价格便宜、容量较小、稳定性较高、速度较慢的磁盘，组合成一个大型的磁盘组，即是在一台计算机（通常是大型服务器）旁，安装一个装满磁盘的磁盘柜，用 RAID 控制器将数据复制到 RAID 盘中，然后就可以进行正常读写操作了，利用个别磁盘提供数据所产生的加成效果来提升整

---

① 方卿、徐丽芳：《科学信息交流研究》，武汉：武汉大学出版社，2005。

个磁盘系统的效能。磁盘阵列由若干个物理磁盘组成，但对操作系统而言仍是一个逻辑盘，数据分布在阵列中的多个物理磁盘中。磁盘阵列具备将数据分布到所有驱动器的特性，支持并行读写操作。在主机写入数据时，RAID 控制器把主机要写入的数据分解为多个数据块，然后并行写入磁盘阵列；主机读取数据时，RAID 控制器并行读取分散在磁盘阵列中各个硬盘上的数据，把它们重新组合后提供给主机。由于采用并行读写操作，从而提高了存储系统的存取速度。另外控制器可以向多个驱动器写入数据，一个或多个驱动器可以以实时方式做成主驱动器的"镜像"，如果主驱动器损坏，可以通过辅助驱动器存取数据，持续的备份数据，避免在磁盘损坏时丢失数据。

磁盘阵列作为独立系统在主机外直连或通过网络与主机相连，磁盘阵列有多个端口可以被不同主机或不同端口连接。一个主机连接阵列的不同端口可提升传输速度。磁盘阵列还能利用同位检查（Parity Check）的观念，在数组中任一硬盘故障时，仍可读出数据，在数据重构时，将故障硬盘内的数据，经计算后重新置入新硬盘中。磁盘阵列的采用为存储系统（或者服务器的内置存储）带来巨大利益，其中提高传输速率和提供容错功能是最大的优点。从用户观点看，磁盘阵列虽然是由几个、几十个甚至上百个盘组成，但仍可认为是一个单一磁盘，其容量可以高达几百至上千千兆字节，因此这一技术受到广泛欢迎。

目前许多图书馆将磁盘阵列用于"重庆维普期刊"和"清华 CNKI"等大型期刊全文数据库的存贮和使用。

2. 网络附着存储（NAS）

网络附着存储（NAS）也称直接联网存储，在 NAS 存储结构中，存储系统不再通过 I/O 总线附属于某个特定的服务器或客户机，而是直接通过网络接口与网络直接相连，由用户通过网络访问。存储设备在功能上完全独立于网络中的主服务器，客户机与存储设备之间的数据访问已不再需要文件服务器的干预，而允许客户机与存储设备之间进行直接的数据访问。利用专用的硬件软件构造的专用服务器，与其他资源独立，不会占用网络主服务器的系统资源，不需要在服务器上安装任何软件，不用关闭网络上的主服务器，就可以为网络增加存储设备。

3. 存储局域网络（SAN）

存储局域网络（SAN），是一种类似于普通局域网的高速存储网络；是基于整合、共享、管理的理念目标，将各种存储装置诸如磁盘阵列、光盘机、磁带机、磁带库等机器，透过高速网络链接，构成专门负责提供存储空间的局域网络；是存储设备相互连接且与一台服务器或一个服务器群相连的网络。其中的服务器用作 SAN 的接入点，在有些配置中，SAN 也与网络相连，在 SAN 中将特殊交换机当做连接设备。它们看起来很像常规的以太网络交换机，是 SAN 中的连通点。SAN 存储网络提供一个存储系统、备份设备和服务器相互连接的架构，他们之间的数据不再在以太网络上流通，从而大大提高以太网络的性能。正由于存储设备与服务器完全分离，加上把不同的存储池以网络方式连接，用户可以以任何他需要的方式访问他们的数据，并获得更高的数据完整性。

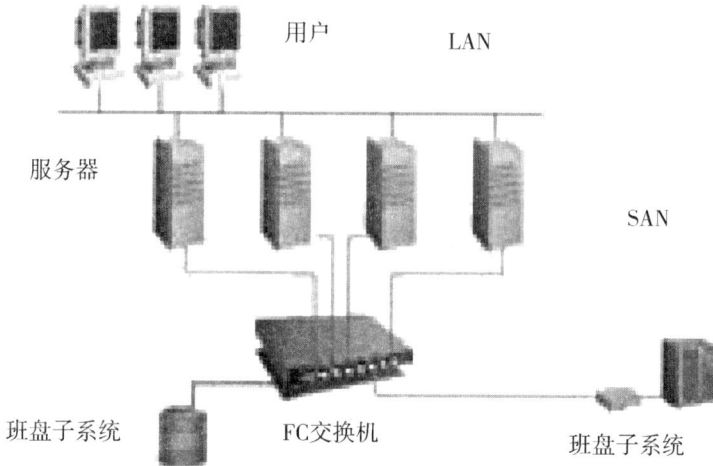

图 3 - 2 存储局域网络（SAN）

可以说，NAS 和 SAN 技术已经成为当今数据存储和容灾备份的主流技术。它们通过专业的数据存储管理软件，结合相应的硬件和存储设备，对全网络的数据备份进行集中管理，从而实现自动化的备份、文件归档、数据分级存储以及灾难恢复等功能。

4. 云存储（cloud storage）

云存储在云计算（cloud computing）概念上延伸和发展出来的一个新的概念。云计算是是分布式处理（Distributed Computing）、并行处理（Parallel Computing）和网格计算（Grid Computing）的发展，是透过网络将庞大的计算处理程序自动分拆成无数个较小的子程序，再交由多部服务器所组成的庞大系统经计算分析之后将处理结果回传给用户。通过云计算技术，网络服务提供者可以在数秒之内，处理数以千万计甚至亿计的信息，达到和"超级计算机"同样强大的网络服务。

云存储的概念与云计算类似，它是指通过集群应用、网格技术或分布式文件系统等功能，将网络中大量各种不同类型的存储设备通过应用软件集合起来协同工作，共同对外提供数据存储和业务访问功能的一个系统。这个存储系统由多个存储设备组成，通过集群功能、分布式文件系统或类似网格计算等功能联合起来协同工作，并通过一定的应用软件或应用接口，对用户提供一定类型的存储服务和访问服务。

云存储不仅仅是一个硬件，而是一个网络设备、存储设备、服务器、应用软件、公用访问接口、接入网和客户端程序等多个部分组成的复杂系统。各部分以存储设备为核心，通过应用软件来对外提供数据存储和业务访问服务。就如同云状的广域网和互联网一样，云存储对使用者来讲，不是指某一个具体的设备，而是指一个由许许多多个存储设备和服务器所构成的集合体。使用者使用云存储，不需要清楚这个存储设备是什么型号，什么接口和传输协议，也不需要知道存储设备和服务器之间采用什么样的连接线缆，云状存储系统中的所有设备对使用者来讲都是完全透明的，任何地方的任何一个经过授权的使用者都可以通过一根接入线缆与云存储连接，对云存储进行数据访问。人们并不是使用某一个存储设备，而是使用整个云存储系统带来的一种数据访问服务。所以严格来讲，云存储不是存储，而是一种服务。

云存储的核心是应用软件与存储设备相结合，从架构模型来看，云存储系统系统比云计算系统多了一个存储层，同时，在基础管理也多了很多与数据管理和数据安全有关的功能。

Amazon 在两年前就推出的 Elastic Compute Cloud（EC2：弹性计算云）云存储产品，旨在为用户提供互联网服务形式同时提供更强的存储和计算功能。内容分发网络服务提供商 CDNetworks 和业界著名的云存储平台服务商 Nirvanix 发布了一项新的合作，并宣布结成战略伙伴关系，以提供业界目前唯一的云存储和内容传送服务集成平台。

载体的固有属性决定其在科学史上的生命期，这些属性包括原料易得、造价低廉、制作工艺简单、阅览舒适、易于写入、易于读取、便于传播、便于携带、能够长期保存等。

虽然新载体出现了，但老的载体并不消失，仍然留存在人类交流的范围里。通常，老的载体把一部分职责移交给新的载体后，就开始新的生命，有效地履行更有限的职责了。此规律性来源于这一事实：新的交流需要并不消除那些由已经存在的交流载体来满足的老的需要。新的交流载体并不取代而只是补充先前的载体，并重新分配它们的职能。

第二节　科学交流的媒介

一、科学交流媒介的概念

"媒介"这个词，广义地讲，指的是在人类活动中使两种事物彼此发生关系的中介，它可以是人，也可以是物。世界上的事物之间总是有联系的，所以媒介作为一种中介因素，存在于一切事物的运动过程中。从"中介"之义可引申出"居间的工具"这样一种含义。英语里的媒介（medium）一词大约出现于20世纪30年代，其含义主要是中介物、手段、工具。传播学中讲的媒介，主要就是对"居间的工具"这一意义而言的，它是指人类在传播活动中用来取得信息与传递信息的工具。[①]

传播学中的传播媒介是指介于传播者与受传者之间的用以负载、传递、延伸、扩大特定符号的物质实体，具有实体性、中介性、负载性、还原性和扩张性等特点。现代大众传播学之父施拉姆认为："媒介就是插入传播过程之中，用以扩大并延伸信息传送的工具。"他基本上认为媒介就是大众传播流程的渠道和工具，它起着承载、传递信息给受众的作用。[②]

传播学中媒介有两层含义：一是指传递信息的工具和手段，如电话、计算机及其网络、报纸、广播、电视等与传播技术有关的媒体；二是指从事信息的采集、选择、加工、制作和传输的组织或机构，如报社、电台和电视台等。这两个方面都是传播学研究的重要内容，一方面，作为技术手段的传播媒介的发达程度决定着社会传播的速度、范围和效率；另一方面，作为组织机构的传播媒介的制度、所有制关系、意识形态和文化背景如何，决定着社会传播的内容和倾向性。

科学交流的"媒介"概念的内涵同样是指介于科学信息的发布者与接收者之间的用以负载、传递、延伸、扩大特定符号的物质实体。但是，科学交流

---

① 董天策：《传播学导论》，四川大学出版社，2002年，第58页。

② 冯广超：《数字媒体概论》，中国人民大学出版社，2004年，第7页。

媒介概念的外延与传播学的外延不同，它也包括两层含义。一是指承载、运送和传达各种科学信息、知识、文献的具体工具，或称信息传递工具、信息车辆，其对应的英文是 vehicle。这些运载工具犹如各种车辆，各自以独特的方式载运着各种不同的信息，可以说他们是运载型媒介，如图书、期刊、书信、数据库、博客、论坛、MSN、QQ 等等。二是指从事信息的采集、选择、加工、制作和传输的组织或机构，也可以称其为机构型媒介，如图书馆、情报中心、出版社和发行机构等。它们承担着科学文献的生产、加工和传播的任务。在这里我们仅从狭义的角度对运载型媒介进行分析，对于机构型媒介不再详述。

运载媒介以不同的方式承载、传递不同特性的科学信息和文献，如期刊能够快速报道多主题最新研究成果；图书系统全面的报道一定主题的成熟的成果；E-mail 快速传递各种学术信息，包括项目、会议等科研信息、零次文献、灰色文献和已出版的论文等等；科学博客是学者个人信息发布的媒介，以一对多的方式发布学术研究资源和信息，公开了博主的科研感悟、经验、教训、心得、发现、成果，以及科研、会议、生活信息等，内容丰富详实，具有一定的学术价值；学术论坛以多对多的方式，开放且交互的交流各种学术信息，是思想交流的场所，也是学术信息的集散地；语言也是一种独特的科学信息传达媒介，是表达思想的工具。

这些传达媒介在整个科学交流系统中分别承担着不同的传递任务，分层次地实现各种学术信息的交流。载体和媒介构成了科学交流的基本构架，或者说是形成了多维的科学交流的线路、通路，媒介就是高速公路上运送信息的各种型号的车，他们共同形成完整的科学交流的信息运输系统。

二、科学交流媒介的类别

科学交流媒介作为独立的学术信息承载物或交流工具，各自以不同方式的传递各种不同类型的科学信息，这些传达媒介形式多样，有以纸张为载体的，也有以网络为载体的，如果以载体形式划分可以分成零载体媒介、纸质媒介、电子媒介三大类，这三大类包括的具体媒介如下：

（1）零载体媒介：语言

语言是人与人之间传递思想的重要交流工具，研究者通过语言交流得到建议，激发创新性的想法，学习新的实验方法和理论，听到新的结果。科学家们在工作场所与合作伙伴，在本地或国际会议上与同行借助于语言进行交流，获得很多参考信息。无论文字和网络如何发达，都无法替代科学家之间的语言交流。

（2）纸质媒介：图书、期刊、书信、论文集、学位论文、研究报告、预印本、后印本、手稿、笔记等。

纸质媒介是最重要的交流媒介，特别是图书和期刊，由于编辑和专家评审的质量控制，它们一直是最受信赖的科学文献的承载和传播媒介。即便是在现代网络时代，它们仍然是科学家首选的发布成果和获取信息的媒介，是不可替代的科学交流工具。论文集、研究报告、学位论文也因为信息的快速、新颖和可靠性而受到学者的广泛青睐。

（3）电子媒介：E-mail、博客（blog）、邮件列表（Mailing List）、时事通讯（Newsletter）、新闻组（Usenet 或 NewsGroup）、FTP、QQ、MSN、FTP、论坛、BBS 电子公告板、电子会议或网络会议（Electronic meeting or Webcam conferencing）、电话、在线数据库、电子期刊、电子图书、预印本库（Preprint databases）、目录或全文数据库（Bibliographic or full-text databases）、虚拟图书馆（Virtual libraries）、OA 期刊（OA journals）、科学研究机构网站（Scientific and research organizations servers）、出版者站点（Publisher Web sites）。

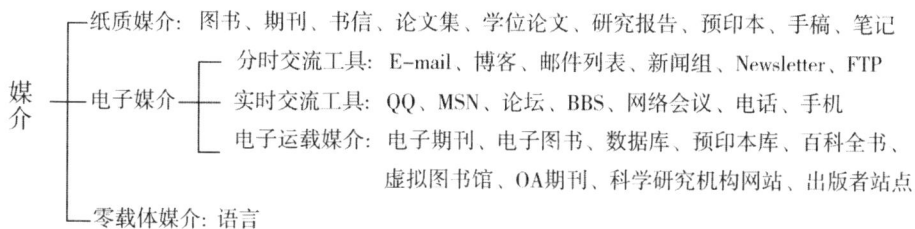

```
            ┌ 纸质媒介：图书、期刊、书信、论文集、学位论文、研究报告、预印本、手稿、笔记
            │              ┌ 分时交流工具：E-mail、博客、邮件列表、新闻组、Newsletter、FTP
媒          │              │
     ┤ 电子媒介 ┤ 实时交流工具：QQ、MSN、论坛、BBS、网络会议、电话、手机
介          │              │
            │              └ 电子运载媒介：电子期刊、电子图书、数据库、预印本库、百科全书、
            │                            虚拟图书馆、OA期刊、科学研究机构网站、出版者站点
            └ 零载体媒介：语言
```

图 3-3　科学交流媒介类型图

电子媒介是最快捷和方便的交流工具，提供了多种交流方式，节省了时间、资金，同时还扩大了交流范围，消除了距离的阻隔和社交圈的限制。更重要的是每个人都可以自由发布自己的学术信息，不管是哪类信息都可直接发布到网络上，并和成千上万的学者进行讨论，从而获得反馈。

电子媒介又可分为实时交流工具、分时交流工具、资源类媒介。其中实时交流媒介包括：QQ、MSN、ICQ、飞信、论坛、BBS、电子会议、网络会议、电话、手机等。这些实时通讯工具不仅具有文字、语音、视频等多种信息传输功能，还往往捆绑有浏览器、电邮、网络硬盘等实用功能，并且与移动电话、PDA 等各种通讯终端设备的结合日趋紧密。借助这些实时交流工具，学者们可以即时文字或视频聊天、对话，同时还可以发送论文、数据、软件、录像等各种科学文件，也可以实现学术会议的网络全直播。越来越多的学者，特别是年轻学者将即时通讯工具作为人际沟通和交流的主要工具之一。

实时通讯工具最首要的特点是实时性，速度快，交流直接，是双向互动的。可以是一对一，也可以一对多和多对多的实时交流。

分时交流媒介包括：E-mail、博客（blog）、邮件列表、时事通讯、新闻组、FTP。

电子运载媒介包括：在线数据库、电子期刊、电子图书、预印本库、虚拟图书馆、OA 期刊、科学研究机构网站、出版者站点。

电子媒介具有以下特点和优点：

（1）覆盖面广、传输速度快。互联网已经成为连接 200 多个国家和地区的信息传输干道。目前网络频宽光纤已经达到每秒钟 100 MB 传输速度，未来互联网上传出数据的速度将达到每秒钟 10GB，贝尔实验室日前宣布其的技术达到了每秒钟传输 107GB 数据的速度。目前，互联网成为任何一种信息交流工具都无法比拟的沟通范围最广的媒体，且速度最快的媒体，为学者进行跨地区或跨国的信息交流提供了方便。

（2）开放性和共享性。用户无论背景如何都有权平等使用这些工具而不受身份、地位和经济能力的限制。传统的媒介发布信息有很多障碍，如身份、信息内容、财力等，而互联网的限制则很少，这可以让更多个人通过它发布和接收信息，扩大了信息受众的范围。

（3）经济性。互联网上的信息交流是将各种信息转换为二进制码进行传递，可以节省在现实世界进行信息交流时所需的大量印刷、场地、邮递、交通、人员等费用。

（4）交互性。在各种交流手段中，口头交流是双向交流，但范围有限；信函交流速度慢；电话也是双向沟通媒体，但只能传递声音信息；纸本期刊、图书属于单向传播媒体，不能得到及时反馈。利用互联网能够交互式地提供信息，交流双方可以进行实时的信息交换，大大缩短了用户信息反馈时间，使学者能迅速了解学界的各种信息和研究的进展，及时调整自己的研究方案并形成正反馈系统。

（5）可传递多媒体信息。互联网可同时传递图象、文字、声音和一切可以数字化的信息。在信息交流的过程中，信息需要有不同的表现形式，有的适合用文字，有的用图形效果好。互联网的这一特点可以方便的提供各种形式的信息交流。

第三节　现代科学交流渠道及其特点

科学交流的渠道（Channel）是指信息从发布者到达接收者的完整信息通路。这样的通路有长有短，有的是直接的，有的是需要经过中间节点的。直接交流路线较短，时效性越强，衰减越少，能够快速获得尚未公开的信息，交流价值高。而间接交流渠道较长，通常要经过出版社、编辑或审稿人、发行机构、图书馆、信息中心、情报所等中介机构，它的内容是经过选择、编辑，或者说是经过质量控制的，信息完整、详细，真实可靠，学术价值高，有一定的时滞。直接交流又分为面对面交流和借助工具交流两种，如面对面对话、参观访问、报告、演讲、会议；借助工具的直接交流包括电话、书信、博客、QQ、MSN、论坛、网络会议等等。间接交流渠道包括通过期刊、图书、技术报告、标准、专利等公开出版的文献进行交流。如果汇集传统和现代数字化环境下科学交流的渠道，可以描绘出科学交流渠道简图如下图：

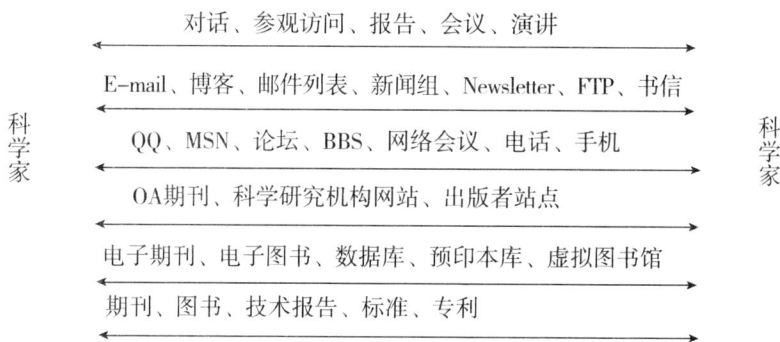

对话、参观访问、报告、会议、演讲

E-mail、博客、邮件列表、新闻组、Newsletter、FTP、书信

QQ、MSN、论坛、BBS、网络会议、电话、手机

OA期刊、科学研究机构网站、出版者站点

电子期刊、电子图书、数据库、预印本库、虚拟图书馆

期刊、图书、技术报告、标准、专利

科学家　　　　　　　　　　　　　　　　　　　　科学家

图 3 - 4　交流渠道简图

一、科学交流渠道的分类

1959 年，美国社会科学家门泽尔（H. Menzel）对科学信息交流过程进行了系统研究，提出了交流的"正式过程"和"非正式过程"①。门泽尔认为"正式交流过程"就是"借助科学技术文献进行科学情报交流的过程"。正式交流（formal communication）是借助于科学图书、科学技术译文、科学报告、

---

①　王琳：《网络环境下科学信息交流模式的栈理论研究》，《图书情报知识》，2004 年第 1 期，第 19～21 页。

发明说明书、情报出版物等科学技术文献，进行学术情报交流，正式交流的通道或管道叫正式交流渠道；非正式交流（informal communication）是由科学家和专家私人来完成的交流，如专家之间的对话、书信往来、参观、讲演、展览、学术讨论会、出版物预印本等等，这些非正式的交流通道称为非正式交流渠道。①

1971 年，联合国教科文组织（UNESCO）和国际科学联盟理事会（ICSU，International Council of Scientific Unions）合作的"世界科学信息项目"发布的研究成果之一：联合国科技情报系统（United Nations Information System in Science and Technology），简称 UNISIST，也称为"世界科学信息系统"，描绘了科技信息通过多条路径从生产者到达使用者的整个信息流程模式。UNISIST 模式将科技信息流分为正式交流、非正式交流和表格数据交流三大类，其中正式交流包括交流出版的和未出版两类文献。出版的包括图书、期刊，未出版包括的学位论文、报告（政府机构未出版的研究和技术报告）、印本论文的补充材料（实验测试数据、记录、照片等）。非正式交流包括谈话、报告和会议等，非正式交流又分为口头交流和书面交流两类。表格数据意指以表格形式呈现的资料，UNISIST 承认的表格数据包括以在许多印刷书籍、期刊和出版文献中的量化调查数据和数据银行（data bank）中的数据。UNISIST 将表格式数据交流作为一种交流方式单独列出，可能是基于自然科学研究过程中有大量与成果相关的支撑数据，这些数据只有很少一部分在论文和著作中列出，大部分存储于科学数据银行、科学机构的数据库中和科学家个人手中，当时已经出现的自动化数据储存库（mechanized data bank），是交流表单数据信息更加合适的新型渠道便于检索、计算和处理数据。

1976 年，苏联前科学技术情报研究所所长米哈依洛夫概括了科学研究中科学交流的基本过程，并依据科学过程是否涉及科技文献的交流，将科学交流分为正式交流和非正式交流。其中基本上是由科学家和专家自己来完成的这些过程属于科学交流的非正式过程，非正式交流包括以下五种过程：①科学家和专家之间就他们所从事的研究或研制进行直接对话；②科学家和专家参观自己同行的实验室、科学技术展览等等；③科学家和专家对某些听众作口头讲演；④交换书信、出版物预印本和单行本；⑤研究或研制成果在发表前的准备工作，包括发表形式（致杂志编辑的信、通讯、寄存用手稿、期刊论文、工作

---

① 邢天寿：《论学会》，福建科学技术出版社，1986 年，第 190 页。

报告、学术报告、专利申请书、合理化建议、述评、专著、教科书，等等）以及发表地点和时间的选择。另外，涉及成果的正式出版、发行和由图书情报加工、存档、传播的过程属于科学交流正式过程，包括以下四种过程：①为发表手稿所必需的编辑出版和印刷过程，包括写书评；②科学出版物的发行过程，包括与发行过程相关的书刊商业活动；③图书馆书目工作和档案事务（在其与科学情报业务相配合的范围内）；④科学情报工作本身，即科学情报的收集、分析与综合加工、存储、检索和传播，包括科学技术宣传，而且当前的科学情报工作基本上是与科学文献联系着的。①

也有学者基于是否存在"第三方"的质量控制者或"守门人"将科学交流分为的正式交流和非正式交流两种。科学交流的非正式交流，又被称为直接交流，指在科学情报创造者与科学情报使用者，之间不存在作为"第三方"的控制者。通过科学情报使用者和科学情报创造者之间的个人接触，科学情报流直接从情报创造者流向情报使用者或从情报使用者流向情报创造者的科学交流。正式交流也称间接交流，指通过科学文献系统或"第三方"的控制而进行的科学情报交流，科学情报流在科学文献或"第三方"的控制下从情报创造者流向情报使用者的科学交流。②

一般认为，所谓的正式科学交流是指研究人员之间通过正式出版的文献进行交流③，非正式科学交流指研究人员之间私人交换科学研究相关的各种信息的交流活动。

可以看出，无论是门泽尔、米哈依洛夫，还是目前学者的一般看法都是以交流的信息内容是否正式出版或经质量控制来区分正式交流和非正式交流的。这是以交流的客体的属性来区分正式交流和非正式交流渠道的，而与载体和信息内容无关。相同的信息内容在经过出版加工前后交流，比如同一篇论文通过信件渠道和期刊渠道交流，就分别是非正式交流和正式交流；然而，经过出版加工的科学文献，无论通过那种载体来交流，都应视作正式交流渠道，比如借助于大型期刊出版商的在线期刊全文数据库，如 Sciencedirect、Springer Link 等等。数字时代光盘、网络是常用的载体，虽然它们与传统的纸本期刊是不同

① ［俄］А. И. 米哈依诺夫著，徐新民等译：《科学交流与情报学》，科学技术文献出版社，1980年。

② 李国红：《А. И. 米哈依洛夫科学交流模式述评》，《情报探索》，2005年第6期，第44~46页。

③ 徐丽芳：《数字科学信息交流研究》，武汉大学出版社，2008年。

载体，但是如果他们传递的是与已出版的纸质期刊相同的信息内容，仍然应该属于正式交流。期刊光盘数据库、数据库、电子图书、电子期刊只是以不同的方式传播正式信息。

二、正式交流渠道和非正式交流渠道及其特点

（一）正式交流渠道

正式交流渠道（formal communication channel）又称"间接交流渠道"。正式交流渠道是传输经正式出版或质量控制的科学文献的渠道，如图书、期刊、学位论文、技术报告、标准、电子图书、电子期刊、电子学位论文等等。正式交流渠道通常都是由出版机构、科研机构或政府作为中介来控制质量的，这也是正式交流渠道与非正式交流渠道最显著的区别之处。正式交流渠道通常是由信息创造者—质量控制机构（出版社、研究机构、政府机构）—发行机构（发行商、数据库服务商）—传播机构（图书馆、情报中心、数据库站点、机构官方站点）—信息接收者组成的。

正式交流在任何一个发展良好的学科领域的学术交流中都占中心地位，它构成了领域内官方表达的知识基础。在自然科学界期刊文章是报道成果和发现的公认媒介，自然科学主要借助期刊公布知识成果，并接受检验和挑战；而在人文社会科学方面，虽然期刊论文也很重要，但图书起着更重要的作用，图书系统地、全面地报道比较成熟的结果。同时，正式交流也提供最新观点、新发现、个人体验和任何完成任务的建议。期刊和图书的编辑过程起到评估和控制作用，确保了内容的水平和质量。

学术会议和学术社团提供了另一个交流的正式渠道，论文应邀或提交给会议，被选择录用后，作者会出席会议，然后论文会被结集出版为会议论文集。尽管在会议中会有很多信息互动发生，会议仍然被认为是正式交流渠道，因为会议的基本属性是很正式的集会，并且内容是事先计划好的。

早期正式的交流渠道交流的大部分是书面资料，主要包括图书、期刊、学位论文、技术报告、标准、专利、会议录等。随着信息技术的发展和网络的普及，几乎所有的纸本学术期刊都由正式出版商或其编辑机构发布了在线数字版（online journal），很多学术著作、学位论文、会议论文也是如此。当然，通过这些在线的数字化学术期刊和电子图书、学位论文的信息交流也是正式交流，不过，这些学术期刊的电子版大部分需要付费才能阅读或下载全文。

另外，还有许多新的在线数字形式的出版交流渠道也被列为正式交流渠道。在 Søndergaard 修正的 UNISIST（2003 年）基于互联网的科学交流模型

中，将一些在线数字交流的渠道归类于正式交流渠道，主要包括以下几种①。

在线数字正式交流渠道：

Preprint databases（预印本库）

Bibliographic or full-text databases（书目或全文数据库，包括商业的，如 First Search，DIALOG，STN，Lexis-Nexis 等和非商业的）

Scientific and research organizations servers（科研组织的服务器）

Publisher Web sites（出版商站点）

Virtual libraries as defined earlier（虚拟图书馆）

Search engine or meta search tools（搜索引擎或元搜索工具）

一般认为预印本是在正式出版之前或者在同行评议之前就发布的文献。预印本通常被认为是一种灰色文献，但是近年来，随着互联网的出现和普及，预印本通过互联网传播的成本降到最低，在某些学科领域随着预印本服务器的广泛应用，情况已经有所变化。在 Søndergaard 基于互联网的科学交流模型中，正式科学交流渠道包括了预印本服务器、书目数据库和全文数据库、科研组织的服务器、出版商网站、虚拟图书馆、搜索引擎或者元搜索工具等。

正式交流渠道的优点是：（1）服务面广；（2）汇集的知识是多方面的；（3）所有文献情报可以积累、存贮，随时检索利用；（4）情报内容大多经社会鉴定评价，可靠性强；（5）提供的情报可以是完整、系统的。图书情报机构所从事的文献收集、整理和传递工作是现今最普遍的正式交流形式。

（二）非正式交流

非正式交流（informal communication）是发生于体制化交流以外和制度性组织关系以外的学术信息或知识交流②。通俗的讲是在正式交流以外的、以任何时间、地点、形式进行的所有各类学术交流，如科学家之间的个人接触、书信往来、参观访问、演讲交谈等。非正式交流又称"直接交流"，信息发生源与信息接受者之间发生直接的情报交流，它不借助于文献系统和情报工作者。

非正式交流具有偶然性属性，是与不确定的伙伴分享新鲜、抽象、不全面和高质量的有价值信息。通常交流的信息、是抽象的、口语化的、不全面的、

---

① Søndergaard T. F.，Anderson J.，Hj? rland B.，"Documents and the communication of scientific and scholarly information: Revising and updating the UNISIST model," *Journal of Documentation*，Vol. 59，No. 3，2003，pp. 278～320.

② 翟杰全：《让科技跨越时空：科技传播与科技传播学》，北京理工大学出版社，2002 年，第 125 页。

不明确的、含糊的，交流的可能是一个事实、思路、想法等。非正式交流可使思想传播分散地更快，能更有效地提供更多种类型的数据。

非正式交流在交流内容上具有广泛性。一般而言，正式交流主要用于交流正式信息，即已经在某个范围内得到确认的信息，是发现者认为值得向学术界公布的信息，包括特定的实验数据、知识观点、系统理论、科学假说等。但非正式交流渠道中流动的信息却具有更大的多样性，既可以是正式信息，也可以是非正式信息，如研究过程中得到的中间结果，还没有得到科学性审验的数据，并没有足够证据支持的初级假说等；既可以是显性知识，也可以是隐性知识，如某些科学家在研究中得到的研究经验、体会以及不成熟的研究方法等。另外，科学家在进行正式交流时，基于交流的一些特定规范，实际上不可能也不会把一切都置于交流之中，比如说学术论文一般只包含方法与结论等基本传播要素，其余的内容一般不会写入论文，但对于要获得研究经验的一些学术界新人而言，那些不写入论文的内容却可能是极为重要的。要获得这些内容，一般只能通过非正式交流过程。换言之，非正式交流既可以传播在正式交流过程中传播的信息，也可以传播那些在正式交流过程中无法传播的信息。

传统的非正式交流的具体形式有科学家之间的面对面交谈、书信往来、电话联系、工作小组交流会、无形学院交流、参观访问等等。网络作为一种新媒介，前所未有地扩展了非正式交流的方式和渠道，新兴的网络应用元素具有诸多方便学术信息交流的性能特征，为科学交流的提供了新的方式、路径和技术支持。目前被科学工作者广泛利用的网络非正式交流渠道主要包括：

（1）电子邮件（E-mail）

（2）列表服务器传递的短信（List servers），如邮件列表 Mailing List，时事通讯（Newsletter）等

（3）论坛/BBS（Bulletin Board System，即"电子公告板"）

（4）新闻组（Usenet 或 NewsGroup）

（5）电子会议或网络会议（Electronic meeting or Webcam conferencing）

（6）博客（blog）

（7）个人聊天工具，如 QQ、MSN 等实时交流软件

（8）FTP

（9）其他网站（Web），如维基（维基百科）、网络书店（有新书目和书评）

科学家不同程度地使用 E-mail 发送或接收邮件，也有人使用 mailing list、

newsletters、public bulletin boards（比如 Internet 新闻系统中的 Sci. math）向素不相识的人寻求帮助或为他人提供帮助；使用博客发布研究信息和成果；利用 FTP 服务器保存自己的资料或下载研究机构提供的资料和软件；通过实时交流软件与同行或合作伙伴交换各种学术信息。通过网络，各种学术交流渠道实现本地和远程合作、出版和传播扩散他们的成果、建立他们的工作于别人工作的连接。

目前大多数传统非正式交流方式都有了网络化的版本，表 3－2 展示了各种传统的非正式科学交流形式在数字化环境下所呈现的网络化趋势。

表 3－2　两种环境下非正式科学交流方式比较

方式＼环境	传统环境	数字网络环境
个人直接交流	面对面	网络视频
信件	E-mail	
会议交流	现场	网络视频
预印本交流	纸质预印本	电子预印本
无形学院交流	现场	BBS
		Blog

来源：张耀坤《非正式科学交流中的信息服务研究》，硕士学位论文，华中师范大学，2008 年。

正式交流的优点有四个方面。（1）时效性强。可以以正式文献达不到的速度传递信息，使信息的间隔时间缩短，流程短，信息新，可以克服衰减，老化弊端。（2）传递的信息直接、生动、具体，内容更丰富、更新颖。人与人之间面对面的交流时，声音、目光、姿态、手势都能传递信息，一些不能或不便于用文字、图表表达的含义、细节，都可以在此情况下充分表达和流露，从而获取更丰富、更真实的信息。（3）可以根据自己的需要筛选信息，信息的实用性强。（4）传递的信息又随时反馈修正。非正式交流是一种双向交流，可以迅速的获得反馈，有助于及时澄清问题，消除疑点，还可以相互讨论、咨询，激发新的思路和修正错误。

其缺点有三个方面（1）传播范围有限。（2）口头信息不能加工积累和准确评价，缺乏可靠性检验。（3）交流的内容完全由创造者决定。有研究者对于正式交流与非正式交流特点进行了对比，见表 3－3。

表 3 - 3　正式交流与非正式交流特点对比

	正式交流	非正式交流
对象	公开的，大众的	私人的
获取	永久保存的，可检索的	仅能暂时存储
时效	信息较新	信息较旧
互动	非互动的	互动的
可信度	严谨，完整，可信度高	模糊不具体，可信度低

（三）正式交流与非正式交流的区别

正式交流和非正式交流的服务功能不同，两者都是必不可少的，是平衡互补的。正式交流和非正式交流的不同主要表现在以下几方面：

（1）科学交流系统中种类较少的正式交流媒介是公开的，并且有大量潜在的用户，每个信息单元传递成本相对较低；大量非正式交流媒介是受限的，只有很少的受众。

（2）正式信息是永久保存的、有代表性的、可检索的；非正式信息是通过非正式渠道临时保存的，很难检索到。

（3）正式交流渠道中传播的信息是受监督的，是按学科标准生产的完整的报告；非正式交流中传播的信息是不受监控的。

（4）正式交流是有用户选择的；非正式交流是合作互动的，他们觉得信息有用才交换，在这里信息的使用者和传播者变得很模糊。

（5）同一研究经常通过数种渠道发布，因此系统中有冗余，正式渠道中较少有重复发布，所以减少了冗余。但是在非正式交流媒介中常见同一资源的不同版本重复发布，以适应不同渠道的特点和用户的需求。

四、网络环境下科学传播渠道图

网络环境下出现了许多新的交流工具和交流媒介，形成许多新的科学传播渠道。哲学家和教师 Rob Helpy Chalk 于 2006 年在其博客发布了其绘制的一系列科学传播图①，见图 3 - 5 和图 3 - 6，描述了现代数字化环境下科学家和科学家之间、科学家和普通民众之间科学交流的渠道。

图 3 - 5 中实线路是描绘科学界内部交流的渠道，虚线是描绘科学知识传

————————

① "Blogs and Science Communication"（http：//scienceblogs. com/clock/2006/09/blogs_ and_ science_ communicatio. php）

播到普通市民的路线。实线形象地描述了科学家通过 Email 或直接交流、会议报告、预印本、期刊论文、图书等交流渠道形成的环形交流通路，以及通过科学博客、学术期刊编辑、大学出版平台、通俗科学媒体形成的新的双向交流渠道；虚线描绘科学知识从期刊论文、图书、科学博客和大众科学媒体传递给信息灵通市民和普通市民，以及市民内部的交流。

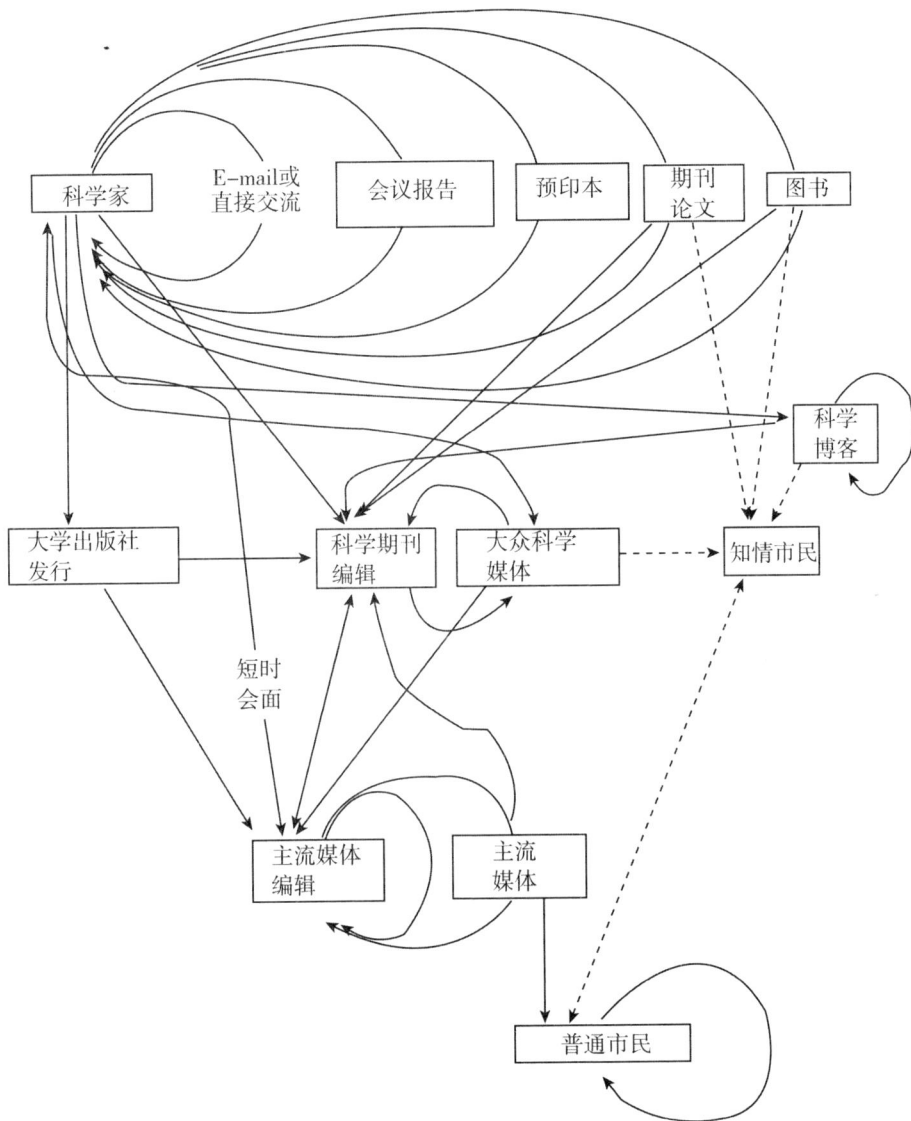

图 3 – 5　科学交流的渠道图 a

图3-6是以直线描述科学家和科学家之间、科学家和普通民众之间科学交流的渠道。同样用实线与虚线区分了科学界内部交流和科学家与普通市民的交流。与图3-5相比多了"公开数据库和期刊"（public databases and journals）这一数字化路径。

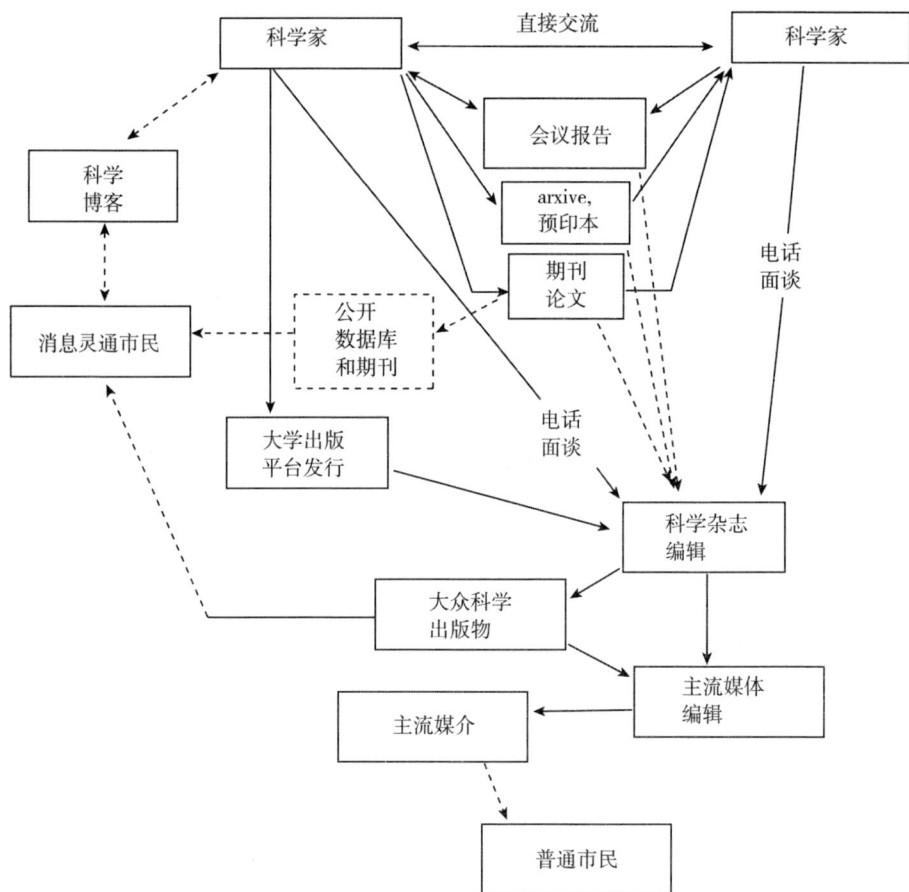

图3-6　科学交流的渠道图 b

五、基于 Web2.0 的非正式科学交流及其特点

Web2.0 是以平等、交互、去中心化为特征的新的一类互联网应用的统称，是依据六度分割、XML、A2JAX 等新理论和技术实现的互联网新一代模式。Web2.0 的实践应用元素包括：博客（Blog）、播客（Podcast）、RSS（简易聚合）、Web service（Web 服务）、Wiki（维客）、Tags（民间分类标签）、

Bookmark（社会性书签）、SNS（社会网络）等。其应用服务的特点是：用户创造内容（UGC）、个性化定制、社会化、存储空间的网络化、操作系统概念的弱化、浏览器服务成为网站提供的主要产品、分布式计算取代传统的客户机/服务器模式等等。web 2.0 强调分众传播的对等信息交互，用户既可以读也可以写，且更注重用户的交互作用，借助 RSS 和 XML 技术，实现网站之间的交流。Web2.0 降低了参与网络交流的技术门槛，并提供良好的互动支持技术，使得世界各地的精英和草根可以进行更广泛的微内容的交流，给学者们提供了一个更自由和个性化的参与体系，一个交流平台。学者们可以通过于 Blog、Podcast、Wiki 发布、交流、编辑、反馈科学信息，借助 RSS 、Tag、Bookmark 进行信息订阅、分类和收藏，并通过用户自发的或者系统自动的聚合给内容提供索引。

Web2.0 为学术信息交流提供了新的方式、方法和渠道，为科学交流系统增加了新的元素，搭建了开放、共享的交流平台。Kling 等[①]研究认为"科学家的社会结构和他们的组织对科学交流起决定作用，并在技术的影响下，形成一个社会—技术互动的非正式学术交流网络"。Web2.0 再次改变了非正式学术信息交流系统，弱化了科学家的社会结构和他们的组织的决定性作用，使得非正式学术交流更广泛、更易获。在这一科学交流过程中，信息在创造者与使用者之间的交流是通过网络直接进行的，是无"第三方"控制的直接交流，具有直接交流的特征，从广义的角度来讲，是传统非正式交流在网络中的延展，应属于非正式科学交流范畴。下面就基于 Web2.0 应用元素的非正式学术信息交流过程、特点进行分析和探讨。

（一）信息发布主体及其行为特征

信息发布主体

基于 Web2.0 的非正式学术交流信息发布者来自于更宽泛的层次范围，信息发布主体包括所有正在从事科学研究、教育的学者及学生。由于 Web2.0 应用元素降低了个人参与信息创造的技术门槛，不需要掌握程序语言和网页制作技术，任何人均可以在网上建立自己的博客、参与维基写作、推荐图书或进行评论，实现个性化的信息发布。与传统的科学交流相比发布主体的群体有明显

---

① Kling R. , McKim G. , King A. , "A bit more to it: Scholarly communication forums as socio-technical interaction networks," *Journal of the American Society for Information Science and Technology*, Vol. 54, No. 1, 2003, pp. 47 ~ 67.

的扩大和转变。（1）由精英扩大到草根。信息发布主体更加平民化、大众化，由精英扩展到草根，既有著名科学学家、教授，也有普通研究人员、教师、学生（博士生、硕士生、本科生）。他们主要通过博客门户、科学维基等平台发布信息，其中有一些科学博客门户，专供学者们建立网上家园，如美国Science-Blogs①、中国赛客联盟②、中国教育人博客③、有机化学网化学博客等等。（2）发布和传播主体重新回到了知识的本源。传统的学术信息发布通常是依托于出版社、发行机构或网站，基于Web2.0的信息发布不需要借助于任何实体出版机构，由个人在线提交即可完成。传播主体重新回到了知识的本源，即个人，使知识生产者、消费者、管理者和传播者合为一体，学者成为科学交流的直接参与者和控制者。

（二）信息发布行为特征

基于Web2.0的非正式学术信息交流主要通过博客、维基、书评等发布信息，其发布行为具有以下特征。（1）个性化、自主化、内容非受控。基于Web2.0信息发布是个性化的自由表达，信息发布非常的自由、自主，且形式随意，语言自由，不需规范化，也不需完整性，其内容是非受控的，不需经任何中间环节的过滤和加工，发布内容不需经过"第三方"控制和过滤，不受传播学意义上的"守门人"的影响。（2）成本低、速度快、效率高。基于Web2.0的学术信息发布被称为网络出版（Web Publishing），又称"一击出版"。Web2.0技术降低了个人"数字化生存"的门坎，博客和维客们无论在何时何地只要借助于网络媒介，在线进行编辑后，点击"提交"，即可实时发布，并且可以随时进行修改和删除，是一种成本最低、速度最快、效率最高的科学信息发布方式。（3）便于协同创作。维基（Wiki）本身就是一种支持合作产生最佳信息的平台，适合于多人共同进行文章、书籍的写作或者文档、程序、规程的编写或会议报道等协同工作。Blog的协作一般是指多人维护，许多成功的博客都是由多人协作撰写维护的。根据Nature的统计，排在前10名的科学博客中有5个都不是个人博客④，而是由一群科学家合作撰写的，这一结果体现了协作的力量。

---

① "Scienceblogs"（http：//scienceblogs. com/）

② 中国赛客联盟（http：//sciblog. cn/）

③ 教育人博客（http：//www. blog. edu. cn/）

④ "A few facts about top science blogs."（http：//www. nature. com/news/2006/060703/multimedia/blogshots. html）

（三）发布内容及其正确性

1. 发布的内容

基于 Web2.0 的学术信息发布内容更多样化，包括所有传统的非正式交流学术信息类型。不仅包括最终研究成果，还包括科研过程中的多种信息，如科研数据、项目阶段成果、会议视频、讲座记录、新方法或理论、教学资料、笔记、书评、论文评价、书目数据等，其中有许多隐性学术信息尤为珍贵，如最新研究进展、研究趋势、科研感悟、经验、教训、心得等。与传统的非正式交流相同，也是偶然的与不确定的伙伴分享正确的、高质量的可获性信息，这些信息可能是抽象的、口语化的、不全面的、不明确的，可能是一个事实，也可能仅是本学科领域的一个想法。下面就其发布信息内容及其类型分析如下：

（1）博客发布内容

科学博客是学者个人信息发布的主要媒介，蕴藏着丰富的学术研究资源和信息，记录了博客们的科研感悟、经验、教训、心得、发现、成果，以及科研、会议、生活信息等，内容丰富详实，具有一定的指导意义和学术价值。

那么科学博客究竟主要涉及哪些内容呢？美国科学家 bora Zivkovic 在其"科学博客在博什么？"的博文中探讨了科学博客的定义（由在职科学家写的博客，而且必须是关于科学内容的），并列举了他所看到的科学博客上的内容。[1] 其主要包括娱乐性内容、动物图片、新闻和事件、幽默、实验室和研究生活（由博士和博士后撰写记录了实验室和研究生活细节）、书评、原创艺术、科学新闻（新的科学发现、主流媒体报道的转载）、科学和宗教、科学政策（分析关于科学的政策）、怀疑和批评（专门或偶然揭露伪科学）、环境（关于环境科学）、科学教育、生物医学科学、科学评论和指南、作为教学工具传递教学资料、作为科学工具、猜想、数据、科学史等。

为了了解我国的科学博客上发布什么内容，笔者对我国的三个科学博客进行了在线调查，这三个博客分别是韦钰院士的博客[2]、冯衍的博客[3]和李淼的博客[4]。按月份随机抽取三个博客中的博文各 50 篇，并进行内容分析。结果表明，我国科学博客与国外博客所发布的信息内主要涉及以下 10 大类内容：

---

[1]　Bora Zivkovic，"Publishing hypotheses and data on a blog - is it going to happen on science blogs？"（http：//sciencepolitics. blogspot. com/2006/04/publishing-hypotheses-and-data-on-blog. html）

[2]　韦钰的博客（http：//blog. ci123. com/weiyu）

[3]　格志（http：//gezhi. org/yan）

[4]　博客李淼（http：//limiao. net/）

①研究思想（学习札记、研究感想、研究随想）；②研究成果（即将发表的论文和已发表的论文）；③研究资源（同行 blog、同行网站、OA 期刊、视频资料、论文、翻译的外文资料）；④科研项目（项目简介、初步成果、阶段性成果、项目评估报告）；⑤科学人物（本领域重大奖项获得者、有成就专家及其研究，如诺贝尔奖获得者）；⑥科学新闻（新的科学发现、主流媒体报道的转载，如 NASA 播出太空 HDTV 视频发明隐身衣等）；⑦会议（会议要点、发言幻灯片、会议视频、讨论结果、会议收获、会议通知）；⑧教学资料（讲课提纲、讲课幻灯片、讲学内容）；⑨评论（书评、成果评价）；⑩研究生活和闲谈（记录实验室或研究生活、社会生活相关的事件、想法、观点）。

对博客博文内容类型分布进行统计，结果表明（见表 3 – 4），我国科学博客涉及研究生活和社会生活的博文所占比例最高，其次是研究感想、随想，再次是研究资源，与国外科学博客不同的是关于宗教和信仰的讨论较少。

表 3 – 4　三个中国科学博客博文内容类型分布统计表

	思想	成果	资源	项目	会议	新闻	人物	教学	书评	生活
韦钰	10	1	3	10	6	3	1	8	0	9
冯衍	5	0	12	0	3	11	3	0	1	16
李淼	9	2	7	0	5	3	1	0	3	20
总数	24	3	22	14	14	17	5	8	4	45

（2）维基发布内容

目前维基内容大多倾向于百科知识，如 Wikipedia①、百度百科②、网络天书③、维库④、互动在线⑤等，条目数量都在数万条左右，内容涉及各个方面，其中也包括科学相关条目。有一些科学维基内容主题是倾向于专业知识领域的，如 OpenWetWare⑥、Donew wiki⑦、维基美国专利⑧。OpenWetWare 是生物

---

① Wikipedia（http：//en. wikipedia. org）

② 百度百科（http：//baike. baidu. com/）

③ 维客—网络天书（http：//www. cnic. org/）

④ 维库（http：//www. wikilib. com/wiki/% E9% A6% 96% E9% A1% B5）

⑤ 互动在线（http：//www. hoodong. com/）

⑥ IT 百科（http：//wiki. ccw. com. cn/% E9% A6% 96% E9% A1% B5）

⑦ DoNews WIKI（http：//wiki. donews. com/index. php/% E9% A6% 96% E9% A1% B5）

⑧ Patents（http：//wikipatents. com/）

学维基站点，旨在使全球的生物学小组共享实验室协议、数据和增进彼此间的协作。Donews Wiki 是国内最大的 IT 知识库。维基美国专利是专利维基网站，网站允许对任何一条专利进行市场分析、发表评论，并和对该专利感兴趣的人共同讨论，也可以检索、下载美国专利文献。美国专利商标局甚至准备用维基帮助审查专利，将维基方式的咨询版运用于专利批准过程。① 其他属特色专题类的还有职业百科、万家姓及旅游、美食等类的维基站点。

（3）书评内容

书评网站除提供常见的图书的载体形态项、出版发行项、图书的封面、作者简介、内容提要、详细的目次、作者的作品目录外，还允许任意一位读者在线撰写书评，对书籍进行介绍、评论、讨论，表达喜欢或不喜欢此书及其原因，告知读者哪本书值得买。读者书评是书评网站独具特色的内容之一。另外，书评网站还提供专家书评，专家书评多为知名教授或专业人士所写，内容专精。在著名的亚马逊的网站上能够找到最完整、最新的图书数据，其数据库可以说是一个功能强大的由读者和专家共建的书目数据库。

2. 发布内容正确性

总体来讲，由于科学家的自律、相互监督、用户自然选择和网站的管理，基本上可以保证 Web2.0 元素发布科学信息内容的正确性和可靠性。

（1）博客内容正确性。科学博客们（bloggers）开博的目的一般是为了分享和交流科研思想、感悟、数据、成果和资源，尽管网络是虚拟的，但很多科学博客是实名的；即使是匿名开博的，本专业人员大多也都知道博客的真实身份。所以，科学博客们都很重视自己的声誉和同行网友对自己的网络身份的认同，一般都很严肃对待自己发表的博文。博客中的内容通常是经过博客本人的思考和筛选的，可以说是经过"专家过滤"的。另外，内容正确且有价值的博文会被更多的访问、转载和链接，长此以往形成一种自然的优胜劣汰，也保证了资源的正确性和可靠性。

（2）维基内容正确性。维基追求的目标就是信息的完整性、充分性以及权威性。为了维持 Wiki 内容的正确性，wiki 在技术上和运行规则上制订了一些规范，做到既坚持面向大众公开参与的原则，又尽量降低众多参与者带来的风险。这些技术和规范包括：①保留网页每一次更动的版本，便于恢复；②页面锁定，锁定成熟的页面内容；③IP 禁止：纪录和封存 IP 的功能，将破坏者

---

① 维基帮助专利审查（http://www.fortunechina.com/archives/200611-1-30a.htm）

的 IP 纪录下来，并禁止他的再次修改；④Sand Box（沙箱）测试：让初次参与的人先到 Sand Box 页面做测试；⑤编辑规则：写明大家建设维护 wiki 站点的规则。Nature 对 Wiki 内容正确性进行了调查，调查抽取了 Wikipedia（在线的免费大百科全书）和大英百科全书中相同的 42 个科学方面的词条，由相关权威科学家评判其正确性，其结果出乎意料①：两种百科全书都有错误，且正确性并没有多大差别。专家们发现在 42 个词条中平均每个词条中 Wikipedia 中有 4 处错误，大英百科全书有 3 处错误，总共只有 8 个重要的曲解概念性错误，两个百科全书各 4 个，另外还有一些事实错误、冗长和令人误解的描述方面的小问题在 Wikipedia 中有 162 处，大英百科全书中有 123 处。

（3）书评内容正确性。专家书评的正确性和可靠性是勿庸置疑的，值得考量的是读者书评。由于任何意见必定涉入主体的观点，且多数读者书评是匿名的，在无监控的条件下，为了保障书评的质量，书评网站让读者投票的方式对书评进行过滤。读者对每一篇书评加以投票，选出这篇书评对你有无帮助，其结果列于书评前，透过公众力量赋予书评价值等级。为了减少不公的情况，亚马逊还将 E-mail 放在书评旁，以使言论多一些平衡。

（四）信息接收及反馈、互动

1. 基于 Web2.0 的信息接收方式及其特点

Web2.0 的应用元素提供多样化的学术信息接收方式和路径，除了传统的浏览和搜索外，还有两种新的基于信息聚合技术的获取方式和途径，即 RSS 订阅获取、Bookmark 获取。

（1）RSS 浏览器获取。RSS 即简易信息聚合，是一种新型的信息获取方式，又是一种用于发布或者获取网站信息的 XML 格式，能够实现对特定信息的全程跟踪、即时更新以及内容聚合等，是将内容聚合和管理有机结合起来的一种获取方式。RSS 技术支持"推（push）"信息功能，当新内容在服务器数据库中出现时，就可以被"推"到用户端阅读器中，借助于在线或桌面 RSS 阅读软件用户可以方便、高效地从互联网上实时订阅和获取信息，并在统一整合的界面中集中阅读和管理。目前，不仅博客和许多学术网站提供 RSS 订阅，许多商业期刊出版商也提供 RSS 订阅，SpringerLink 和美国化学会 ACS 的所有期刊都提供 RSS 订阅。学者可以选择性地获得自己最关注学科专业期刊上的

---

① "Internet encyclopaedias go head to head,"（http：//www.nature.com/news/2005/051212/full/438900a.html）

最新论文信息。

（2）Bookmark 获取。即 Bookmark 即网络书摘，又称为网络收藏夹，通过网络书摘无论在任何地方，只要能接入网络，用户可以很方便地实现存储、查看、管理自己保存的网页，并与别人分享自己的收藏。借助于网摘网站的标签累计功能还可以对所有用户的书签进行信息聚合，通过 Tag 将有价值的内容推荐给关心相同主题的学者，帮助学者们找到热点文章和同行。国外现已有专门的学术资源网摘站点，其一是 CiteULike①，专供学术研究者在线保存和分享论文的网摘站点。它可以为用户自动摘录引用资料。另一个是 Connotea，是由著名的 Nature Publishing Group 建立的社会性书签网站，是为研究者、科学家提供免费参考文献管理的网站。它结合学术参考的需要增加了自动抽取书目信息功能。

基于 Web2.0 的学术信息获取与传统的网络信息获取相比具有三个新的特点：（1）存储空间网络化，Bookmark 是将收藏信息存贮在网络服务器上的。（2）信息聚合获取，通过 RSS、Tag、Trackback 将用户关心的同类信息自动聚合在一起，大大提高信息获取效率。而且不仅仅是被动的接收，还可以有选择的主动订阅，有选择的获取。（3）获取的同时进行组织管理，利用 Bookmark和 RSS 在获取的同时可以对信息进行标签和分类收藏，根据用户习惯对文章进行内容分析、标识和组织管理。

2. 基于 Web2.0 的反馈和互动

用户的直接反馈和互动。互动是基于 Web2.0 学术信息交流的主要特色之一，Web2.0 技术构建了一个强大的支持反馈和互动的立体网络，包括直接反馈互动和聚合反馈互动。通常 Web2.0 网站页面都提供评论、订阅、链接、引用等便于直接互动的界面或快捷图标，供用户直接在线交流心得，进行评论。评论（comment）是信息接收者进行直接互动的主要方式，一些著名的科学博客上的评论互动是相当活跃的，博客（blogger）与读者通过评论进行实时、延时的多方互动交流。位列 Technorati "链接站点个数统计" 排名第二的科学博客 "Pandas Thumb"② 的一篇博文的评论数高达 601 个，美国科学博客门户上有 52 个博客，22650 篇文章，共有 221603 个评论，平均每篇文章评论数近10 个（9.78）。我国科学博客的读者互动也很踊跃，表 3－5 列出了国内外 10

---

① CiteULike（http：//www.citeulike.org/）

② Panda's Thumb（http：//www.pandasthumb.org/）

个著名科学博客的发表文章数、评论个数点击数等互动情况。

表 3-5　国内外 10 个著名科学博客的互动情况表

	老槐	李超平	韦钰	方兴东	吴敬琏	Pharyn gula	Pandas Thumb	Real climat	Cosmi cvari ance	Scientific Activist
文章个数	380	310	133	942	68	188	198	111	143	246
评论个数	7218	3345	2324	3164	314	7411	10310	10921	4364	1250
点击次数	330307	179484	170587	500315	235037	9852 722	40520 445	2161 901	1409 782	75639
篇均评论	19	10.79	17.47	3.34	4.62	39.43	92.07	98.39	30.52	5.08

注：统计时间为 2006.12.19～20。表中国外博客为 Technorati 链接站点个数统计前 3500 名中的 5 个科学博客。

利用信息聚合技术聚合用户数据形成的反馈和互动。除了用户直接的评论回复之外，Web2.0 学术信息交流独特的互动是借助于信息聚合形成的互动，即利用信息聚合技术聚合用户添加的数据或收集用户行为数据，汇聚集体智慧，并反馈到网络中供其他用户访问到，形成用户交互。这种聚合支撑下的互动主要包括聚合用户添加数据（tagging、Trackback）和用户行为数据（点击、链接、选择、引用、投票）等进行的反馈和互动。其中聚合用户添加数据形成互动主要有以下两种形式。

（1）Tag 聚合互动。Tag（标签）是一种使用用户自由选择的关键词对网站进行协作分类的方式。这些关键词称为标签，也称为民间分类标签（folksonomy），是人们在撰写博客日志或利用网摘收藏订阅时给予博文或收藏信息的关键词的分类标签，根据文章的多元性可以为每一篇文章添加一个或多个 Tag。各个 Tag 之间的关系是平行关系，Tag 提供一个更灵活的"多对多"类聚方法，但是又可以根据相关性分析，将经常一起出现的 Tag 关联起来。Tag 的共享和聚类作用表现在两方面，其一是内部聚类，博客们对所写博文给予分类标签，通过 Tag 将所有具有相同 Tag 的文章聚类，供所有人分享和检索，便于获得同一网站或门户所有主题相同或相近的学术信息。其二是外部聚类，信息接收者在收藏时，Bookmark 和 RSS 浏览器等允许用户用 Tag 标记他们所贡献的数据，并且使用实时的回馈来显示最流行的标签云和数据，使这些标签被其他的用户探索到、访问到，实现双向互动。

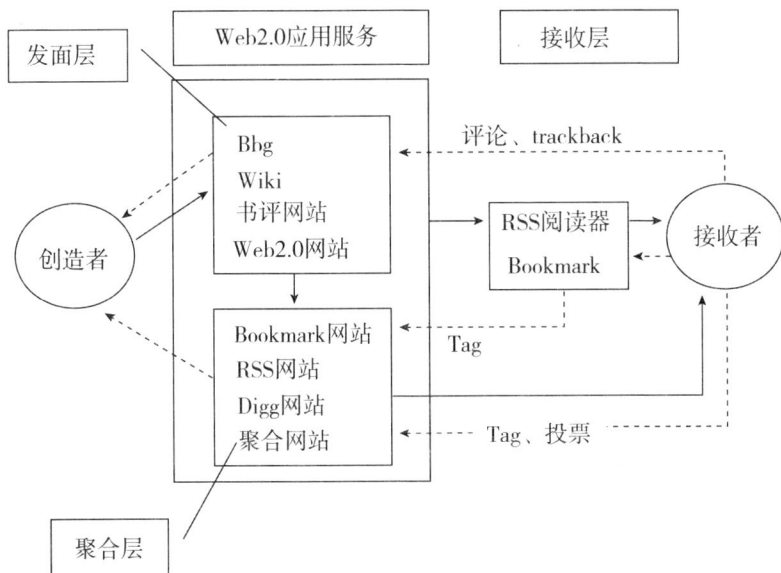

图 3 – 7　基于 Web2.0 的非正式科学交流互动图

（2）Trackback（引用通告）。Blog 大都支持 Trackback 技术，在看原始文章时，也可以看到来自许多不同站点中其他人的评论观点，从而将"未知"引用动态的聚合到自己的文章下面。Trackback 也是一个远程评论系统，如果 blog A 上发表了一篇文章来评价 blog B 上的文章，A 的 blog 工具会通报给 B 的 blog 工具以通知此事。接着 B 的 blog 将显示 A 的文章的摘录部分，并提供了一个返回 A 的文章的链接。这种信息反馈和获取是连贯的，突破了旧的知识和信息组织结构，进入到契合网络互联、互动特性的新的知识和信息组织结构中。

（五）基于 Web2.0 的非正式学术信息交流信息流程

基于 Web2.0 的学术信息交流是一种学者深度参与的直接互动交流过程，其交流不受时空和原有社交结构的限制，内容涉及更广泛，接收、反馈方式更多样化和简单易行，形成一个立体的网状的多路径交流体系。从信息流的角度看，其最基本的信息流动过程如下：

（1）信息创造者—Blog，Wiki，书评，其他网站—信息接收者。信息通过 Blog、Wiki、书评和其他网站发布后直接传给接收者。

（2）信息创造者—Blog，Wiki，书评，其他 Web2.0 网站—RSS 阅读器—信息接收者。信息在 Blog、Wiki、书评和其他网站上发布后，接收者通过 RSS 阅读器订阅获取已聚合的信息。

（3）信息创造者—Blog，Wiki，书评，其他网站—聚合服务网站（Bookmark，Digg）—信息接收者。信息发布后经聚合服务网站（如 flickr、del. icio. us、Digg 等内容聚合网站）聚类或推荐后传给接收者。

（4）信息接收者—Blog，Wiki，书评—信息创造者。信息接收者的评论、留言、trackback 等反馈信息直接即时显示在原 Blog，Wiki，书评信息页面。

（5）信息接收者—聚合服务网站（Bookmark，Digg）—网络（所有用户）。接收者在获取时给信息添加 Tag 或投票，通过聚合服务网站聚合后以词云或排序方式显示给所有网络用户，是一种聚合用户添加数据和行为数据形成的反馈和互动。

（六）基于 Web2.0 的非正式学术交流特点

基于 Web2.0 的非正式学术交流是基于用户创造内容、互动、分享理念的新的科学交流方式，不仅秉承了网络科学交流的优点，如传播范围广、持续时间长、信息发布传播周期短、容易组织和检索、信息内容丰富、形式多样等，而且借助于 Blog、Wiki、RSS、Tag、Bookmark 等 Web2.0 新型服务还具有实时动态、多向交互、成本低、效率高和自组织管理等特性。

1. 在线动态的多向互动交流

Web2.0 服务是基于用户深度参与和内容创造理念的，信息创造者（科学工作者）可以实时地、动态地进行学术信息的发布、编辑和传播，而网上的任一信息接收者在线即可获取科学信息，并进行异地实时或延时的动态的反馈和互动。这种动态反馈和互动通过两种方式实现，即用户的实时直接反馈（评论、留言）、系统自动聚合用户添加数据（tagging、网摘）和用户行为数据（点击、链接、选择、引用）进行的反馈和互动，形成实时或延时的动态的多向互动交流。而且互动渗透于科学交流的每一环节，在信息发布平台（如 Blog）提供了评论（Comment）、标签（Tag）、订阅（RSS）、永久链接（Permalink）、引用通告（Trackback）等互动技术支持，不仅可以相互订阅网站，而且通过引用通告的机制，可以得知其他任何人链接到了他们的页面，并且可以用相互链接或者添加评论的方式来作出回应。而信息获取平台（如 RSS、Bookmark）都允许用户添加描述性关键词标签，并且，使用实时的回馈到网络上以标签云的形式显示出来，使这些标签被其他的用户探索到、访问到，利用 RSS 技术聚合用户添加数据或收集用户行为数据，汇聚集体智慧，与用户交互。

2. 成本低、效率高

基于 Web2.0 的学术信息交流是开放编辑、开放获取的（open edit，open access），信息的发布、传播、获取的技术成本、时间成本、资金成本都低到接近为零。Web2.0 应用元素降低了个人参与网络资源创造、编辑和获取的技术门槛，将学习信息发布、传播、获取方法的时间减少到最少，且不需要支付版面费、审稿费、邮费等任何发表和获取费用。Web2.0 提供了在线直接交流的良好工具和路线，只要有网络和计算机即可在线进行科学信息交流，不受时空的限制，不需要舟车劳顿，且信息流量大、速度快、效率高。Web2.0 提供的发布模版、聚合技术和新型获取方式，使得学术信息的发布、编辑、获取、反馈更快速和高效，加快了学术信息制造、传播、接收的速度。

3. 具有自组织特性

Web2.0 以个人为中心，个人深度参与到互联网中，且个人及其发布的内容不是孤立的，是互动的彼此相连的，以自组织的方式让人、内容和应用等充分联系和序化。这里的自组织包括个人与个人之间，个人与创造的内容之间，以及个人创造的内容与内容之间，以不同的自组织方式架构起来，在一定程度上也是一种社会学意义上的"自组织"。首先是在个人与个人之间形成网络学术圈，由于关注相同学科主题，通过浏览、编辑、评论、链接、推荐、介绍等相互沟通、了解和认同，组成相互信任的知识分享团体，形成网络学术圈或虚拟学术社区；其次，在个人与创造的内容之间，借助于博客、RSS、Bookmark 对个人学术信息进行组织和管理，形成个人信息门户；第三，个人创造的内容与内容之间，由于资源的内容相关，通过链接、推荐、转贴、TAG、RSS 、trackback，形成相同主题信息的聚合，自发形成类似引文链的同主题学术资源体系。

第四章

数字环境下科学交流系统的变革

第一节　数字环境下的期刊现状和发展

一、学术期刊的发展概况

（一）学术期刊数量不断增加，期刊篇幅也不断增大

学术期刊在 17 世纪创刊后，发展缓慢，18 世纪仅新增 9 种，19 世纪新增 944 种，20 世纪以后期刊才有了较快发展，特别是二次世界大战以后期刊发展迅猛。1900～1984 年社会科学、理科和工科期刊种数逐年增长的过程可分为四个阶段：第一阶段（1900～1919 年）期刊种数逐年缓慢增加，第一次世界大战期间（1914～1919 年）略有减少；第二阶段（1920～1938 年）期刊种数有逐年递减的趋势；第三阶段（1939～1945 年）正值第二次世界大战，期刊发展遭到严重摧残，期刊种数明显低于其前后两个阶段；第四阶段（1946～1984 年）是期刊的蓬勃发展时期，期刊种数逐年增加。这四个阶段的相互差异性比较大，阶段特征突出。黄晓鹂等以 1988 年《外国报刊目录》（第七版）为依据，统计期刊创刊年发现，17～19 世纪创刊的期刊共 956 种，仅是期刊总种数的 4.8%，换言之，95% 的期刊都是 20 世纪创刊的，表 4－1 列出了期刊种数在各世纪的分布情况①。

---

① 黄晓鹂等：《科技期刊工作研究》，中国科学技术出版社，1997 年，第 44 页。

表 4 - 1 期刊种数在各世纪的分布

世纪 \ 学科	社会科学	理科	工科	合计
17	0	3	0	3
18	3	4	2	9
19	228	421	295	944
20	5680	6922	6523	19137
合计	5911	7350	6820	20093

来源：黄晓鹏、刘瑞兴《科技期刊工作研究》，中国科学技术出版社，1997 年，第 44 页。

1961 年，普赖斯在其编著的《巴比伦以来的科学》（*Science Since Babylon*，New Kavan Yale ，New Havan Yale Univ. Pre，1961）一书中，书中发表了描述

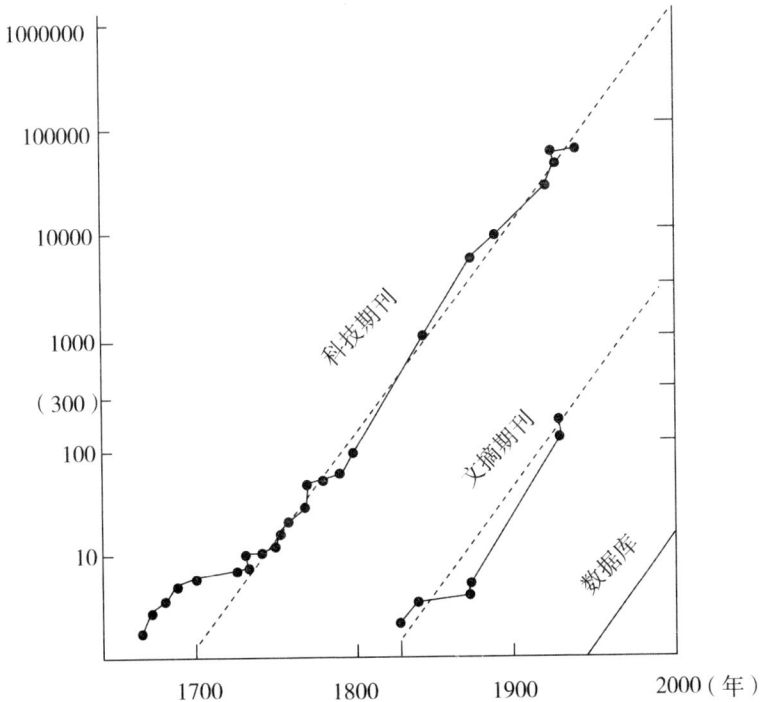

图 4 - 1 普赖斯图

来源：黄晓鹏、刘瑞兴《科技期刊工作研究》，中国科学技术出版社，1997 年，第 41 页。

科技期刊种数随时间的变化规律的普赖斯图（如图 4 - 1 所示）。该图是以年

代为横坐标，科技期刊种数为纵坐标的半对数坐标图。从普赖斯图可以看出，按实际标注点，1665 年至 1800 年，科技期刊种数的增长并不遵循指数关系，1890 年至 1960 年大体上按指数关系增长，且每年的增长率为 4.75%，也就是说，科技期刊种数每 50 年增加 10 倍。这种关系在任何时域都无变化，并且可以外推到 2000 年，此时积累刊种数为 100 万种。据普赖斯图可推测出，1990 年世界各国累积科技期刊种数应当达到 80 万 ~ 90 万种，然而，事实上，依据 International Serials Data System（ISDS）1990 年 2 月统计实际登录的连续出版物种数尚不足 50 万种。

事实上，到 20 世纪 60 年代全世界出版各种期刊、连续出版物约十九万种，到目前超过二十五万种，其中科技期刊约有七万多种。现在期刊的种数总的趋势是遂年增长，但同时每年都有相当数量的期刊停刊，据估计每年停刊数约占新增刊数的 50% ①。

不仅期刊的总数在增长，而且大部分期刊的篇幅也随着更多论文投稿和被采用每年也在增长，年出版期数、论文数量和页数也不断增加。世界著名化学期刊《美国化学会志》（Journal of American Chemcial Society）是年信息量增长快速的一个典型示例。在 20 世纪的一百年中文献量有大幅提高，1990 年该刊有 12 期 107 篇文章，共 414 页；到 2000 年以增至年有 51 期篇 1298 篇论文，共 13040 页，一个世纪内增长了 12 倍；进入 21 世纪年文献量更是飞速增长，到 2009 年已增至年 3389 篇论文，共 18572 页，10 年增长为 2000 年的 3 倍，表 4 - 2 列出了 1900 ~ 2009 年间《美国化学会志》年论文数、页数增长数据，表 4 - 3 列出了 1900 ~ 2009 年间《美国数学会志》（Journal of American Mathematics Society）年信息量增长数据；表 4 - 4 列出了 1900 ~ 2009 年间《美国社会学杂志》（American Journal of Sociology）年论文数、页数增长数据。图 4 - 2 显示了 1900 ~ 2009 年间《美国化学会志》年论文数增长情况②。

---

① 王金祥等：《期刊学概论》，情报杂志社，1993 年，第 58 页。

② Ziming Liu，"Trends in transforming scholarly communication and their implications"，*Information Processing & Management*，Vol. 39，No. 6，2003，pp. 889 ~ 898. （http：//198. 81. 200. 2/science/article/ B6VC8 - 47CY43R - 5/2/1839cd665c6a835f9709f7d79855d0c0）

表 4 – 2 期刊年信息量:《美国化学会志》（1900 ~ 2009 年）

年份（年）	期数	论文数	论文页数
1900	12	107	414
1910	12	186	872
1920	12	294	1358
1930	12	804	2690
1940	12	907	3574
1950	12	1415	5891
1960	24	1392	6500
1970	26	1056	7733
1980	27	1014	8118
1990	26	1417	9846
2000	51	1298	13040
2009	51	3389	18572

来源：Ziming Liu, "Trends in transforming scholarly communication and their implications", *Information Processing & Management*, Vol. 39, No. 6, 2003, pp. 889 ~ 898.

（http：//198.81.200.2/science/article/B6VC8 – 47CY43R – 5/2/1839cd665c6a835f9709f7d79855d0c0）

注：2009 年数据为作者新增。

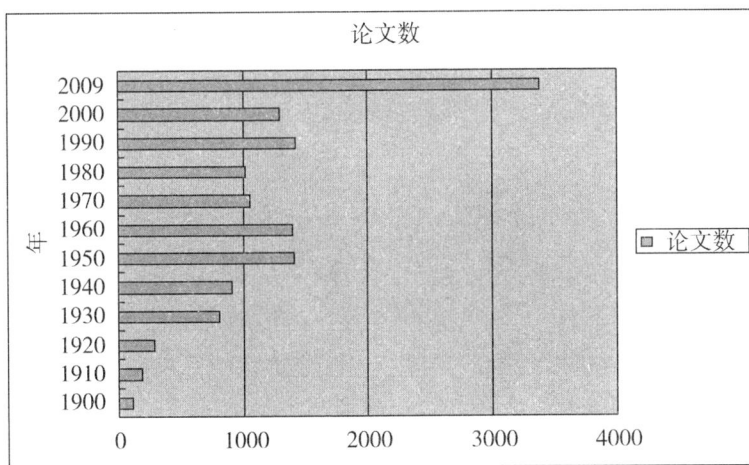

图 4 – 2 美国化学会志 1900 ~ 2000 年论文数增长图

表 4 - 3　期刊年信息量：《美国数学会志》（1900 ~ 2009 年）

年份（年）	期数	论文数	论文页数
1900	4	26	388
1910	4	24	401
1920	4	18	286
1930	4	58	922
1940	4	67	912
1950	4	66	867
1960	4	49	943
1970	4	54	1230
1980	4	45	1206
1990	6	41	1082
2000	6	49	1308
2009	6	54	1865

来源：Ziming Liu, "Trends in transforming scholarly communication and their implications", *Information Processing & Management*, Vol. 39, No. 6, 2003, pp. 889 ~ 898.

（http：//198. 81. 200. 2/science/article/B6VC8 - 47CY43R - 5/2/1839cd665c6a835f9709f7d79855d0c0）

注：2009 年数据为作者新增。

表 4 - 4　期刊年信息量：《美国社会学会志》（1900 ~ 2009 年）

年份（年）	期数	论文数	论文页数
1900	6	42	864
1910	6	50	864
1920	6	29	806
1930	6	71	1080
1940	6	44	938
1950	6	48	622
1960	6	59	662
1970	6	46	1222
1980	6	70	1592
1990	6	49	1640

年份（年）	期数	论文数	论文页数
2000	6	40	1840
2009	6	243	2897

来源：Ziming Liu, "Trends in transforming scholarly communication and their implications," *Information Processing & Management*, Vol. 39, No. 6, 2003, pp. 889~898.

（http: //198. 81. 200. 2/science/article/B6VC8 – 47CY43R – 5/2/1839cd665c6a835f9709f7d79855d0c0）

注：2009 年数据为作者新增。

进一步调查20 世纪和21 世纪初期刊信息量增长情况，发现20 世纪80 年代期刊信息量增长最快，世界著名科技期刊《科学》在80 年代10 年内论文数增加了468 篇，增长124%；该刊在90 年代和21 世纪初10 年年信息量变化并不大，详见表4 – 5。物理学期刊《Physical Review A》的情况也大致如此，在80 年代10 年内论文数增加了1226 篇，增长292%；该刊在90 年代论文数不升反降，21 世纪初10 年的论文数也有大幅提高，增长为2000 年的184%，详见表4 – 6。

表4 – 5　期刊年信息量：《科学》（1900 ~ 2009 年）

年份（年）	论文数	年	论文数	年	论文数
2587	1980	1722	1990	2449	2000
1981	1981	1991	2633	2001	2730
1982	1950	1992	2414	2002	2810
1983	2058	1993	2500	2003	2624
1984	2091	1994	2528	2004	2682
1985	1979	1995	2597	2005	2698
1986	2084	1996	2791	2006	2632
1987	2113	1997	2753	2007	2551
1988	2260	1998	2728	2008	2472
1989	2286	1999	2726	2009	2517

来源：Ziming Liu, "Trends in transforming scholarly communication and their implications," *Information Processing & Management*, Vol. 39, No. 6, 2003, pp. 889~898.

注：2009 年数据为作者新增。

表 4 – 6　期刊年信息量：《物理评论 A 辑》（1900 ~ 2009 年）

年份（年）	论文数	年	论文数	年	论文数
1980	639	1990	1922	2000	1410
1981	823	1991	1964	2001	1569
1982	897	1992	2209	2002	1869
1983	938	1993	1313	2003	1644
1984	1019	1994	1358	2004	1741
1985	1139	1995	1298	2005	2140
1986	1351	1996	1287	2006	2204
1987	1524	1997	1287	2007	2353
1988	1559	1998	1309	2008	2589
1989	1865	1999	1353	2009	2595

来源：Ziming Liu, "Trends in transforming scholarly communication and their implications," *Information Processing & Management*, Vol. 39, No. 6, 2003, pp. 889 ~ 898.

注：2009 年数据为作者新增。

（二）学科增多、内容广泛，形式越来越多样、类型越来越复杂

随着科学技术的发展专业期刊不断增多、学科范围也不断扩大，涉及内容更加广泛，新兴学科、边缘学科建立后相应的专业期刊随之出版。学科交叉现象也越来越普遍，某一专业方向的论文可以分散在不同学科领域内的期刊上发表，使得文献更加分散，不易查找，并且期刊的形式越来越多样、类型越来越复杂，有论文、快报、丛刊、年刊、文摘、索引、评论等类型的期刊。戴利华等依据《乌利希国际期刊指南》这一目前收录世界范围内期刊最多的一种检索工具统计，发现 2002 ~ 2003 年共收录世界范围内的出版物 263589 种，其中期刊连续出版物 6 万余种，又可分为学报（Acta）、期刊（Joumal）、通报（Bulletin）、杂志（Magazine）、快报（Newsletter）和会议录（Proceeding）六大类[①]。

（三）电子期刊出现

20 世纪 60 年代美国利用计算机技术改进了印刷版的《化学文摘》（CA），出版了其机读磁带版，这可看作是人类电子期刊的起点。20 世纪 80 年代以

① 戴利华、刘培一：《国外科技期刊发展环境》，社会科学文献出版社，2007 年，第 216 页。

后，随着全文数据库的兴起，电子期刊功能由检索型向全文型发展，出现了单机型光盘版（CD-ROM）期刊。80 年代后期第一种仅以电子形式存在的纯电子期刊诞生，其生产、出版、发行、阅览全过程都是在因特网上进行的。90 年代以来随着 Internet 网的发展，纸本期刊出版商将期刊数字化并通过网络为用户服务。期刊的网络出版以及时、低成本、多向互动、信息量大、超文本、超链接功能强大的检索功能等，日益受到学者青睐。

1991 年 7 月美国研究图书馆协会发布的 *Directory of Electronic Journals，Newsletters，and Academic Discussion Lists* 第一版中列出了电子期刊 110 种，电子论坛 517 种；1994 年该名录发行第四版，列出电子期刊和快报（Journals and newsletters）440 多种；到 1997 年发布第七版时电子期刊已经增加到 2459 种，其中同行评审电子期刊 1049 种[1]，7 年增长了 23 倍；到 1999 年已达到万余种。

网络电子期刊的出现，完全改变了期刊信息的使用习惯与学术沟通的方式，网络电子期刊不仅具有缩短出版时间的功能，并借着四通八达的网络，便利地传递新信息到使用者的手中。同时，超文本、声像型期刊的出现也使得论文以多版本重复存在，一篇论文可以用多种形式、多种文字发表，更易于被获得和利用。

（四）出版速度加快，论文以篇为单元出版，文献的老化速度加快，寿命缩短

现代科学技术迅猛发展，文献信息内容更新加快，使得文献的老化速度加快，寿命缩短。据统计，图书的平均寿命为 10～20 年，而期刊论文的平均寿命为 3～5 年[2]。表 4–7、表 4–8、表 4–9 列出了化学、数学、社会学文献被引用年龄分布，佐证了期刊论文的平均寿命为 3～5 年。

表 4–7　化学文献被引用年龄分布

被引用文献年龄	论文数	百分比（%）
0～2 岁	110	21.7
3～5 岁	140	27.6

---

① Dru Mogge *etal*, *Directory of Electronic Journals，Newsletters and Academic Discussion Lists*（7th edition）（http://www.ias.ac.in/currsci/jan25/articles38.htm）

② 王金祥等：《期刊学概论》，情报杂志社，1993 年，第 58 页。

被引用文献年龄	论文数	百分比（%）
6~10 岁	91	17.9
11~15 岁	57	11.2
超过 15 岁	110	21.7

来源：Ziming Liu，"Trends in transforming scholarly communication and their implications," *Information Processing & Management*，Vol. 39，No. 6，2003，pp. 889~898.

表 4-8　数学文献被引用年龄分布

被引用文献年龄	论文数	百分比（%）
0~2 岁	24	10
3~5 岁	42	17.4
6~10 岁	45	18.1
11~15 岁	39	16.2
超过 15 岁	91	37.8

来源：Ziming Liu，"Trends in transforming scholarly communication and their implications," *Information Processing & Management*，Vol. 39，No. 6，2003，pp. 889~898.

表 4-9　社会学文献被引用年龄分布

被引用文献年龄	论文数	百分比（%）
0~2 岁	52	6.6
3~5 岁	144	18.3
6~10 岁	196	25.0
11~15 岁	133	16.9
超过 15 岁	260	33.1

来源：Ziming Liu，"Trends in transforming scholarly communication and their implications," *Information Processing & Management*，Vol. 39，No. 6，2003，pp. 889~898.

（五）学术期刊数字化出版模式多样，并向集团化发展

从近年来主要发达国家出版业的发展情况来看，把国外科技期刊的出版模式大致归纳为三类，即出版集团（公司）出版、专业学协会出版和期刊社出版。

出版集团出版是国外期刊出版的主要模式，如荷兰爱思唯尔科学出版公司（Elsevier Science Ltd）2010 年出版 24 个学科 2200 多种高质量的学术期刊；德

国斯普林格（Springer-Verlag）出版社 2010 年已经发展为包括 2246 种期刊的电子全文的期刊出版集团。集团化是发达国家期刊的发展趋势。2004 年底，斯普林格与 Kluwer Academic Publisher 合并，原 Kluwer 出版集团出版的电子期刊合并至 Springer Link 平台。大型期刊之间也已出现资本的强强联合或资源互补的趋势，资本日益向集中化方向流动，期刊企业的集团化趋势已经越来越明显。目前主要发达国家科技期刊市场的规模化发展已经达到了相当高的程度。

尽管集团出版是发达国家期刊出版的重要趋势，但目前较为普遍的出版模式依然是专业学会出版，如美国电气电子工程师学会（Institute of Electrical and Electronic Engineers，IEEE）和英国工程技术学会（Institution of Engineering and Technology，IET）的 IEEE/IET 全文数据库。该数据库包含了其所在领域三分之一的资源，其中包括学会出版的 205 种期刊；美国数学学会的 Journals Published by the AMS 提供学会主办的 7 种纸本期刊的电子版全文。学会出版的期刊多是一种低成本的出版活动，出版物被看做是学术研究的重要组成部分。各学会在出版方面都有自己的准则和要求，在期刊的发展和利益机制上都有一系列的规定，如《科技编辑理事会编辑政策》《美国化学会编辑体例指南：作者与编者手册》《国际医学期刊编辑委员会编辑出版道德》等。由于学会的力量相对比较小，因此，许多学会也采取了和出版公司合作的模式。

单刊规模出版模式。期刊独立通过互联网建立期刊网站，提供数字化内容和服务，这种模式的典型代表就是 Nature（《自然》）和 Science（《科学》）杂志，这些期刊网站不仅提供纸本期刊的电子版在线阅读、下载、检索，还提供在线增加的印刷版不可能有的功能和服务。《科学》杂志[1]的官方网站名为 Science Online 即《科学在线》，电子版除了有印刷版上的全部内容以外，还为读者提供了很多附加服务和功能，比如用关键字或作者姓名来检索 1995 年 10 月以来的期刊，通过 E-mail Alert 功能，来获取 Science 的最新内容[2]，以及有关科研成果或科学政策的每日最新消息。《科学》杂志电子版还包括：Enhanced Perspectives——这是一些介绍某一领域新进展的短文，它们的注释部分给读者提供与该领域有关的网上资源；Supplemental Data——在《科学》杂志电子版上，作者可以为其在印刷版上发表的论文补充内容，比如提供更多的科

---

[1] Science（http：//www.sciencemag.org/）

[2] 《Science Online 使用手册》（http：//www.library.ttu.edu.tw/Lib_ WWW/dbinfo/Science_ user-guide.pdf）

学数据、与论文有关的录音或录像材料或是交互的计算机模型。当《科学》杂志最新一期的印刷版向世界各地的订户投寄时，电子版的最新一期已经在网上登出。目前一些国际著名刊物如 *Nature*，*Science* 等将收稿的文章在期刊网站上一篇一篇（定期或不定期）陆续发表，Nature 网站上提供 1997 年 6 月至最新出版的全部内容。

二、电子期刊的出现和发展

（一）电子期刊的出现和定义

1. 电子出版

电子出版（electronic publishing）自 20 世纪 60 年代开始逐步发展了约 50 年。电子出版最早出版的是文摘类印刷期刊的电子版，如美国国家医学图书馆的 Index Medicus（医学索引）。兰彻思特（F. W. Lancaster）认为电子出版主要经过以下四个阶段[①]：

（1）利用计算机去生产传统的印刷期刊，这一发展可以回溯到 20 世纪 60 年代。当时是使用电子计算机编辑，然后印刷在纸上，但电子版不用于传播。不过，它并不简单的只是一种应用，因为它允许新的性能，如按需印刷，甚至是针对个人需求打印。

（2）以电子形式传播，但其内容格式均与印刷型完全相同，且仍有印刷型形式存在。这种电子出版首先被应用于二次文献即索引和文摘期刊，文摘期刊电子版开始于 20 世纪 60 年代早期；而对于一次文献期刊这一发展发生的晚一些。20 世纪 90 年代有相当数量的项目致力于制造电子文本或图像的期刊，并且同时出版其打印纸本形式，这种电子期刊的电子版是借助于联机系统或者以 CD-ROM 只读光盘形式传递的，或者两种形式并存的。项目包括阿多尼斯期刊文献全文影像计划 ADONIS（Stern & Compier, 1990）、Red Sage、CORE 和 TULIP 。另外，截止 1995 年数量可观的期刊的全文可经由 DIALOG 在线获取。

（3）只以电子形式存在，但其内容与印刷纸本的电子版有所不同。这种电子期刊在扩散方面比纸本有优势，另外，它还有一些增值特性，包括检索、数据复制和提醒（配置文件匹配）等功能。

（4）全新的电子出版物，充分利用计算机的功能，例如，超文本和超媒

---

① F. W. Lancaster, "The Evolution of Electronic Publishing," *Library Trends*, Vol. 43, No. 4, 1995, pp. 518～527.

体，可包括文本、动画、音频、视频。

兰彻思特所述的电子出版发展的阶段，可以简单的区分为：以计算机编辑印刷型刊物（为辅）、电子与印刷形式同时存在（并行）、仅以电子形式出版（单独）、利用超媒体方式使出版物的功能增强（多媒体）等四个阶段性。

这些阶段可以看做是进化过程的逻辑步骤，事实上，进化并不是这么容易描绘的，因为以上四步现在是同时发生的，比如，这四个阶段的进化都已经发生，但第一阶段并没有消失。

2. 电子期刊的定义

因为电子期刊载体和种类的多样性，电子期刊的概念是模糊的，学者们没有形成共识，至今没有统一的定义。总结前人对电子期刊概念的界定主要可归为三大类：

一类是宽泛的定义，指以电子形式生产、出版与传播的期刊，均称为电子期刊，包括通过联机系统可获的期刊、以只读光盘（CD-ROM）为载体的期刊和以 Internet 网络为载体的电子期刊。皮特尼克（A. B. Pitenick）认为电子期刊是指完全以电子形式出版与存储的连续出版物；欧克森（Ann Okerson）认为凡是通过网络或 CD-ROM 等电子媒体传递学术性信息的电子期刊，均称为电子期刊；伍德华德（Hazel Woodward）认为电子期刊（E-Journal）可分为三种形式：联机期刊（Online Journal）、光盘期刊（CD-ROM Journal）、网络期刊（Networded E-Journal）。[①]

第二类是将以网络为载体传播的学术性电子期刊定义为电子期刊。麦科米兰（Gail Mczmillan）则将电子期刊称为 E-journal，并且认为任何经由网络如 BITNET、Internet 生产、出版与传播的期刊均称为电子期刊。济丁（Lawrence R. Keating）提出电子期刊是指借由网络传递的学术性期刊，包括电子通讯刊物，但不包括论坛、电子会议或电子公告栏。这一类定义限定了电子期刊的传播媒介必须是网络，但并未区分是否有纸本存在，也没有将纸本期刊的网络版排除在外。

第三类是较为严格的定义，指以网络为载体，由电子媒体生产并仅以电子形式存在的连续出版物。即仅有电子形式存在的电子期刊（e-only journal），而无印刷版存在的期刊，这种电子期刊被称为纯电子期刊。兰席德（Linda Langschied）指出，任何经由网络产生、出版与传递的期刊，仅以电子形式出

① 罗良道：《国外电子期刊发展研究》，《图书馆杂志》，2001 年第 3 期，第 11～16 页。

版而无印刷型存在者，均称为电子期刊。①

著名信息学家兰彻思特（F. W. Lancaster）也给出了两个定义，一个宽泛的定义是指以电子形式存在的期刊，包括通过联机系统可获得的期刊和以只读光盘为载体的期刊；另一个严格的定义，是指由电子媒体生产并以电子形式存在的连续出版物。②

目前，随着网络的普及，电子期刊已基本上都以网络为载体传播，联机电子期刊、光盘电子期刊可以说是电子期刊发展过程中的短暂中间体，现在已经成为历史。

参考前辈学者的定义，本书给出电子期刊的定义如下：广义地讲，电子期刊是以电子形式存在和传播的连续出版物，其载体可以是磁带、光盘和网络等不同媒介，主要包括两大类即：纯电子期刊（e-only journals）和纸本期刊的电子版（或网络版，称为 online versions of printed journals，或称 online journals）；狭义地讲，电子期刊是指以网络为媒介，以电子形式存在和传播的学术性连续出版物（Scholarly Electronic Journal），其生产、出版、发行、阅览全过程都是在因特网上进行的，也称为纯电子期刊。总之，电子期刊的定义的核心要点是"以电子形式存在和传播的连续出版物"，只是在不同的历史时期采用不同的传递媒介和存储形式。

3. 电子期刊的起源

电子期刊（Electronic Journals）是电子出版物的一种，自从 20 世纪 60 年代，人们利用计算机电子出版印刷期刊，电子期刊经历了从机读磁带版、联机版、光盘版到网络版的发展历程，并且有纸本期刊的电子版和仅以电子形式存在的电子期刊两种类型。

关于网络电子期刊的起源众说纷云。萨斯（Margo Sasse）和温克勒（B. Jean Winkler）提出电子期刊最早的起源可追溯至 1945 年布什（Vanneva Bush）提出"麦麦克斯"（Memex）的理想：希望能有一种设备帮助我们实现对人类记录的生产、存储和查询，供个人存储所有图书、记录和通信信息，设备同时具有快速运转和灵活性等机械性能。可以说布什首次提出了电子书、电子期刊的设想。兰彻斯特则认为电子期刊初创于 1973 年，他在其论文 "The e-

---

① F. W. Lancaster, "The Evolution of Electronic Publishing", *Library Trends*, Vol. 43, No. 4, 1995, pp. 518~527.

② "As We May Think," http://www.theatlantic.com/doc/194507/bush.

volution of Electronic Publishing"中指出①：1973 年美国人桑达克（N. E. Sondak）和施瓦茨（R. J. Schwartz）可能是第一次创建了以电子形式出版的学术期刊，他们在图书馆的计算机上实现和发布了电子期刊，作为可读和能够存档的文件，不是在线访问的，可以让个人用户在计算机上输出缩微胶片，不过兰彻斯特并未给出具体的期刊名信息。有较为详实记录的，最早以电子形式出现的学术期刊是 1980 年出版的一个名为"*Mental Workload*"的同行评审的期刊（refered journal），是在新泽西理工学院（New Jersey Institute of Technology）的 EIES 系统中开办和传递的。EIES 是属于测试计算机网络的两个先导计划（即 *Mental Workload* 与 Computer Human Factors）的一部分。"Mental Workload"是美国国家科学基金会（National Science Foundation，简称 NSF）资助的，该计划目的在于提高出版的效率与降低费用，仅出版电子形式而无发行纸本期刊，但是格式与纸本期刊类似，其与纸本期刊不同之处在于实时传送单篇文章，并提供摘要，可下载经由打印机印出，且可同时供多人以题名或作者等检索点在线检索。由于当时学者对电子计算机使用生疏，尽管 EIES 不断改善系统和鼓励作者投稿，但几年中仅接到 3 篇投稿，不久便停刊了。英国的 Birmingham Loughbrough E-1eclronic Network Development（BLEND）项目（1980～1985 年）也开办了一个经同行评审的期刊 *Computer Human Factors Journal*，它力图吸取 EIES 的教训，但还是以失败告终，在三年内，仅出版了两期，共 8 篇论文。

20 世纪 80 年代后期，一种仅以电子形式存在的纯电子期刊诞生，其生产、出版、发行、阅览全过程都是在因特网上进行的，是真正意义上的电子期刊。1987 年，意大利锡拉库扎大学的研究生 Michael Ehringhaus 和 Bird Stasz 发布了电子学术期刊 *New horizons in adult education*（《成人教育新视野》），可能这是第一份成功运行的以电子形式出版的同行评审的学术期刊。该刊第一期（见图 4 - 3）是通过成人教育网（Adult Education Network，AEDNET）向外界发出的，后来改为通过万维网发行，此期刊目前还存在。

---

① F. W. Lancaster，"The Evolution of Electronic Publishing," *Library Trends*，Vol. 43，No. 4，1995，pp. 518～527.

```
****************************************************************
****************************************************************
************************            *******************
*****************            ******************
**************            ****************
*********            ***********
******            ******
****            NEW HORIZONS IN ADULT EDUCATION            ****
***            ***
**            **
***            ***
Volume 1            Number 1            Fall 1987
****************************************************************

EDITORS

Michael Ehringhaus.......Syracuse University

Bird Stasz..............Syracuse University


EDITORIAL BOARD

Michael Law............University of British Columbia

Jane Hugo..............Syracuse University

Tom Sudduth............University of Wyoming

Hank Healy.............Cornell University

Judith Adrian..........University of Wisconsin

Joyce Stalker Costin.....University of British Columbia

Priscilla Spencer.......Columbia University

CONTENTS

Adult Education in Nicaragua: Adapting and Growing in a Changing Reality
.........................by Samuel Simpson....................
```

图 4 - 3　第一种电子期刊 *New horizons in adult education*

来源：John Mackenzie Owen. The Scientific Article in the Age of Digitization. Springer, 2006，p. 2.

　　另一个早期办得比较成功的电子期刊，是 1989 年 6 月美国休斯顿大学图书馆员 Charles W. Bailey 创建的 *Public-Accessand Computer Systems Review*。这份期刊不仅创建时间早，而且也是早期创建的、为数不多的一直发展至今的纯电子期刊。① 1991 年 3 月，纽约州立大学奥尔巴尼分校的 Ted Jennings 推出了 *E-Journal*

———————————

① 师曾志、王建杭：《纯电子期刊及大学图书馆读者对它的态度和利用》，《中国图书馆学报》，2002 年第 3 期，第 57～59 页。

（见图4－4），是一种关注于电子网络和文本的电子期刊，它首次创造了目前的流行词"e-journal"。1991年9月出版的 *Online Journal of Current Clinical trials* 被认为是第一种同行评审医学期刊[①]，同时代的学术电子期刊还有 *Postmodern Culture*（Amiran & Unsworth，1991）、*Psycoloquy*（Harnad，1991）、*The Electronic Journal of Communication*（Harrison et al.，1991）、*The Journal of the International Academy of Hospitality Research*（Savage，1991）和 *The Public Access Computer Systems Review*（Bailey，1991）等等。

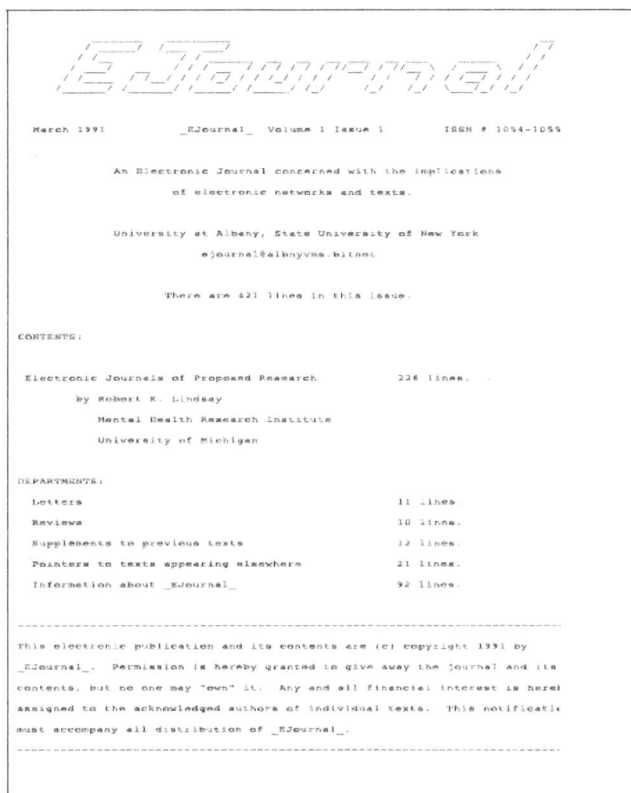

图4－4　第一期 *E-Journal*

来源：John Mackenzie Owen，*The Scientific Article in the Age of Digitization*，Springer，2006，p.3.

---

① John Mackenzie Owen，*The Scientific Article in the Age of Digitization*，Springer，2006

（二）电子期刊的发展

电子期刊包括纯电子期刊（e-only journals）和纸本期刊的在线版（online versions of printed journals）两大类。作为一种新的传播渠道或商业模式，它自20世纪60年代开始逐步的发展了约50年。电子期刊最初是纸本期刊的电子版，以机读磁带形式存在。在20世纪60年代初，美国利用计算机技术改进了印刷版的《化学文摘》（CA），出版了其机读磁带版，这可看做是人类电子期刊的起点。在20世纪60年代末70年代初，《生物学文摘》（BA）、《工程索引》（EI）、《科学文摘》（SA）等都出版了磁带版，主要用于检索，是早期的电子期刊。① 1983年，世界著名的联机系统DIALOG增加了期刊的全文数据库。20世纪80年代以后，随着全文数据库的兴起，电子期刊功能由检索型向全文型发展，出现了单机型光盘版（CD-ROM）期刊。90年代以来随着Internet网的发展，纸本期刊出版商将期刊数字化并通过网络为用户服务。早在1991年已有100余种，但迅速发展则是1995年以后的事情，1996年通过网络发行的科技期刊约计有1000种，至1998年已达10000种。② 后来的一些纸本期刊出版商将自己出版的期刊全部数字化上网，并提供全文下载及便捷的检索。美国图书馆协会的信息表明，2000年10万种最常见的期刊就有3000种可由电子途径获得。③ 21世纪以来，期刊数字化发展更加迅猛，网络互动期刊出现和发展（2004～2007年），电子期刊形式发生剧变，融入了许多种媒体。

电子期刊的发展速度是惊人的，据耶鲁大学的Ann Okerson以及台湾学者陈淑君总结，电子期刊的数量，自1990年以来不到10年间已增长了218倍，由1991年27种期刊，增加至1999年6月的7898种期刊。促进电子期刊成长的主要因素包括出版商推出期刊电子化产品、学者间预印本的流行、电子期刊相关的实验计划相继出笼、网络期刊的发行，以及以联盟为统一体推出的电子期刊等多种原因。Ann Okerson以及陈淑君总结了近年来电子期刊的发展轨迹，整理出电子期刊成长状况一览表。④

① 赵志坚、何平等编著：《网络信息系统资源组织和检索》，人民邮电出版社，2004年，第257页。
② 吴丹：《网络电子期刊发展现状及对策研究》，《津图学刊》，2002年第3期，第24～28页。
③ 唐曙南：《科技期刊数字化网络化问题研究》，硕士学位论文，华东师范大学，2001年。
④ 罗良道：《国外电子期刊发展研究》，《图书馆杂志》，2001年第1期，第11～16页。

表 4 - 10　电子期刊成长状况一览表

发行年/月	电子期刊种数（总数）	成长率（以前一年为基准）	重要大事记
1991	27	——	Paul Ginsparg 开始为物理学领域发展 LANL 预行刊物伺服（preprint server）。 Elsevier 买下 Pergamon 旗下的纸本式期刊，成为坐拥 1100 多种期刊的超级出版商，成为日后开拓电子期刊市场的强力靠山。
1992	39	1.5 倍	AAAA 发行"Online Journal of Current Clinical Trials"。 Elsevier 开始郁金香计划（Tulip project）。
1993	45	1.2 倍	浏览器 Mosaic 盛行于因特网。
1994	181	4.6 倍	WWW 盛行于因特网。 NewJour 开始每日在线宣布新增的电子期刊。
1995	306	1.8 倍	美国发表有关电子资源著作权议题的白皮书。 调查显示 12 大科学与医学出版商已开始规划未来 5 年电子期刊相关计划。 传统出版商开始筹划电子资源的计价模式。
1996	2,000	6.5 倍	众多传统出版商开始进入电子化市场。 使用权（Licensing）开始取代著作权（copyright）成为电子资源订阅的管理制度。
1997	3,643	1.8 倍	美国研究图书馆开始主动采取行动：LIBLICENSE，ICOLC，SPARC。
1998	6,900	1.9 倍	联盟（consortia）活跃于不同形态的图书馆间。 多款计价模式出现于电子期刊市场。 Elsevier 与 ACS 出版商开始容许条件式的电子期刊馆际合作。 美国国家卫生研究院发起的 NIH Initiative，开始突显预行刊物（preprints）的重要性。 电子期刊的保存（archiving）议题逐渐白热化。 使用者面临缺乏整合而纷乱的使用界面与服务。

续表

发行年/月	电子期刊种数（总数）	成长率（以前一年为基准）	重要大事记
1999/6	7，898	1.1 倍	重要的科学与医学（STM）相关学术期刊可望于五年内全面数字化并放置于 WWW。 全文电子期刊的内外联结（linkage）议题受重视。 以使用者的需求为中心的世界与时机开始来临。

来源：罗良道《国外电子期刊发展研究》，《图书馆杂志》，2001 年第 1 期，第 11 ~ 16 页。

电子期刊经历了初期的磁带、联机数据库、光盘等数种存储和传播媒介后，随着信息技术的发展电子期刊主要以网络为载体传播。下面就网络纯电子期刊（e-only journals）和纸本期刊的在线出版发展状况分别进行详细分析。

三、纯电子期刊（e-only journals）的发展

纯电子期刊是指仅以电子形式存在并通过网络传播的学术电子期刊，20 世纪 80 年代后期最早成功运行的纯电子学术期刊 *New horizons in adult education*（《成人教育新视野》）在意大利诞生后，电子学术期刊数不断增加，到 1990 年，已有 5 种纯电子期刊出版，从此纯电子期刊的数量开始稳步增长。1991 年 7 月，美国研究图书馆协会发布的 *Directory of Electronic Journals，Newsletters and Academic Discussion Lists* 第一版中列出了电子期刊 110 种，电子论坛 517 种。1994 年该名录发行第四版，列出电子期刊和快报（Journals and news letters）440 多种。到 1997 年发布第七版时电子期刊已经增加到 2459 种，其中同行评审电子期刊 1049 种[1]，7 年增长了 23 倍，1999 年已达到万余种。尽管不同学者和机构统计电子期刊具体数量有所不同，但总体上来讲，这些数据所表明的电子期刊快速发展的趋势是一致的。

电子期刊诞生之初 World Wide Web 还没普及，获取电子期刊的方式包括 mail/usnet（21）[2]、gopher（26）、ftp（2）、wais（3）、www（14）、proprietary

---

[1] Dru Mogge et al，*Directory of Electronic Journals，Newsletters and Academic Discussion Lists*（7th edition）

[2] 括号中数字是 Hans Roes 等确定的 39 种电子期刊传送方式。

（3）。其中通过 gopher、mail/usnet、www 三种方式可获的最多，目前 usnet、gopher、ftp、wais 等访问方式已经很少使用，大多数电子期刊都是通过 WWW 方式进入。其文件格式主要有 ASCII（29）、TEX（11）Postscript（10）、其他（7），以 ASCII 格式的提供全文的最多，现在电子期刊格式也发生了很大变化，PDF 成为电子期刊全文的主流格式。

从目前发展状况看，纯电子期刊涉及多个学科，如植物学、地理学、数学、科学与数学、化学、传播学、图书馆学情报学等，也有跨学科的。这些纯电子期刊或多或少都有印本期刊的一些外在特征，如 ISSN 号、刊名、卷期等，同时它们也开始出现在图书馆的联机公共目录上，传统文摘索引机构和大型数据库也对它们进行收录、揭示、报道，提供检索和利用。

纯电子期刊一开始是少数研究者自我创建的自由学术交流媒介，是研究者利用大学和研究机构提供的计算机、上网条件在展开学术研究的同时与同行展开交流而出现的。早期纯电子期刊主要是由大学、专业协会、研究机构在基金会的资助下创办。其特点是：出版速度快；一般是免费的；内容质量参差不齐，发表的论文一般未经过同行评议；类似于时事通讯；有不稳定性。

与传统纸本期刊相同，纯电子期刊中有许多也是采取同行评审机制以保证论文质量的。1994 年，Hans Roes 等确定上述列表的 440 种电子期刊中有 39 种为同行评审的学术电子期刊。这 39 种电子学术期刊首发年度及种数为：1987 年 1 种，1988 年年 0 种，1989 年 2 种，1990 年 5 种，1991 年 4 种，1992 年 6 种，1993 年 13 种，1994 年 6 种。1996 年，Stephen P. Harter 和 Steve Hitchcock 通过对电子期刊调查分别挑选出了 77 种和 115 种同行评审学术电子期刊。[1]

2002 年，R. D. Llewellyn 等对纯电子期刊（e-only journal）的发展进行了调查分析[2]，对纯电子期刊的学科覆盖、使用费用、被索引和引用情况等在线调查统计分析。选取仅以电子版存在的学术期刊，选取的原则是：目前正在出版，同行专家审稿，原始出版为电子形式，以研究为目的，有 2~3 年的文档可获（至少有 20 篇文章），语言为英文，没有订阅要求。通过在搜索引擎中输入"e-only journals"、"electronic-only"，然后根据上述原则，在约 1000 种出

---

[1] Fosmire M., Young E., "Free scholarly electronic journals: what access do college and university libraries provide?" *College and Research Libraries*, Vol. 61, No. 6, 2000, pp. 500~508.

[2] Lewellyn R. D., Pellack L. J., Shonrock D. D., "The Use of Electronic-Only Journals in Scientific Research. Issues in Science and Technology Librarianship".

版物中筛选出 144 种纯电子期刊。在这 144 种纯电子期刊中 85% 是免费的，即 122 种是可以免费获取全文的，22 种是需要付费阅读全文的。

关于电子期刊的学科覆盖，通过统计分析发现这 144 种纯电子期刊中生物/医学学科期刊数量最多，数学和计算机科学紧随其后。可以说医学、生物学领域是电子期刊最流行的专业领域，其余学科电子期刊数如下表：

表 4 – 11　纯电子期刊的学科覆盖情况

专业领域	电子期刊种数	备注
生物/医学	45 种	(27 种纯医学，14 种是相近边缘学科的，4 种是纯生物学)
数学	32 种	
计算机科学	22 种	
工程	12 种	
物理学	8 种	
化学	8 种	
心理学	8 种	
农业	5 种	
地质学	4 种	
其他	5 种	(其中考古学、建筑学、地理学、教育、图书馆学各一)

在各自领域的索引刊物（索引服务）中出现是促进期刊文章利用的重要方式，被学科重要索引服务索引也反映了学科领域对该电子期刊的接纳和承认。统计表明：95 种（67%）电子期刊被至少一种重要索引服务索引；53 种（37%）只被一种索引服务索引；43（30%）被两种以上索引服务索引；49 种（33%）未被索引服务索引，也就是说约三分之一的电子期刊未被索引。《化学文摘》（*Chemical Abstracts*）索引的纯电子期刊最多，共 30 种，占被调查电子期刊的 21%。具体每个索引服务（刊物）索引的电子期刊数量列表如下：

表 4 – 12　纯电子期刊被索引服务（刊物）索引情况

索引刊物（索引服务）	索引电子期刊种数
Chemical Abstracts	30
Zentralblatt für Mathematik	21
Science Citation Index	17
INSPEC	14

索引刊物（索引服务）	索引电子期刊种数
MathSciNet	14
Current Contents	13
Zoological Record	11
EEVL	9
Biological Abstracts	7
MEDLINE	7
GeoRef	5
CINAHL	4
AGRICOLA	3
ERIC	3
Sociological Abstracts	3
Psychological Abstracts	2
Social Science Citation Index	2
ACM Digital Library	1
Current Index to Statistics	1
EiCompendex	1
Library Literature	1
Philosopher's Index	1

来源：Lewellyn R. D. , Pellack L. J. , Shonrock D. D. , "The Use of Electronic-Only Journals in Scientific Research. Issues in Science and Technology Librarianship".

那么研究人员是否利用电子期刊呢？通过统计论文被引用情况可以判断电子期刊是否被利用，以及利用的多少。目前最好的办法是利用 ISI 的 SCI 来统计期刊文章被引用次数。统计结果表明：59% 的电子期刊其论文被引用的总次数小于 10 次。28.5% 的电子期刊其论文被引用的总次数 10 ~ 100 次之间；12.5% 的电子期刊其论文被引用的总次数大于 100 次。说明纯电子期刊被利用的并不是很广泛，只有十分之一的利用率高些。每种期刊论文被引的总次数如下：

表 4 – 13　SCI 电子期刊被引用情况统计

电子期刊被引总次数	电子期刊种数
0	36
1 ~ 5	35
6 ~ 10	14
11 ~ 25	20
26 ~ 50	12
51 ~ 100	9
101 ~ 200	9
201 ~ 500	3
501 ~ 1000	3
1001 +	3

来源：Lewellyn R. D., Pellack L. J., Shonrock D. D., "The Use of Electronic-Only Journals in Scientific Research. Issues in Science and Technology Librarianship".

一些电子杂志也开始展示和利用新媒体的潜力，涉及多媒体增加声音、视频和模拟，特别是在生物和医学领域。

四、纸本期刊的数字化

纸本期刊的数字化在线电子版也被统称为电子期刊。20 世纪 90 年代以来，许多主流商业期刊出版社、发行中间商、科学学会和期刊编辑部都将纸本期刊数字化并上网，将原先享有盛誉的纸本学术期刊放到了 Web 服务器上，在线提供浏览和下载，比如著名的荷兰的 Elsevier 公司、德国 Springer 出版社、美国威立 Wiley 出版公司、美国的 EBSCO、美国化学学会（ACS）等都通过电子平台在线提供纸本学术期刊的电子全文服务。

纸本学术期刊数字化发展得非常迅速，1996 年全世界上网学术期刊约计一千种，至 1998 年已达一万种①，依据 SwetsWise 数据库提数供的全文链接期刊数统计，至 2010 年已有 28000 多种纸本学术期刊在线提供全文。经过十几年的发展，学术期刊数字化上网不仅数量上大大增加，回溯的年代更加久远，数据库中全文期刊的品种与数量逐渐增加，而且界面更加直观友好，全文下载的速度更快，所提供的检索和链接服务也越来越多，如 CrossRef、

---

① 吴丹：《网络电子期刊发展现状及对策研究》，《津图学刊》，2002 年第 3 期，第 24 ~ 28 页。

Article in Press、个性化服务等等，并且提供音频和视频文件、数据集及其他补充内容。

爱思唯尔科学出版公司早在 1992 年就推出了期刊数字化的郁金香项目（Tulip：The University Licensing Project）。从 1997 年开始，爱思唯尔建立基于 Web 的数字化出版平台 ScienceDirect 全文数据库，把 1100 种科技和医学期刊全文上载，到 2010 年 Science Direct 平台容量增至 24 个学科 2200 多种高质量的学术期刊，900 多万篇全文文献，涵盖科学、技术和医学等各个领域。2001 年，Elsevier 启动的回溯建库项目计划回溯 300 多万篇期刊论文全文，至项目完成时，通过 Science Direct，用户可检索的期刊论文原文将多达 800 万篇。德国斯普林格（Springer-Verlag）于 1996 年正式推出 SpringerLink，是全球第一个电子期刊全文数据库。2006 年，SpringerLink 进入全新的第三代界面，成为全球第一个提供多语种、跨产品的出版服务平台。EBSCO 的学术期刊全文数据库 1999 年包含全文期刊 996 种，2002 年其升级版 Academic Search Premier 收录的全文期刊已增至 3467 种。

我国从 20 世纪 80 年代开始了电子期刊的研究与建设，进入了传统期刊的数字化阶段。1989 年，中国科技信息研究所研发我国第一个光盘版的数据库《中文科技期刊数据库》（软盘形式），但它与现在真正意义上的电子期刊，还有本质的区别，只是将纸质期刊进行了数字化加工。1995 年，清华同方出版我国第一个大规模集成化的全文电子期刊数据库《中国学术期刊》（光盘版）。20 世纪 90 年代末，我国首个网络中文期刊数据库——万方数据（由原国家科委信息司、中国科技信息研究所共同主办）诞生了，这使我国电子期刊的发展向前迈进了一大步。在这一阶段，我国的电子期刊发展突飞猛进。1998 年，龙源期刊网开通，这使得海外用户可以通过互联网阅读中文期刊。1999 年，中国期刊网也正式投入使用。此后，我国期刊数字化进入网络时代，开始构建基于 Web 的数字化出版平台，并不断完善在线服务系统，现在我们熟知的中国知网、重庆维普、万方数字化期刊以及龙源期刊网是期刊数字化的代表。[①]

（一）全文型期刊数字化和国内外重要期刊全文数据库

纸本期刊的数字化在线发行主要通过集中上网方式，少数期刊是自行或分

---

① 钟文一：《电子期刊对纸媒的冲击及其发展前景》，《人民论坛》，2010 年第 5 期。

散上网。集中上网主要由商业期刊出版社、发行中间商、科学学会等机构通过期刊全文数据库大规模将学术期刊数字化，并实现期刊全文上网。国外的期刊大规模上网主要由传统的纸本期刊出版商或发行商来承担，而我国期刊大规模上网由新成立的数据库公司来担纲建设。各国政府也给期刊网络化提供资金和技术支持，如日本科学技术公司（JST）和国家科学信息中心于 1999 年 4 月达成一项合作——在线期刊项目，此项目得到国家 0.42 亿美元的支持；我国清华同方公司的中国学术期刊网，作为中国知识基础设施工程（CNKI）的主要组成部分，1999 年 4 月 30 日被列为国家级火炬计划项目。

1. 代理商和出版商发行的期刊数据库

（1）Elsevier 出版社的 ScienceDirect（http：//www.sciencedirect.com）

ScienceDirect 是荷兰爱思唯尔科学出版公司（Elsevier Science Ltd）出版的全球最著名的科技医学全文数据库之一，爱思唯尔科学出版公司是一家设在荷兰的历史悠久的跨国科学出版公司。该公司出版的期刊是世界公认的高品位学术期刊，且大多数为核心期刊，被世界上许多著名的二次文献数据库所收录。

爱思唯尔科学出版公司早在 1992 年就推出了郁金香项目（Tulip：The University Licensing Project）。它计划将出版的 1100 种印刷型期刊的全文转换为电子 TIFF 映象图，配以 SGML 编码的标题，用于检索；文本则由 ASCII 码构成，然后将这些期刊放在八所大学的局域网上提供使用。其目的是从经济、法律、技术角度研究科技期刊数字化网络化的可行性。1995 年，它又将 42 种科技期刊通过因特网提供给高校使用。

从 1997 年开始，爱思唯尔开始建立基于 Web 的数字化出版平台，ScienceDirect 全文数据库问世，把 1100 种科技和医学期刊全文上载，供图书馆读者远程检索和获取。到 2010 年，Science Direct 平台容量增至 24 个学科 2200 多种高质量的学术期刊、5000 多种书籍电子版全文，900 多万篇全文文献，涵盖自然科学、社会科学、工程技术和医学等各个领域。该公司提供的全文数据格式为 PDF 和 HTML，除全文外，还提供包括图表的文摘。爱思唯尔公司出版的期刊是各个学科领域当中所公认的高品质期刊，SCI 2004 年所收录的 7973 种期刊中，有 1379 种是由爱思唯尔公司出版的。

爱思唯尔已经数字化 1995 年以前的期刊全文，最早回溯到 1823 年（期刊《柳叶刀》的创刊年）。爱思唯尔在回溯文档项目上的投资超过 4000 万美元，2000 人参与回溯文档的查找和扫描。该平台提供先进的搜索和检索功能，使用户最大限度地提高他们的知识发现过程的有效性。新的服务能促进研究工作流程，如 Article in Press，文章被编辑部接受后 15 天即作为编文章（Article in Press）出现在平台中，使得学者在文章录用的早期阶段即可在线获得；高效率的多种刊物的全文下载，可以存储打印，并将其传递给同事。此外，自 2003 年以来，许多作者已提交附加的增值内容，如音频和视频文件、数据集及其他补充内容。

爱思唯尔还增加了个性化功能。研究者为了与其研究领域的最新发展保持同步，经常进行同样的搜索或同样的步骤。考虑到这一点，ScienceDirect 已经增强了其个性化能力，增加自动储存最近的检索策略功能，研究者就不再需要一遍一遍地重复相同的步骤了。它还创建提醒（Alerts）系统，提供检索、主题和卷期的提醒服务，即自动发送学者设置的检索策略的最新检索结果，选择最新文章、期刊的最新卷期目录发送到学者的 e-mail 中；增加了在主页上链接第三方网站的能力；增加了"记忆"选项，以便使研究者每次登录时都能使用这些定制的选择。

ScienceDirect 数据库支持 10 种国际协议和标准，如 CrossRef 和 COUNTER，1462 个出版商和机构参与了 CrossRef（参考链接），提供参考引文与全文之间的跨不同数据库的链接。爱思唯尔是主要倡导者。ScienceDirect 中约有 170 万个外部链接。这些内容和服务超越了纸本期刊，有效加速了科学研究的进程。

全球范围内，ScienceDirect 获得了 134 个国家 1100 万科研人员的认可，每个工作日平均每秒钟有 36 篇被全文下载，每月全文下载量达数百万篇。ScienceDirect 的内容每年平均增加 15%，截至 2006 年 11 月 14 日，其累计全文下载量已突破 10 亿篇。

（2）Springer-Verlag 的 SpringerLink（http：//www. springerlink. com/home/main. mpx）

德国斯普林格（Springer-Verlag）出版社是世界上最大的科技出版社之一，它有着 150 多年发展历史，以出版学术性出版物而闻名于世，它也是最早将纸本期刊做成电子版发行的出版商。SpringerLink 于 1996 年正式推出，是全球第一个电子期刊全文数据库。2006 年 SpringerLink 进入全新的第三代界面，成为全球第一个提供多语种、跨产品的出版服务平台，涵盖施普林格的所有在线资源，包括电子期刊、电子图书、电子丛书和大型电子工具书。

SpringerLink 系统是通过 WWW 发行的电子全文期刊检索系统。2004 年底，斯普林格与 Kluwer Academic Publisher 合并，原 Kluwer 出版集团出版的电子期刊合并至该平台。2010 年该系统已经发展为包括 2246 种期刊电子全文的大型期刊出版平台，全文回溯至创刊年，最早回溯到 1903 年。SpringerLink 所有资源划分为 13 个学科：建筑和设计，行为科学，生物医学和生命科学，商业和经济，化学和材料科学，计算机科学，地球和环境科学，工程学，人文、社科和法律，数学和统计学，医学，物理和天文学，计算机职业技术与专业计算机应用。

SpringerLink 通过纯数字模式的专家评审编辑程序，从以卷期为单位的传统印刷出版标准过渡到以单篇文章为单位的网络出版标准，现在已有超过 200 种期刊优先以电子方式出版（OnlineFirst），大大提高了文献网上出版的速度和效率，并保持了文献的高质量要求。Springer 的发展目标是把 OnlineFirst 出版方式应用到所有 SpringerLink 提供全文服务的期刊上。

SpringLink 的导航功能提供搜索、导航、缩检和精确搜索等多种检索方式，实现对 Springer 内容的交叉检索，并把不同学科和不同出版形式的内容真正整合起来。有多语种界面，包括中文（简体/繁体）、英文 、德文、韩文。

SpringerLink 新的服务系统增加了与重要的二次文献检索数据库的链接，如已经与 SCI、EI 建立了从二次文献直接到 SpringerLink 全文的链接。

SpringerLink 新的服务系统还增加了用户友好的个性化服务功能："我的最爱"（My Favorites）可让用户设定个人浏览习惯，节省时间、方便、实用；"Alert 服务"可让用户进行注册并设定个人研究领域，当有与之相关的最新文献出版时，即可根据用户选择以电子邮件或在用户使用数据库时通知用户。

（3）Wiley Interscience 电子期刊（http：//onlinelibrary. wiley. com/）

John Wiley & Sons Inc.（约翰威立父子出版公司）1807 年创立于美国，是全球历史最悠久、最知名的学术出版商之一，享有世界第一大独立的学术图书出版商和第三大学术期刊出版商的美誉。

约翰威立出版公司于 1997 年开始于网络上发布 Wiley InterScience 平台，收录了科学、技术、医学以及其他相关的专业文献，内容包含 340 多种全文期刊。2007 年 2 月，它与 Blackwell 出版社合并，两个出版社的出版物整合到同一平台上提供服务，总计提供 Wiley - Blackwell1400 余种电子期刊。2010 年 8

月，新一代内容平台 Wiley Online Library 取代 Wiley Interscience，原有的 Wiley Interscience 平台上的所有内容已迁移至 Wiley 的新一代平台上。Wiley Online Library 是一个综合性的网络出版及服务平台，在该平台上提供全文电子期刊、电子图书和电子参考工具书的服务，具体学科涉及：生命科学与医学、数学统计学、物理、化学、地球科学、计算机科学、工程学、商业管理金融学、教育学、法律、心理学等。该出版社期刊的学术质量很高，是相关学科的核心资料，Blackwell 出版的期刊中被 SCI 收录 196 种，被 SSCI 收录 88 种，有 261 种期刊列在所属学科目录中的前 10 位，有 28 种期刊位居首位。数据最早回溯到 1791 年，可访问年限至今。

新平台增加了以下特色，这些特色加强了平台的可发现性以及与图书馆系统的整合：

● 联合访问管理：支持 Shibboleth（UK 联合），Athens，IP，用户名和密码以及 Trusted Proxy Server Access。

● COUNTER 兼容使用数据：适用于期刊，图书和参考工具书，包括 SU-SHI。

● 联合搜索：Z39.50 支持所有内容的联合搜索。

● 搜索引擎最优化：确保用户更容易的通过 Google 和其他搜索引擎找到 Wiley Online Library 上的文章。

● OpenURL 标准化支持：包括所有书目，文章和章节内容的 DOIs，确保稳定链接。

● 用户订购报告：包含订购年限及 URLs，报告可在客户自助管理区域获得改进的 MARC 记录——通过 OCLC 免费提供所有在线图书订购客户 MARC 记录。

Wiley 具有漫游功能，即在激活漫游功能后 90 日内，用户可以用自己的用户名/密码在任何地点登录访问该数据库资源，不受 IP 的限制。

表 4 – 14　国内外重要期刊全文数据库

期刊数据库名称/出版者	学科	运行时段	刊种数（全文）	最早回溯年	特色	全文格式/在编文章	个性化服务
Science-Direct/ Elsevier	自然科学；工程；医学；人文社科	1997 年至今	2200	1823/创刊年	CrossRef、COUNTER	HTML、PDF/Article in Press	Alert, RSS, Quick Links
Springer Link/ Springer-Verlag	自然科学；工程；医学；人文社科	1996 年至今	2246	1903/创刊年	多语种主页, CrossRef、COUNTER	HTML、PDF / OnlineFirst	My Favorites, Alert, RSS, Tag
Wiley Inter Science/ John Wiley & Sons Inc	自然科学；工程；医学；社会和行为科学	1997 年至今	1989	1922 年	Google 索引, COUNTER, Z39.50, OpenURL, ArticleSelect	HTML、PDF/ EarlyView	
Alert, RSSEBS COhost/ EBSCO	自然科学；社会科学；人文和艺术	1994 年至今	7400	1922 年	多语种主页, COUNTER, Smart Text（查询相关文献）	HTML、PDF/无	永久链接、Search History、Search Alert, 个人收藏夹

期刊数据库名称/出版者	学科	运行时段	刊种数（全文）	最早回溯年	特色	全文格式/在编文章	个性化服务
Informa-world/ Taylor & Francis Group	自然科学；工程；医学；人文社科	不详	1500	1977	被 Google 索引，CrossRef	HTML、PDF/ iF-irst	Alert，RSS
中国学术期刊网/清华同方	自然科学；工程；医学；人文社科	1999 年至今	7671	1915/部分到创刊年	相关文献、参考文献链接	CAJ、PDF/无	定制
中文科技期刊数据库/重庆维普资讯有限公司	自然科学；工程；医学；人文社科	1989 年	12000	1989	OpenURL，被 Google scholar 索引	PDF/无	定制，检索历史
Scitation/ 美国物理联合会	物理学、天文学	1996 年至今	110	1893/部分到创刊年	CrossRef	HTML，PDF/GZ-ipped PS	Alert，RSS
ACS Publications /美国化学学会	化学；化工；生物；医药	1996 年至今	43	1879/创刊年	3D 彩色分子结构图，CrossRef COUNT-ER	HTML、PDF/ Articles ASAPsm	Alert，RSS

期刊数据库名称/出版者	学科	运行时段	刊种数（全文）	最早回溯年	特色	全文格式/在编文章	个性化服务
Project MUSE/约翰霍普金斯大学出版社和艾森豪威尔图书馆	艺术；人文和社会科	1993 年至今	453	1958 年	永久提供数据库内容和保存	HTML，PDF/无	RSS，Bookmark，Share

注：数据采集于 2010 年 7 ~ 9 月。

（4）EBSCO 的 EBSCOhost（http：//search. ebscohost. com/）

EBSCO 公司是美国著名的期刊代理商，具有 60 多年历史，它代理了全球 4 万多家出版社的 2.6 万种印刷本期刊和 11400 多种电子期刊的发行，涉及自然科学、社会科学等多种学术领域。EBSCO 公司从 1986 年开始出版电子出版物，目前该公司的电子出版物平台名为 EBSCOhost。EBSCOhost 含有 Business Source Premier（商业资源电子文献库）、Academic Search Premier（学术期刊全文数据库）、ERIC、Professional Development Collection、MEDLINE、Library，Information Science & Technology Abstracts、Newspaper Source、GreenFILE、Teacher Reference Center 等近 60 个数据库。其中全文数据库 10 余个，主要的期刊全文数据库包括：

● Academic Search Premier（ASP）（学术期刊全文数据库）

这是世界最大的综合学术性跨领域数据库，提供了近 4700 种高水平学术出版物全文，其中包括 3600 多种专家评审期刊。收录范围横跨近乎每个学术研究范畴，它为 100 多种期刊提供了可追溯至 1975 年或更早年代的 PDF 格式文献，并提供了 1000 多个题名的可检索参考文献。

● Business Source Premier（BSP）（商业资源集成全文数据库）

它收录几乎包括所有与商业相关的主题范畴，是行业中使用最多的商业研究数据库，提供 2300 多种期刊的全文，包括 1100 多种同行评审期刊的全文，超过 350 种顶尖学术性期刊有 PDF 格式全文，最早可回溯至 1922 年。相比同等数据库的优势在于它对所有商业学科（包括市场营销、管理、MIS、POM、会计、金融和经济）都进行了全文收录。

● Vocational and Career Collection

Vocational & Career Collection 为服务于高等院校、社区大学、贸易机构和公众的专业技术图书馆而设计，提供了 400 种与贸易和工业相关的期刊的全文收录。

● Professional Development Collection Professional Development Collection

此数据库为职业教育者而设计，它提供了 520 种非常专业的优质教育期刊集，包括近 350 个同行评审刊名。此数据库还包含 200 多篇教育报告，是世界上最全面的全文教育期刊集。

● EconLit with Full Text EconLit with Full Text

EconLit with Full Text 包含 400 多种期刊的全文和索引。它提供了所有经济领域文章的索引和全文，这些领域包括资本市场、国家研究、经济计量学、经济预测、环境经济学、政府监管、劳动经济学、货币理论、城市经济学等等。

（5）Taylor & Francis Group 的 Informaworld（http：//www. informaworld. com）

英国泰勒弗朗西斯出版集团（Taylor & Francis Group）拥有 200 多年丰富的出版经验。近二十年来它在此雄厚基础上迅速发展，已成为世界领先的学术出版集团。泰勒弗朗西斯出版集团通过 Informaworld 平台发布学术期刊、电子图书、参考工具书和文摘数据库。目前 Informaworld 平台汇集了该集团旗下 Taylor & Francis、Routledge 出版社和 Psychology Press（心理学出版社）的学术期刊，每年出版超过 1500 种期刊，电子图书近 20，000 册，享有高质量美誉。它的 500 多种期刊已经被收录到"汤姆森科学引文索引（ISI SCI）"中，其中，排在"科学和社会科学期刊引文报告"类别前十名的期刊有 73 种，排名首位的有 The American Journal of Bioethics、Applied Spectroscopy Reviews、Human-Computer Interaction、Critical Reviews in Food Science and Nutrition。

Informaworld 平台的论文处理采用全电子化的工作流程。一些期刊可以通过"稿件中心（Manuscript CentralTM）"平台实现网上投稿和在线专家评审，所有论文汇集到专有的"中央文章跟踪系统（CATS）"，作者和编辑都能清楚地看到文章处于出版流程的哪个阶段。作为学术出版社，Informaworld 平台与 Google 的学术搜索器"Google Scholar"合作，用它检索专家评审过的各学科的论文、论述、预印件、摘要和技术报告，并把其放在 Google Scholar 上以便他人搜索。Informaworld 平台还加入了 CrossRef 和 DOI Resolver，提供跨库链接和稳定的获取地址。Informaworld 可以用以下格式下载引文信息：ProCite 直接输出格式，EndNote 直接输出格式、Reference Manager 直接输出格式等。

（6）清华同方公司的中国知网（http：//www. cnki. net/）

中国知网是中国学术期刊（光盘版）电子杂志社、清华同方知网（北京）技术有限公司共同创办的网络出版平台，是全球最大的知识门户网站。中国知网的前身是中国期刊网。中国期刊网于 1999 年 6 月上线服务，到 2003 年的时候，中国期刊网发展为集期刊、报纸、博硕士学位论文、会议论文、图书、年鉴、多媒体教育教学素材为一体的知识服务网站。是年，中国期刊网正式更名为中国知网，并确立了建设"中国知识基础设施工程（简称 CNKI）"的远大目标。知网的"中国学术期刊网络出版总库"是一个期刊全文数据库，收录了我国 7671 种公开出版的学术期刊全文，内容涵盖了自然科学、工程技术、人文与社会科学，部分期刊回溯至创刊，最早回溯到 1915 年，每日更新。中国学术期刊（光盘版）电子杂志社承担中国知网内容资源的选题、采集、合作、编辑和出版，清华同方知网（北京）技术有限公司负责内容数据库的研发和网络出版平台的技术支持以及出版产品的发行。

中国学术期刊网络出版总库提供知识网络节点（知网节）服务，知网节以一篇文献作为其节点文献，知识网络的内容包括节点文献的题录摘要和相关文献链接。通过参考文献、引证文献、同被引文献、共引文献、相关文献、读者推荐文献、相关作者、相关机构、分类导航等链接来达到知识扩展的目的，有助于新知识的学习和发现，实现知识获取、知识发现。另外，CNKI 知网节与 Taylor&Francis 外文文献建立深入关联，实现统一平台上中外文献的无缝链接，读者可以通过期刊名称、ISSN、作者、作者单位、关键词、摘要、DOI 等检索项在该数据库中进行检索。通过 CNKI 知网平台，人们可免费检索并浏览题录、摘要及知网节，全文链接至 informaworld 平台，全文下载服务由 Informaworld 系统处理。

（7）万方数据股份有限公司的数字化期刊子系统（http：//202. 195. 72. 32/WFRS_ Mirror/default. htm）

"万方数据资源系统"是以中国科技信息研究所（万方数据集团公司）全部信息服务资源为依托建立起来的，一个建立在 Internet 上的大型综合性信息资源系统。目前包括中国学位论文数据库、数字化期刊、科技信息、商务信息四个子系统，1997年8月正式开通。"万方数据资源系统"它以科技信息为主，同时涵盖经济、社会、文化等相关信息。

万方数据的数字化期刊子系统作为国家"九五"重点科技攻关项目，目前集纳了理、工、农、医、哲学、人文、社会科学、经济管理与教科文艺等八大类100多个类目的近5500余种各学科领域核心期刊，实现全文上网。与Google搜索引擎合作，通过Google可以检索到万方的期刊题录数据，并提供手机付费单篇全文下载。

（8）重庆维普资讯有限公司的中文科技期刊数据库（http：//www.cqvip.com/）

重庆维普资讯有限公司是科学技术部西南信息中心下属的一家大型的专业化数据公司。1989年，维普资讯开发建设了我国第一个期刊数据库——中文科技期刊数据库，目前中文科技期刊数据库收录期刊12000余种，文献总量超过1700万篇，覆盖数学、经济、化学、生物、农业、环保、地球、矿业、机械、无线电、轻工、航空、建筑、情报、医学及综合性期刊和港台核心期刊，全文数据回溯到1989年。2005年1月起中文科技期刊数据库增加收录文、史、哲、法等学科分类的文章、期刊，形成社会科学专辑，社科数据回溯到2000年起。

中文科技期刊数据库是国内首家采用OpenURL技术规范的大型数据库产品，并与Google Scholar学术搜索合作，2006年开放了与Google Scholar学术搜索合作的服务，使更多的人可以方便地使用到维普的知识资源。

2. 学术机构发行的电子期刊数据库

世界上一些著名的学会或学术团体也将自己所出版的专业学术期刊上网，并提供与相关专业期刊内容链接的期刊服务。例如，美国化学学会的ACS Publication数据库提供涵盖该学会出版的全部43种化学期刊的在线服务；英国皇家化学学会的OnLine Journals数据库提供17种全文期刊；美国物理学协的Online Journal Service数据库包涵学会出版的35种期刊；英国物理学协会发行33种印刷本期刊的网络版；英国电子工程师协会的OnlineJournals提供的2种电子期刊；美国电气与电子工程师协会的IEEE/IEEElectroniclibrary发行120种全文期刊，600种学会会议录及875种技术标准的电子版。另外，日本化学学会、日本物理学会、日本生物化学学会、日本应用物理学会等也出版发行了本学会期刊的网络版。

美国科技社团的期刊大多数都有电子版，有些期刊已实现electronic-only

出版方式，还有些科技社团拥有大型网络数据库。美国化学会期刊网站可以提供自 1879 年以来的 300 万页的期刊原始数据，几乎是从每一种期刊的创刊号起至今的内容，其电子网络服务的收入就达到 2.8 亿美元。没有实力自己进行网络出版的小型科技社团，常常外包给专业出版商和出版协会，也有的是国家统一建立网络出版平台。英国的 ALPSP 建立了学术出版集群，是协会的所属成员出版的电子期刊组成的专辑。日本的 J- STAGE 为 375 家科技社团提供一个网络平台，让它们向国际社会展示自己的成果。

（1）American Chemical Society Publications（http：//pubs. acs. org/）

美国化学学会出版物数据库（ACS Publications）是由美国化学学会主办的集中数字化发行美国化学学会旗下的所有期刊、图书、会议论文集的在线数据库。美国化学学会成立于 1876 年，现已成为世界上最大的科技协会之一，其会员数超过 16.3 万。多年以来，ACS 一直致力于为全球化学研究机构、企业及个人提供高品质的文献资讯及服务，在科学、教育、政策等领域提供了多方位的专业支持，成为享誉全球的科技出版机构。ACS Publications 中的期刊部分（Journals）集中出版了美国化学学会旗下的 34 种期刊，回溯到每种刊的创刊年，最早至 1897 年。其内容涵盖以下领域：生化研究方法、药物化学、有机化学、普通化学、环境科学、材料学、植物学、毒物学、食品科学、物理化学、环境工程学、工程化学、应用化学、分子生物化学、分析化学、无机与原子能化学、资料系统计算机科学、学科应用、科学训练、燃料与能源、药理与制药学、微生物应用、生物科技、聚合物、农业学。ACS 的期刊被 ISI 的 *Journal Citation Report*（JCR）评为化学领域中被引用次数最多之化学期刊。

美国化学学会网站自 1996 年开始在线发布期刊内容，始于期刊 *Journal of Physical Chemistry*（物理化学杂志），1999 年开始在线接受投稿。[①] ACS Journals Web 版的主要特色为：可在第一时间内查阅到被作者授权发布、尚未正式出版的最新文章（Articles ASAP^sm）；用户也可定制 E-mail 通知服务，以每天或每周的方式通知有哪些最新的文章被收录；ACS 的 Article References 可直接链接到 Chemical Abstracts Services（CAS）的资料记录，也可与 PubMed、Medline、GenBank、Protein Data Bank 等数据库相链接；具有增强图形功能，含 3D 彩色分子结构图、动画、图表等；全文具有 HTML 和 PDF 两种格式可供选择。

（2）IEEE/IEE 的 IEEE/IEE Electronic Library（IEL）（http：//www. ieee. org/

---

① http：//pubs. acs. org/page/about-us2. html

products/onlinepubs/iel/iel. html）

IEEE 为美国电气电子工程师学会（Institute of Electrical and Electronic Engineers），IET 为英国工程技术学会（Institution of Engineering and Technology），皆为目前世界上备受推崇及敬重的学会机构，是电气电子和资讯科技最权威先进的资讯来源。IEEE/IEE Electronic Library（IEL）是此学会机构推出的全文出版物的检索网站，内容包括 1988 年到现在所有的期刊、会议录和标准。IEEE/IET 全文数据库包含了其所在领域 1/3 的资源，包括学会出版的 205 种期刊，6500 余种会议录，1480 余种标准的全文信息且拥有强大友好的检索功能。多数出版物提供 1988 年以后的全文数据，但是 IEEE 学会下属的 13 个技术学会的 18 种出版物回溯到了 1950 年的全文。其主题范围包括：电气电子、航空航天、计算机、通信工程、生物医学工程、机器人自动化、半导体、纳米技术、电力等。

（3）美国数学学会的 Journals Published by the AMS（http：//www. ams. org/journals）

美国数学学会（American Mathematical Society，简称 AMS）是世界上最权威的数学学术团体，成立于 1888 年，目前已有来自世界各国的会员 30，000 名。该学会每年召开各种会议，出版了多种期刊、近 3000 册图书和"数学评论"（MathematicalReviews）数据库。目前该学会在官方网站上提供 7 种纸本期刊的电子版全文，供读者免费阅读期刊目次、摘要和相关信息。纸本期刊的订阅者可以免费获取全文。电子版期刊比纸本发布文章发布的早，进入文摘页面和文章参考文献页面有到 MathSciNet 的评论的链接，任何人均可免费获取。

（4）美国物理联合会的 Scitation 平台（http：//scitation. aip. org/）

Scitation 平台由美国物理联合会（American Institute of Physics，简称 AIP）开发，是 AIP 在线期刊出版服务（OJPS）的进一步发展，自 1996 年来就已成为在线出版世界的一部分，于 2004 年全面运行。

美国物理联合会成立于 1931 年，位于美国的纽约州，它拥有包括美国物理学会、美国光学学会、美国声学学会、流变学学会、美国物理教师协会、美国结晶测验协会、美国天文学学会、美国医学物理学家协会、美国真空学科技学会、美国地球物理学联合会等 10 个物理学领域内的专业成员单位。AIP 及其会员的出版物占据了全球物理学界研究文献四分之一以上的内容。

2004 年，美国物理联合会将原 OJPS 在线服务平台升级为 Scitation 平台。"Scitation"的名字标明平台内容主要涉及科学和技术领域并且平台采用了强大的引文处理技术。Scitation 平台中包含 18 个会员学会（著名自然科学和工程类学协会）出版的 110 多种科技期刊，包含大约 600,000 篇文献，并且每月将新增 6,000 多篇文献。现在 AIP 及其成员学会的电子期刊服务全部通过 Scitation 平台来提供，平台中包括著名的 *Physical Review Series I*（1893～1912 年）等期刊，全文最早回溯到 1893 年。

Scitation 平台特色服务包括：CrossRef Search 提供跨出版社检索，同时检索 40 多家著名科技出版社的出版内容全文；有多种全文格式供浏览和下载，包括 HTML、PDF、GZipped PS；跨库/出版社的相关文献的链接，包括 ISI 的 Web of Science、INSPEC、SPIN、Medline、SPIN、Chemical Abstracts Service、EDP Sciences、X-ArkiV、SLAC-SPIRES；采用强大引文处理技术提供 BibTeX（RevTEX）、EndNote、、plain-text（ASCII）等多种引文书写方式供下载。

（5）约翰霍普金斯大学出版社和艾森豪威尔图书馆的 Project Muse（http：//muse. Jhu. edu）

Project Muse 在线期刊是一个在艺术、人文和社会科学领域拥有高质量期刊的优秀数据库，成立于 1993 年。Muse 项目是约翰霍普金斯大学出版社和艾森豪威尔图书馆的一个合作项目，旨在提供对由该出版社出版的超过 40 种期刊的联机访问。Project MUSE 最大的特色在于其本身仍是一所非营利组织，目的在于传递高水准的专业学术期刊，并同时满足全球各图书馆和专业出版的需求。Muse 项目从最初的一个出版社、49 种在线期刊开始，逐渐加入各大学出版社或专业学会的人文及社会科学类期刊，组成了现今收录 111 个世界级出版社的 455 种期刊（2010 年 8 月）的电子期刊数据库，最早可回溯至 1993 年。除约翰霍普金斯大学出版社本身所出版的刊物外，其他期刊多为知名大学出版社或专业学会所出版（如牛津大学出版社（Oxford University Press）、杜克大学出版社（Duke University Press）、德克萨斯大学出版社（University of Texas Press）、美国麻省理工学院出版社（The MIT Press 等））。

今天，Muse 仍然是一个非盈利的项目，其宗旨在于传播高质量的艺术、人文和社会科学领域的学术知识。其主要学科领域有区域/国家研究、人类学、艺术、西方古典文化、经济、教育、电影戏剧和表演艺术、语言学、法律、文学、图书馆学及出版、医学与健康、数学、音乐、哲学、政治和政策研究、历史、国际关系、科学、社会学、心理学、宗教等。其中在区域/国家研究、文学、历史和政治、政策研究上尤为突出。

Muse 项目对期刊严格臻选。加入该项目的期刊满足以下基本标准：必须是同行评审期刊，必须是非赢利性或学协会出版社。此外，期刊的入选还会考虑其在学科领域的排名、影响因子和图书馆员的建议等。Muse 项目也是很多著名大学出版社和学协会的全文期刊的唯一出处。数据库中的期刊文献的被引频率很高，并被多个广泛使用的数据库索引，如 ABC-CLIO、CSA、EBSCO、Gale、ISI Web of Science、JSTOR、OCLC FirstSearch、ProQuest、OVID 等。同时也被 Google 和 Google Scholar 索引，从而能提升期刊的使用效率。

Muse 项目数据完整、稳定。电子期刊内容100%与纸本一致，无论是图表还是图片都发布在电子平台上。当纸本内容有勘误时，电子内容同样会更改。

Muse 项目保证所有数据库中的电子内容都将永久提供和保存。它倡导"订购"即是"拥有"，而不是"租用"，给用户提供灵活、实用的存档方式。Muse 项目还与第三方合作保存数据备份，参与 LOCKSS 项目。

Muse 项目的设计理念即是要满足图书馆的需求。Muse 项目的工作人员是专业的图书馆员。他们在读者服务、技术服务、参考咨询和编目上拥有丰富的经验。他们了解图书馆的具体要求以及当今学术出版环境的需求与挑战，并努力将 Muse 发展成为可负担的、易访问的在线期刊阅读工具。

Project Muse 数据库本地服务器采用了 iGroup 公司开发的 eBridge 平台，平台界面简单易用。

3. 数字期刊化数据库平台发展特点

（1）全文数据量不断增大，部分数据库全文回溯到创刊

期刊数据库拥有者通过回溯文档和增加新刊来不断增大全文数据量，以提高竞争力和提供更全面的信息服务。爱思唯尔 ScienceDirect 的内容每年平均增加15%，2007 年为 800 万篇全文文章，2010 年论文全文数量已经达到1000 万余篇。2001 年 1 月，Elsevier 启动了回溯文档项目，2000 人参与回溯文档的查找和扫描，而且已经数字化 1995 年以前期刊的全文，并能回溯至第一卷第一期。爱思唯尔在回溯文档项目上的投资超过 4000 万美元，最早回溯到 1823 年。① 美国化学学会出版物数据库的全文数据已经回溯到每种刊的创刊年，最早至 1897 年。中国学术期刊网络出版总库很多期刊也是回溯到创刊年，最早回溯到 1915 年。

（2）刊种数不断增加，各数据库收录期刊数不断上升

---

① 罗春荣：《国外网络数据库：当前特点与发展趋势》，《中国图书馆学报》，2003 年第 3 期，第 44~47 页。

通过合并和接纳新的学术期刊，期刊数据库收录的刊种数不断增加。EB-SCO 的学术全文数据库（Academic Search Elite）1999 年收录期刊 3215 种，其中全文期刊 996 种；2002 年其升级版 Academic Search Premier 收录的期刊达 4425 种，其中，全文期刊增至 3467 种。Elsevier Science 的 ScienceDirect 期刊数据库 2000 年收录期刊 1100 多种，2002 年初增加到 1200 多种。2002 年 5 月，其成功收购 IDEAL，将包括 Academic Press、Mosby、Churchill Livingstone、W. B. Saunders 等出版商在内的 335 种全文期刊纳入其系统，使其期刊总数增至 1500 多种。至 2010 年，ScienceDirect 期刊数据库刊种数已经达到 2200 多种。清华同方的中国学术期刊网络出版总库 2001 年收录期刊 6100 余种，至 2010 年已经增加到 7670 余种。①

（3）实现跨库全文链接、库内全文链接和聚类

大多数国外期刊数据库支持统一标准和协议实现跨库全文链接、库内全文链接和聚类，借助互联网，利用超文本技术，在不同的信息资源之间进行链接，将原本相互独立、但互为联系的信息资源与服务整合在一块，使之形成为一个互动的有机整体。用户只需透过同一界面，即可迅速查到并获取自己所需要的信息。3000 个出版商和机构参与了 CrossRef ②，实现跨不同出版商不同数据库的引文全文链接，通过提供原文链接，连接到出版商的电子期刊全文或相应的全文数据库。如爱思唯尔 ScienceDirect 的文章可被进行全文检索，并带有 HTLM 格式的文摘和参考文献列表，可以直接链接至被引文献。另外，一些数据库或平台还实现了内部相似文献、共引文献等相关文献的聚类。

（4）提供个性化服务

一些国外期刊数据库纷纷推出"个性化服务"，除了检索、下载等基本功能外，还以个人用户为中心，提供信息通告（Alert）、个人存储、界面定制等服务。其中信息通告包括目次通告、定题通告、引文通告、数据库信息通告，即自动发送学者设置的检索策略的最新检索结果、所选择主题的最新文章、期刊的最新卷期目录、数据库最新信息等到学者的 e-mail 中；个人存储包括检索结果存储、检索策略存储、常用出版物存储③，以便使研究者每次登录时都能使用这些定制的选择。

① http://epub.cnki.net/grid2008/index/ZKCALD.htm.
② 《CrossRef 中文手册》（http://www.crossref.org.cn/Crossref_ 279x210mm_ proof.pdf）
③ 范爱红：《国外数据库产品的个性化服务》，《现代图书情报技》，2004 年第 8 期，第 22～24 页。

（5）提供多种引文格式供下载

为了方便学者利用文献，许多国外期刊数据库提供多种引文格式供下载和收藏，如 RIS format（供 Reference Manager，ProCite，EndNote 等文献管理软件使用）、RefWorks Direct Export、ASCII format、BibTeX format 等格式。如 Informaworld 可以用以下列格式下载引文、ProCite 直接输出格式、EndNote 直接输出格式、Reference Manager 直接输出格式等。

4. 中外期刊数据库差异

（1）出版发行组织方式不同

学术期刊全文数据库主要由商业期刊出版社、发行中间商、科学学会或学术机构通过大规模将学术期刊数字化，实现期刊全文上网建设而成。国外的大型学术期刊全文数据库主要由传统的纸本期刊出版商、代理商或科学学会、学术机构等期刊出版者来承担，而我国期刊大规模上网由原信息服务机构和新成立的数据库公司来担纲建设。如 Elsevier 出版社、Springer-Verlag 公司、John Wiley & Sons Inc 出版社、Wiley 出版社都是著名的传统纸本期刊的出版商。而我国首个网络中文期刊数据库——万方数据是由原国家科委信息司、中国科技信息研究所共同主办；中国知网是由清华大学、中国学术期刊（光盘版）电子杂志社、清华同方知网（北京）技术有限公司共同创办的网络出版平台；中文科技期刊数据库创建者重庆维普资讯有限公司是科学技术部西南信息中心下属的一家大型的专业化数据公司。

（2）国外期刊数据库支持统一标准和协议，提供跨库链接，国内数据库提供更多的库内链接

国外大多数期刊数据库大多与 CrossRef 签署了协议，采用 OpenURL 和 DOI 技术实现了参考文献的跨库链接、库内全文链接，利用 DOI（数字对象标识系统）来实现不同出版商出版的在线学术资源之间高效而可靠的交叉链接，如 ScienceDirect、Springer Link、Wiley InterScience、Scitation、ACS Publications 等数据库均参与 CrossRef，提供跨库链接。另外多数国外期刊数据库还增加了与重要的二次文献检索数据库的链接，如已经与 SCI、EI 建立了从二次文献直接到数据库全文的链接。而国内三大期刊全文数据库中国知网、万方数字化期刊和维普中文期刊数据库目前均未提供跨库链接。但国内期刊数据库，如中国知网通过知网节提供更多的库内链接，包括参考文献、引证文献、共引文献、同被引文献、相似文献、相关作者等题录摘要和全文链接。

（3）国外期刊数据库与搜索引擎合作，提供更方便快捷的检索和全文

下载

国外期刊数据库与 Google 或学术搜索器 Google Scholar、PubMed 等合作，把其各学科的论文、摘要放在 Google 上以便他人搜索，确保用户更容易的通过 Google 和其他搜索引擎找到其数据库中的文章，并且可以链接到数据库的全文，可以直接下载全文（已购买数据库用户）。国内期刊数据库也与搜索引擎合作提供检索服务，如维普的中文科技期刊数据库与 Google 合作，通过 Google 可以检索到其论文题录信息，但需在线付费购买全文，不可以直接下载。中国知网与百度合作提供检索，有全文链接，也可以直接下载。

（4）国外期刊数据库数据新，出版速度快，以篇为单位出版论文

大多数国外数据库在文章被编辑部录用后，会尽快被发布到数据库平台上，优先以电子方式出版，不需等到集齐一期再出版，是一种新的以篇为单位的出版方式，使得学者在文章录用的早期阶段即可在线获得。国外数据库数据新，出版速度快，有利于促进研究工作的进程。ScienceDirect 在文章被编辑部接受后 15 天即作为在编文章（Article in Press）出现在平台中；SpringerLink，现在已有超过 200 种期刊优先以电子方式出版，实现了网上出版早于纸介质出版[①]；另外，Wiley InterScience 以 EarlyView，Informaworld Scitation 以 iFirst，Scitation 以 GZipped PS，ACS Publications 以 Articles ASAP[sm] 之名快速出版发布最新接受论文。而国内三大主要学术期刊数据库均未提供在编文章以篇为单元的快速出版，甚至有些期刊的电子版比纸本还要晚数月出版。[②]

（5）国外数据库采用纯数字模式的专家评审编辑平台

国外期刊数据库如 Informaworld、SpringerLink、ScienceDirect 等采用全电子化的工作流程，实现网上投稿和在线专家评审，且整个平台中的期刊采用同一个系统在线编辑，由期刊数据库出版商为传统出版社提供网络出版的平台，管理整个投稿、编审、出版的完整流程。Elsevier 公司的 ScienceDirect 数据库就有统一的网上投稿系统[③]。而国内数据库旗下期刊是分而治之的，期刊编辑各有自己的在线编辑系统，各刊分别编辑出版后才将全文数据提交给期刊数据库。

---

① 丁岭：《施普林格数字出版发展模式探析》，《大学出版》，2008 年第 2 期，第 60～63 页。

② 罗志会、邹小筑：《国内外四大网络数据库的比较研究》（http：//lib. nuaa. edu. cn/xxy/eighth/theory/luo. htm）

③ 都平平等：《利用国外电子期刊数据库进行期刊评判及网上投稿》，《农业图书情报学刊》，2008 年第 8 期，第 168～170，192 页。

总之，中外期刊数据库平台涉及学科全面、收录期刊数量可观、全文数据全、可被搜索引擎检索。国内期刊数据库收录期刊种数多，内部链接多样化；国外的期刊数据库收录期刊质量高、出版速度快、易于检索、有个性化服务，且更多采用标准的技术规范和协议，实现了跨库链接。国外期刊数据库的标准化、规范化值得我们国内数据库同行学习、借鉴。

第二节　电子预印本文库的出现和发展

一、电子预印本及相关概述

（一）纸本预印本与电子预印本的概念

为了以最快的速度交流最新研究进展和成果，避免从投稿到文章发表，再从期刊上读到同行的文章而耽搁的半年到一年的时间，工作在最前沿的科学家习惯于互相交换自己最新工作的论文预印本（preprint）。

所谓预印本（Preprint）指科研工作者的研究成果还未在正式出版物上发表，而出于交流或征询意见的目的自愿先在同行中传播的手稿。根据 1996 年 David 的定义①，预印本是具有以下一条或一种以上条目的手稿：

①经过复审准予出版的手稿；

②以出版为目的已交出版社送审的手稿，只是是否予以出版尚未确定；

③打算出版，但在送审前，为征求意见而在同行专家间进行传播的手稿。

"电子预印本"是传统纸本预印本的电子版，指由作者提交的（self-archive papers）审稿前或审稿中尚未发表的期刊论文的电子版。电子预印本包括纸本预印本的电子版，但它不仅仅是纸本预印本的电子版。目前电子预印本的概念已经泛化，它的内涵和外延都有所扩展。首先，电子预印本内涵有所扩大，它不仅仅涵盖期刊论文，还包括会议论文、技术报告、工作论文、图书的部分章节、研究数据等与研究相关的电子学术资源。其次，其外延更宽泛，除了包括尚未出版的论文电子版论文，也包括已经出版的论文的电子版，还包括不一定是出版的论文电子版（即仅为了征询同行评议或评论而通过互联网发布的科研论文）。很多预印本服务器既接受正在审稿中的论文，也接受已经审稿录用的或已经在传统学术期刊上发表的由作者提交的论文电子版（即后印

---

① 吕世晃：《预印本系统：国际学术交流的重要平台》，《情报学报》，2004 年第 5 期，第 547 ~ 551 页。

本（postprint）），以及未来不会出版或发表的论文（有的电子预印本文献是永远不会投稿给任何期刊的）。

美国物理学会把 e-印本定义为电子形式的预印本，意即电子预印本就是 e-印本。美国物理学会认为，现在预印本的概念已经泛化，通常包括由作者提供的除传统出版形式以外的任何电子作品，内涵进一步扩大到会议论文、技术报告、工作论文、图书的一部分、研究数据，或其他的任何电子传播形式。对于一些预印本服务器，预印本意味着任何电子形式的、与研究相关的、由作者提供的信息，不必是能够出版的①。

从上述概念可以看出，电子预印本强调的是由作者提交的（self-archive papers），那么为什么科学家会在网上公开自己的论文呢，原因可能有三方面：

①可见（可以被看到），宣传或使同行看到他们的工作；

②可用（可以被引用或吸收），为促进或建立科学知识本体；

③可赞扬，可以得到同行承认他们的工作，获得同行的赞誉，并且可以作为拥有成果优先权的证明。

"电子预印本文库"（Preprint Archive 或 Preprint Server）是集中存储学者们在线提交的电子预印本的数据库，并且允许任何人在线免费下载文库中的论文。电子预印本的作者可以随时更新其电子预印本，即使在经过同行评审程序之后亦然。

预印本文库的出现改变了科学社群内的信息交流方式。它将报道最新研究成果的预印本集中地放到互联网上，便于检索和利用，使每个科学家都有机会免费在线发布和获取这些本来是私人之间流传、只有小圈子精英科学家才能读到的预印本。电子预印本具备交流速度快，范围广，发布自由，提供多媒体支持特性等优点。

预印本在论文正式出版之前就可以在 Web 上获得，通过电子预印本文库，研究者可以迅速将其研究成果公布与分享，避免了审稿和等待出版的时滞，并且电子预印本文库在体现网络优越性的同时，更能保证学术交流的可靠性，能集中、快速地获取，有利于避免重复研究，提高了信息交流的时效性，提高科研效率。

在某些学科领域，知识的快速传播很重要，利用电子方式传递预印本是绝

---

① Sharon M. Jordan: Preprint Servers: Status, Challenges and Opportunities of the New Digital Publishing Paradigm, InForum '99, May 5, 1999

对必须的，至于随后的出版过程反而只是一种形式。

（二）电子预印本的特点

网络发布信息，虽然体现了高效快捷的特点，但在规范上和准确性上相对不足，而且，网络学术资源分散在世界各地的服务器上，不便于检索和获取。如何在体现网络优越性的同时又能保证学术交流的可靠性，且能全面快速获取呢？电子预印本文库就是具备以上特点的交流媒介。

与刊物发表的论文以及网页发布的文章比，电子预印本具有交流速度快、范围广，发布自由、门槛低，有利于学术传播，以及学术性强、可靠性高等特点。①

1. 交流速度快、范围广，有利于提高科研效率

当今科学研究竞争激烈，滞后几个月的成果可能就无太大意义。但科技成果需经出版物出版才得以交流并获认可，而论文从投稿到发布平均需要 10 个月左右，这一时延严重影响前沿学科的交流。预印本则无时滞问题，科研人员一旦有所进展，可即时以预印本形式迅速与同行交流，检验并完善研究成果，加快了科学研究的步伐，提高了科研效率，并且能够快速传播学术信息给全世界的学者，可以减少重复研究，提高研究的品质。

2. 发布自由、门槛低，有利于学术争鸣

除出版时滞外，还因审核标准、版面等因素的制约，使很多有学术水平的文章不能发表。甚至一些有创新思想的研究论文会因学术流派不同，遭"学霸"的埋没而失去争鸣的机会。预印本则采取文责自负的管理原则，只要作者愿意，就可自由发表，为学术上的百花齐放、百家争鸣提供理想的交流场所。

3. 促进文献存储，提供多媒体支持功能

电子预印本增加科学文献的存储路径和形式，提供电子版的文献存档，为文献的永久保存提供新的保障。它能够提供多媒体支持功能，提供声音和影像，比传统纸本出版物提供更好的表达方式。同时它可作为"首先发现"的证明。

4. 学术性强、可靠性高

相对于其他网络资源，预印本文献的稳定性最好，因为预印本都有专门的

---

① 吕世旵：《预印本系统：国际学术交流的重要平台》，《情报学报》，2004 年第 5 期，第 547 ~ 551 页。

机构进行搜集管理，例如 arXiv 和 CDS 等。所以，预印本具有网络信息快捷超前的特点，同时还具有传统出版物管理规范，内容专业的优点。

5. 便于检索，容易统计使用次数

预印本文库都提供检索功能，可以同时检索数个跨学科的电子预印本服务器；另外，容易统计使用次数，提供成果利用率的客观数据。

正因为电子预印本具有上述优势，近几年随着互联网的高速发展，电子预印本在全球科技界的作用及影响与日俱增，既成为学术价值很高的信息资源，又是促进学术交流与发展的极佳媒介，所以国外科研人员一般都很关心代表最新学术进展的预印本。

二、电子预印本文库的发展史

早在 20 世纪 50 年代纸本预印本就很流行，并且确实起到了促进科学社群交流，加快科学进步的作用。杨振宁和李政道的科学经历就是一个很好的例证。

1956 年 8 月，杨振宁收到了芝加哥大学欧米（R. Oehme）的信，此信是欧米看了杨振宁和李政道关于宇宙不守恒的预印本后写的。此信使他们三人于 1956 年底合作写成一篇文章，文章中将宇宙不守恒的考虑推广到电荷共轭不守恒与时间反演不守恒。这篇文章奠定了以后讨论衰变中三种不守恒现象的基础。这说明工作在最前沿的物理学家本来就有使用预印本的习惯。

早期纸本预印本是通过信件、会议和私人访问来传递的，科学家们曾经实验去集中搜集和管理纸本预印本，以方便利用。欧洲核物理研究中心（CERN）图书馆最早开始将预印本资料分类收藏，并建立成了 CERN Document Server（CDS）系统进行管理。生物学不是最早使用预印本服务的学科，但是 1960～1967 年间由 NIH 支持了一个关于预印本的实验，就是通过信息交换小组（Information Exchange Groups，IEGs）来传播纸本预印本。

计算机和网络发明以后，预印本的电子版即电子预印本出现了，起初科学家们是通过电子邮件来传递电子预印本的。

1991 年，美国物理学家金斯帕（Paul Ginsparg）在洛斯阿拉莫斯国家实验室的 NeXT 计算机上建立了世界上第一个预印本服务器（当时地址为 http：xxx. lanl. gov，现地址为 http：arXiv. org）。服务器管理程序会指示计算机自动接收物理学论文的预印本，并以电子邮件送出论文摘要，只要向该计算机查询，就可得到预印本全文，旨在促进科学研究成果的交流与共享。① 高能物理学家们很快就接受了这种新的交流方式，并积极地参与进来，仅用了几个月金斯帕的电子预印本服务就吸引了 1000 名用户，且很快曼延到天体物理、凝聚态物理等其他领域。2001 年，金斯帕（Ginsparg）带着预印本文库（现更名为 arXiv. org）前往康乃尔大学担任教职，将典藏库委托康乃尔大学图书馆维护。

金斯帕的预印本文库的真正意义是把预印本集中地放到互联网上，使每个物理学家都有机会接触到这些本来是私人之间流传、只有小圈子精英物理学家才能读到的预印本。而有了 arXiv 之后，每个物理学家，特别是来自"第三世界"物理学家在获取最重要科研动态的方面不再那么落后了，时差几乎不存在了，而从前这个时间差至少是一年，许多最重要的工作已经被别人做完了，你才知道一年前的进展。

从这个角度看，arXiv 的意义是重大的，它使全世界的物理学研究"一体化"了，不论你是在英国剑桥、波兰克拉考或印度加尔各答，你都将有机会第一时间知道物理学领域最新的进展。Ginsparg 也因此获得了 2002 年的麦克阿瑟奖。从以上叙述，我们可看出 Ginsparg 的工作可以说是在无意识中就改变了物理学家交流的方式，并一举获得成功。

在 arXiv 取得成功后，20 世纪末 21 世纪初在科学家的建议下，由科学社团、个人、研究机构和大学图书馆负责，许多学科领域纷纷建立了预印本文库，如欧洲核研究理事会文献服务—高能物理网络图书馆（CERN Document Server—High Energy Physics Web Library）、英国南安普敦大学的 CogPrints、经济学预印本库 RePEc：Research Papers in Economics、科学哲学预印本文库 PhilSci Archive（科学哲学库）等等。据不完全统计，当时世界上共有大小预印本服务器 100 多个。

三、电子预印本文库的现状及其发展前景

（一）电子预印本文库现状

从 1991 年美国物理学家金斯帕（Paul Ginsparg）在洛斯阿拉莫斯国家实验室的 NeXT 计算机上建立了世界上第一个预印本服务器至今，预印本文库已

---

① Tomaiuolo N. G. ，Packer J. G. ，"Preprint Servers：Pushing the Envelope of Electronic Scholarly Publishing"（http：//www. infotoday. com/searcher/oct00/tomaiuolo%26packer. htm. ）

经历 20 年的发展①，目前预印本文库发生了怎样的变化？因特网上现有多少电子预印本文库？预印本文库中文献收藏量如何？各学科发展情况如何？

为了考察电子预印本的发展现状，我们通过搜索引擎搜索和一些图书馆提供的预印本库列表，对因特网上著名的电子预印本文库进行了在线调查研究。据文献报道，20 世纪初世界预印本文库的总数量估计超过 100 个②，笔者在线调查了 60 余个电子预印本文库、文献库（其中包含预印本）和预印本搜索系统，主要对其名称、网址、运行时段、服务器归属机构、国别、学科、收藏论文数量等数据进行在线收集，并进行统计分析。

1. 国际电子预印本库的概况

我们在线调查了 66 个电子预印本文库、文献库（其中包含预印本）和预印本搜索系统，发现目前世界上有很多电子预印本文库，世界各国都有，如美国、英国、德国、法国、瑞士、挪威、俄国、挪威、中国、日本等等国家均有预印本文库，其中美国、英国和德国数量最多。根据我们的考察，加上在调查中检索到而未予以详细调查的电子预印本文库，估计目前世界预印本文库的总数量超过 100 个。被调查的这些电子预印本库基本上是由高校学院、科研机构和学术组织构建的，其中高校学院建设的数量多，与其他资源主要由图书馆建设有所不同，科学家是主要建设者。就学科专业预印本库的数量来讲，尤以数学学科的专业预印本文库数量最多，物理学专业的预印本文库数量次之，再次是生命科学、医学、经济学、统计学等预印本文库。一些大型预印本文库由研究项目提供技术和资金支持，如 NDLTD（Networked Digital Library of Theses and Dissertations，网络博硕士学位论文数字图书馆）由美国国家自然科学基金支持，E-LIS（E-prints in Library and Information Science，图书馆学情报学论文的电子预印本）是 RCLIS（Research in Computing，Library and Information Science，计算机、图书馆和信息科学研究）项目和 DoIS（Documents in Information Science，西班牙文化部的信息科学档案）项目支持的。

部分外预印本文库的名称、网址、运行时段、服务器归属、国别、学科、收藏论文数量等具体情况见表 4 – 15。

---

① Tomaiuolo N. G. , Packer J. G. , "Preprint Servers: Pushing the Envelope of Electronic Scholarly Publishing" (http://www.infotoday.com/searcher/oct00/tomaiuolo%26packer.htm.)

② Sharon M. Jordan: Preprint Servers: Status, Challenges, and Opportunities of the New Digital Publishing Paradigm, InForum '99, May 5, 1999

表 4 – 15　著名电子预印本文库的具体情况

预印本文库名/简介	运行时段	服务器归属	国别	学科	记录条数/提交方式
CiteSeerx/也是 OA 资源搜索引擎	1997 至今	宾夕法尼亚大学	美国	计算机科学	1549886（文献总数，预印本数不详）/自动搜集也接受在线提交
http：//citeseerx. ist. psu. edu					
ArXiv/预印本文库	1991 至今	康奈尔大学	美国	物理 数学 非线性科学 计算机定量 生物学 统计学	596148/注册后开放在线提交，有高级检索。
http：//arXiv. org					
CERN Document Server/文献库，包括预印本	2004 至今	欧洲研究理事会	瑞士	物理学	519131/开放在线提交，有高级检索。
http：//cdsweb. cern. ch					
SSRN eLibrary/社会科学研究网 e 图书馆	2006 至今	社会科学电子出版公司	美国	财经、会计、法律、经济学、管理学	231160/开放在线提交
http：//papers. ssrn. com/sol3/DisplayAbstract Search. cfm					
HAL-INRIA/预印本文库	2005 至今	法国国家信息息与自动化研究所	法国	信息和通信技术	139552/开放在线提交
http：//hal. inria. fr/index. php？halsid = rld0m6a8k3n24l30pb4sq3mcj0&action_ todo = home					
中国科技论文在线系统/预印本文库	2003 至今	中国教育部科技发展中心	中国	全部学科	100000/开放在线提交
http：//www. paper. edu. cn					

预印本文库名/简介	运行时段	服务器归属	国别	学科	记录条数/提交方式
PubMed Central（PMC）/提供OA期刊和预印本	2001 至今	美国国立卫生研究院	美国	生物学和生命科学	86066/邮件注册后，在线提交评审过的预印本，NIH规定资助的项目成果一旦被接受，就要提交供开放获取
	http：//www. pubmedcentral. gov http：//www. ncbi. nlm. nih. govsites/entrez？db = pmc&cmd = search&term = author% 20manuscript% 5Bfilter% 5D				
NDLTD/多学校联合学位论文库	2006 至今	弗吉尼亚科技大学	美国	全部学科	70000/在线提交，成员学校的才可以提交
	http：//www. theses. org				
RePEc/文献库，多个分布式数据库，有预印本	2003 至今	康涅狄格大学等	美国	经济学	11509/接受以机构为单位的提交和个人提交；MPRA 子库接受个人在线提交，有检索
	http：//repec. org http：//ideas. repec. org http：//econpapers. repec. org http：//mpra. repec. org				
E-LIS/图书馆学情报学论文的电子预印本	2003 至今	隆巴多为自动处理意大利校际联盟	意大利	图书馆学信息科学	10526/开放在线提交
	http：//eprints. rclis. org				
Cryptologye Print Archive/密码学预印本文库	2000 至今国际密码学研究协会		美国	密码学	3894/开放在线提交，有检索
	http：//eprint. iacr. org				

预印本文库名/简介	运行时段	服务器归属	国别	学科	记录条数/提交方式
CogPrints/认知科学电子预印本，纯预印本文库	2000 至今	南安普敦大学	英国	心理学神经科学语言学计算机科学哲学生物学	3456/开放在线提交，近 3 年年均 150 篇，有高级检索
http：//cogprints. org					
PhilSci Archive/科学哲学预印本文库，纯预印本文库	2000 至今	美国科学哲学学会、匹兹堡大学的科学哲学中心和图书馆	美国	科学哲学	2235/开放在线提交
http：//philsci-archive. pitt. edu					
AKT EPrints Archive/纯预印本文库	2005 ~ 2007	南安普敦大学	英国	计算机科学图书情报学信息学	340/项目成果预印本在线提交，有检索
http：//eprints. aktors. org					

经过调查发现，目前 Internet 上电子预印本文库可以分为三种：第一种是只收藏电子预印本，且允许所有学者在线提交的，如著名的 arXiv、CogPrints、PhilSci Archive、SSRN eLibrary Database；第二种是只收藏电子预印本，但不对公众开放提交，只允许本机构职员提交；第三种是收藏多种电子文献的综合型开放存取文库，他们并非纯粹的预印本库，他们是大型学术文献数据库或开放获取资源搜索引擎，但也有预印本在线提交系统，允许在线提交论文预印本，如 RePEc、PubMed Central（PMC）、CiteSeer^{x}。

关于电子预印本文库的运行情况，通过按收藏预印本文献量排序，发现目前电子预印本文库的运行情况各不相同，差距较大。其主要分为三种情况：第一种是发展运行良好，提交量、下载量和浏览量都很大，说明科学家对这些预印本文库的认可度和参与度都很高，如著名的 arXiv、SSRN eLibrary Database、RePEc；第二种是维持运行，能够正常运行，提交量比较小（有的年提交量仅为 10 ~ 60 篇）。这些大多是高校学院的二级学科预印本文库，本身收藏范围窄、影响力也小，所以提交量小。如丹麦南丹麦大学数学与计算科学系预印本文档（运行时段 1990 年至今，平均年 17 篇左右）、德国达姆斯坦特大学数学系预印本（运行时段 1972 年至今，年均 60 篇）；第三种是关闭和转并，由于提交量太少、关注度太低或其他原因（如项目结束、资金问题）而关闭不再接受新的提交，或者转入其他预印本文库。例如，英国格拉斯哥大学数学系预印本库、欧洲粒子物理研究所预印本文档已经链接入 arxiv；AKT EPrints Archive 由于项目结束而不再接受新的提交；美国路易斯安那大学数学系电子预印本系列（LSU Mathematics Electronic Preprint Series）提交量较少，年接收论文 20 ~ 30 篇，于 2004 年停止接收新的论文；美国国家数学科学研究所预印本系列，年收到预印本论文 9 ~ 50 篇，在 1995 ~ 2005 年正常运行，2006 年起不再接收新的论文。

2. 国际电子预印本库特点

（1）电子预印本库在不同学科发展情况大不相同。物理学、数学、天文学、计算机科学预印本文库受到同行的认可和积极参与，经济、财经、法律、管理类预印本文库的浏览和下载量也很高，而化学预印本服务器由于提交量小，已经停止接收提交论文。就学科而言，物理学是使用预印本的先锋和主力军，对于物理学家来讲，电子预印本已经成为正式出版的必要前奏，现在半数的物理学家都会先把论文提交到 arXiv，许多物理学家已经把上 arXiv 浏览最新提交的论文作为每天必不可少的工作。arXiv 已经发展为近 50 万篇论文的集散地，自由下载不需权限，2007 年网站下载量达到 4500 万篇，每月新递交 5000 篇，日浏览量近百万。社会科学研究网 e 图书馆（SSRN E-Library）现有 24 万余篇预印本论文，最近 12 个月下载量为 87.9 万篇次，月下载论文全文超过 70 万篇次。① 化学预印本服务很难在化学家中推广。2000 年 8 月，在美国化学会（ACS）年会上推出的化学预印本服务器（Chemistry preprint server）作为论文的一种永久的 Web 存档方式和免费服务方式向公众开放，由 Elsevier 提供服务器，结果由于没有足够数量的论文提交，预印本文库于 2004 年不再接收新提交论文，只是保留原已提交的论文并提供免费下载和服务。相对于为物理学家来讲，比较保守的化学家们对电子预印本并不感兴趣，这可能与知识产权保护有关，如专利申请、成果转让等因素有关。化学、生物研究需要大量的资金支持，科学成果要申请专利或进行转让，过早发布预印本，科学家会顾虑导致泄密，因而远离电子预印本。

---

① SSRN（http://papers.ssrn.com/sol3/DisplayAbstractSearch.cfm.）

在物理学、数学、计算机科学等学科，预印本已经稳定的成为科学家学术交流的重要媒介和科学交流系统中的新的交流渠道。一方面，浏览查看电子预印本成为一些学科科学家了解和获取学科最新研究成果的途径之一；另一方面，科学家引用电子预印本文献的数量也不断增加。以物理科学为例，其电子预印本系统的发展迅猛，越来越多的人参考、引用电子预印本资料。据笔者统计，2000～2009 年间 ScienceDirect 数据库中的 107 种全文期刊的 8118 篇文章引用了 arXiv 预印本文库的文章，其中著名期刊 *Physics Letters B*（物理快报）论文引用 arXiv 预印本最多，共引 1450 篇次。

（2）电子预印本文库向规模化发展，一些小的预印本文库关停或并入大型预印本文库。最初数学、物理学的许多高校学院和学会建立了自己的小规模预印本服务器。20 世纪末，这种小型预印本服务器数量相当可观，可能是考虑到这些分散的预印本文库不能达到有效快速交流和分享的目的。后来，一些预印本文库关停或并入大型而有影响力的预印本文库，学科预印本文库向集中和规模化发展。例如，美国数学会曾建立了覆盖数学的预印本服务器，几年后他们调整了策略，关闭了服务器，这些预印本服务现在已经全部转向 arXiv，但在其网站上保留了一个全部数学预印本服务器的列表；美国物理学会也放弃了学会的预印本文库，并且修改其旗下期刊的著作权条款，让学会出版刊物上的文章能够张贴在金斯帕的 arXiv 预印本文库；化学物理预印本数据库（Chemical Physics Preprint Database）和浓缩物质预印本也已经转入 arXiv。美国、英国、德国的许多大学的学院都建立有预印本文库，其中数学学院建立的预印本文库最多，只是规模比较小，有的仅供本院系的教师提交论文预印本，无法达到大范围内科学论文的交流和分享的初衷，目前这些小型预印本文库有许多已经不再接受新的提交，只是继续提供已经提交论文的浏览和下载。

（3）电子预印本库基本上是由高校学院、科研机构和学术组织构建的，如 CogPrints 是由英国南安普敦大学电子与计算机科学学院维护运行，CiteSeer 归属于宾西法尼亚州立大学信息科学和技术学院。其中高校的院系建设的预印本库数量最多。美国、英国、德国的许多大学的数学学院都建立有预印本文库，我国华东师范大学数学系也建有预印本文库。由于无法达到大范围内科学论文的交流和分享的初衷，这些小型预印本文库目前已经有许多已经不再接受新的提交，只是继续提供已经提交论文的浏览和下载。

（4）电子预印本文库的创建者主要是科学家，科学交流需求驱动了电子预印本库的诞生和发展。电子预印本文库基本上是由高校学院、科研机构和学术组织构建的，其创建者主要是科学家，只有极少数是由图书馆代为管理的。世界上第一个预印本服务器是由美国物理学家金斯帕（Paul Ginsparg）建立的，后来交由康乃尔大学图书馆维护。另外，许多高校的院系建设预印本文库，这种高校院系预印本文库都是由科学家构建和维护的。预印本文库的最初建设者和维护者主要是科学家，也就是说建设者和参与者都是学者，可见电子预印本文库的产生和发展是以科学家为主导的，是由科学家自我交流的需求直接驱动的。

（5）电子预印本文库资源质量较高。尽管电子预印本文库没有质量控制程序，只是进行简单的科研机构邮箱识别注册或同行推荐注册，但电子预印本文库中的论文质量总体来讲仍然较高，大量论文后来在正式期刊及高品质期刊上发表。ESI 预印本库自 1999 年开始对其库内预印本进行评估，结果表明 1993～1999 年间共 819 篇预印本中有 669 篇（约占 82%）已经在正式期刊上出版或成为书的一部分，其中 108 篇文章发表在数学物理方面 SCI 影响因子前 10 名的刊物上，意味着 13% 的 ESI 的预印本论文进入了高品质期刊。① 笔者统计 2010 年 1 月 arXiv 预印本文库的天体物理学分支接收的 1032 篇论文发现，其中 177 篇目前已经在正式期刊上发表（截止 2010 年 5 月 4 日），发表论文占总数的 17.15%。发表在 2003 年天体物理学杂志（*Astrophysical Journal*）上 75% 的文章以预印本形式存放于 arXiv.org，这 75% 的文章获得了 90% 的引用率，以预印本形式开放获取的文章引用率是非开放获取文章引用率的 3 倍。②

（二）影响预印本发展的因素及其发展前景：

1. 影响电子预印本系统发展的因素

（1）期刊出版者对电子预印本的态度是影响学科预印本发展的重要因素

一些很有影响力的期刊编辑部不接收已经先行在网上发布了电子版的论文（包括在电子预印本文库发布的论文），研究人员为了能在高质量期刊上发表文章以提高学术地位，只得放弃在电子预印本文库发表论文，这成为预印本发展的障碍。如美国化学会（The American Chemical Society，ACS）既不允许作者发布审稿前和正在审稿的预印本及录用的后印本，也不允许在线发布出版后的 PDF 格式论文。但目前越来越多的科学期刊，包括 Nature、Scienc、Springer

---

① "Evaluation of the ESI preprint series"（http：//www.esi.ac.at/preprints/evaluation.html）

② "The effect of open access and downloads（'hits'）on citation impact：a bibliography of studies"（http：//opcit.eprints.org/oacitation-biblio.html）

Verlag Journals 等，明确表示允许作者发布电子预印本。英国诺丁汉大学的 RoMEO 网站①列出了世界上众多期刊、学术机构或出版社是否允许作者发布电子预印本的信息，并根据是否允许发布预印本、后印本及已发表文章的 PDF 全文，将期刊分为绿色（允许预印本和后印本或出版的 PDF）、蓝色（允许后印本或 PDF）、黄色（允许预印本）、白色（不允许预印本、后印本和出版的 PDF）。从 RoMEO 的期刊一览表可以看出，物理学、天文学、生物学、统计学、经济学学会或官方研究院出版的期刊基本上是绿色或蓝色的。

（2）科研机构和科学学会积极行动促进了预印本的发展

美国物理学会（APS）重视并参与电子预印本这种新的交流活动，修改其旗下期刊的著作权条款，允许学会出版刊物接受已经在 arXiv 预印本文库中发布的文章。美国国立卫生研究院（NIH）获得参议院批准，要求 NIH 资助完成的所有学术论文，必须在发表后一年内提交到 PubMed Central 预印本文库，免费向公众开放。这些学会和研究机构的积极支持，消除了障碍，强化了意识，促进了电子预印本的发展。

（3）电子预印本的质量、知识产权保护和优先权等方面的顾虑是阻碍其发展的因素

在竞争的研究环境下，有些作者急于宣告其不成熟的研究结果，而电子预印本未经审查不免有质量方面的顾虑。同时，专利制度会使科学家不愿意先行发布具有商机的信息。另外，科学家会因担心文章被篡改、剽窃和被用于商业目的等而远离预印本服务。

（4）电子预印本文库界面设计是否易用、是否便于检索是又一影响因素

简单易用、便于提交和检索下载的电子预印本文库界面设计才能留住更多的用户。目前，大多数预印本文库界面简单，主要提供分类浏览和简单检索，简单易用。但是，有的预印本文库检索反应速度慢、提交链接不明显、不便于提交，这会影响科学家的提交意愿。如何管理维护预印本资源，建立更成熟完善的管理系统也将是一项必须面对的重要工作。

为便于利用电子预印本资源，一些学术机构和社团还建设了预印本检索系统（搜索引擎），这将促进电子预印本的利用和发展。如由美国能源部科技信息局建立的电子印本档案搜索引擎 E-print Network②，可检索存放在学术机构、

---

① RoMEO（http：//www.sherpa.ac.uk/romeo/）

② E-print Network（http：//www.osti.gov/eprints）

政府研究实验室、私人研究组织以及科学家和科研人员个人网站的电子印本资源；MPRESS 数学预印本检索系统①提供对 10 大欧洲预印本文库的整合检索，其中包括 ArXiv 在奥格斯堡的镜像，它是由欧洲数学会的 Math-Net 项目资助的；SINDAP② 是中国和丹麦的一个预印本合作项目，提供来自 17 个预印本网站的检索。另外，ArXiv 也与 Google Scholar 合作，Google Scholar 索引了 ArXiv 的论文，通过 Google Scholar 也可以检索到 arXiv 的论文，直接输入论文的关键词或标题，arXiv 数据库中的论文也会被检出。

2. 电子预印本系统的前景展望

（1）电子预印本文库集中、序化了学术信息，加快了学术交流，是一种重要的信息组织和学术交流方式，其用途和传播范围正在扩大。电子预印本用最快的速度交流最新理论和实验的进展，避免了论文从投稿到发布的时滞；能够快速传播学术信息给全世界的学者，使全世界的研究"一体化"，无论在哪里都将有机会第一时间知道学科领域最新的进展；电子预印本具有交流速度快、范围广，发布自由、门槛低以及学术性强、可靠性高等特点，可以减少重复研究，提高了研究的品质和科研效率。在国际学术界，电子预印本已获得广泛的认可，并得到足够的重视，特别是在物理学、数学、计算机科学等学科领域，知识的快速传播很重要，利用电子方式传递预印本成为必要的传播手段，随后的出版过程反而只是一种形式。而且，越来越多电子预印本被正式期刊论文录用和引用，因为信息的及时性总是能加快科学前进的步伐。电子预印本文库成为科学交流系统中一种新的稳定的交流渠道。

（2）未来预印本文库进一步合并集中、向规模化发展，以提供一站式、资源集中、内容可靠的最新科研成果交流平台。

（3）电子预印本文库并未像许多科学家所预料的那样，取代学术期刊的信息传播和交流功能，让学术期刊成为预印本文库的 overlay，而是作为一种并行的传播方式与传统期刊和其他新的交流方式多维的实现科学传播功能。

（三）电子预印本文库的质量控制

随着预印本文库的发展壮大，越来越多的预印本被提交，"质量控制"成为预印本库管理者关注的问题，以保证文章的相关度和基本的质量，保障预印本文库对领域科学家的可用性。电子预印本文库收录的论文基本上来自学术研

---

① MPRESS（http：//mathnet. preprints. org）

② SINDAP（http：//egroups. istic. ac. cn）

究机构，学术性较强，作者发表论文的目的在于传播学术成果，但论文质量参差不齐。由于电子预印本文库的开放性较高，论文发布大都没有经过严格的审查，缺乏必要的审核和质量控制措施，具有很大的随意性和自由度，造成电子预印本文库内的论文质量难以保障。针对这一情况，某些电子预印本系统在保证提交论文的质量方面采取一些必要的措施。如物理、数学、天文、医药、生物、计算机科学、工程技术、材料科学等理工类学科的电子预印本文库一般坚持必要的审稿程序。

在 arXiv 的诞生之初，"质量控制"并不是问题，因为它的管理者和使用者全部是一流的高能物理学家，预印本的上传、批准等全部是自动完成的。随着 arXiv 知名度的扩大，覆盖学科的不断扩展，可以使用互联网的普通用户的增多，这种状况也在逐渐改变。但 arXiv 的调整仍然不是很大，只要有一个合法的所属科研单位（通过 Email 地址判断）即可在线提交，即 arXiv 不是一个向大众完全开放的社区，如果你要发言，必须证明你是来自学术科研机构的，需要有个 .edu 后缀 Email 地址作为注册地址。其他则依然照旧，自动提交，自动批准，没有人去审核提交文章的质量和相关度。这种"无为而治"的方法还是颇为成功的，虽然存在少数垃圾文章，但这只是极少数。

直到 2004 年 1 月，随着越来越多的预印本被提交，arXiv 才逐步引入审核机制，要求不活跃的研究者在提交预印本时，需得到该领域活跃研究者的认可。arXiv 这样做的主要目的是为了保持预印本文库对该领域科学家的可用性，保证文章的相关度和基本的质量。arXiv 从诞生之日起，其定位就是为职业科学工作者服务的，因此 arXiv "封杀业余研究者"也就显得可以理解了。

2007 年夏季开始，预印本文库 arXiv 将对每天提交到服务器的所有文章与先前提交的多达四十万份的文章进行比对，以控制出现论文剽窃的问题；如果一篇文章被怀疑存在剽窃的现象，这篇文章将被标注，并告知文章提交者，但他们并不会将这种对可能存在剽窃的怀疑告知被剽窃文章的作者。①

arXiv 使用的自动对比重叠语句的程序是在去年康乃尔计算机系研究生 Daria Sorokina 编写的算法的基础之上改进得到的，他用这一算法来检查服务器上当时储存着的大约三十万篇文章。这一算法为不同的词序分配特定的数字进行标记，然后用这些数字来对比整篇文章。

---

① Toni Feder 文，葛韶锋译：《预印本文库 arXiv 将试行文章剽窃检测》（奇迹文库，http：//www. qiji. cn/eprint/abs/3372. html）

研究发现，在 arXiv 的所有手稿中，大概有百分之十具有和其他文章相同的字句。除去作者们重复使用自己文章中的某些字句、同一项目的不同合作者在独立的会议文章摘要中使用相同的字句，以及其他的偶然雷同等情况外，只有不到百分之一的手稿被怀疑具有剽窃的可能。

当然也有些科学家反对预印本文库为了控制质量而设置提交门槛，换个角度来讲，这些反对者也有他们的理由，科学的发展具有不可预期性，我们谁也无法从原则上否定今天的非主流方法是否会在未来孕育出有价值的新方法。这些处于科学家共同体之外或边缘的研究者的思想或研究，虽然无法对当下科学的进步有直接的帮助，但他们作为人类文明活动的产物，作为人类智慧活动的成果仍然是有必要记录并保存下来的。从这一点来讲，研究者进行研究的自由，以及研究者宣传自己研究结果的自由应当得到保障。因此，建立新的没有审核制度的预印本库还是有价值的，当然这里的价值更多不是体现在科学上。但是，科学家社群仍然需要的是拥有一定质量和相关性的预印本库，否则挑选和甄别的过程将是个痛苦的经历，就像我们现在用 Google 查许多关键词时的体会一样，太多的垃圾信息会毁掉预印本文库的可用性和作为科学交流平台的价值。

四、重要的电子预印本文库

（一）著名电子预印本文库

1. ArXiv（http：//arXiv. org）

ArXiv 的前身是 1991 年美国物理学家金斯帕（Paul Ginsparg）在洛斯阿拉莫斯国家实验室建立的世界上第一个预印本服务器，当时地址为 http：//xxx. lanl. gov，旨在促进科学研究成果的交流与共享。现在 arXiv 预印本文库覆盖物理（Physics）、数学（Mathematics）、非线性科学（Nonlinear Sciences）、计算机科学（Computer Science）和定量生物学（Quantitative Biology）和统计学（satistics）等 7 个学科，已发展为拥有 59 万多篇学术文献，还有 17 个遍布世界各地的镜像站点（2010 年 3 月数据）的大型预印本文库。目前，很多物理学家每天都要浏览 arXiv 以了解最新的研究进展。

2. CogPrints（http：//cogprints. org）

CogPrints 是一个电子预印本文档自存档数据库，覆盖心理学、神经科学、语言学、计算机科学（如人工智能、机器人、视窗、神经网络）、哲学（思维、语言、知识、科学、逻辑）、生物学等学科，以及若干计算机科学的内容，部分生物学、医学的特定领域、人类学的部分内容，以及物理学、社会学与数学中与认知相关的部分。由英国南安普敦大学电子与计算机科学学院维护运行。信息资源类型既包括已出版的、同行评审期刊的后印本，也包括未正式出版、未经评审的预印本。系统有简单检索、多途径的高级检索以及按学科主题或年代的浏览功能，还提供 RSS 的订阅服务。

3. RePEc：Research Papers in Economics（http：//repec. org）

RePEc（Research Papers in Economics）是一个经济学预印本文库，发起于 NetEc 小组，是项目 WoPEc 的一个数字图书馆子项目成果。项目 WoPEc 由英国高等教育基金理事会下属的联合信息系统委员会（Joint Information Systems Committee，JISC）支持，是一个由来自 63 个国家的数百位科学家志愿者共同合作的成果，目的是为了促进经济学研究的发布。项目核心是一个包含工作论文、期刊文献和软件的分布数据库，而且大部分资料全部免费，现有数据一百万余条（1031658 records）。RePEc 并不是一个纯粹的电子预印本文库，而是一个聚集各种经济学学术电子资源的文献数据库，不过，其中包含电子预印本库，允许学者个人和学术机构团体在线提交电子学术文献。RePEc 没有一个集中式的数据库，所有数据都存放在位于不同地点的分布式数据库中，各个不同的数据库都使用由 RePEc 提供的数据，但其检索程序却可以是各不相同的。其主要的 ERePEc 服务网站有：

IDEAS（http：//ideas. repec. org）；

EconPapers（http：//econpapers. repec. org）；

MPRA（http：//mpra. repec. org）；

Socionet Personal Zone（http：//spz. socionet. ru/index-en. shtml）；

Inomics（http：//www. inomics. com/cgi/show）。

RePEc 数据库目前存储有 580000 条记录，470000 多条记录可以在线获得，其中包含：

340000 份工作论文（working papers）；

505000 期刊文章（journal articles）；

1900 种软件（software components）；

18000 条书和章节目录（book and chapter listing）；

23500 作者联系和出版目录（author contact and publication list）；

11500 条机构联系目录（institutional contact listing）。

（数据截至 2010 年 4 月）

RePEc 项目主要参与者包括：

（1）Elsevier

（2）Wiley Blackwell

（3）Springer Verlag

（4）Federal Reserve System（Fed）in Print（USA）

（5）Taylor & Francis Journals

（6）WOPEBI（Canada）

（7）National Bureau of Economic Research（USA）

（8）Oxford University Press

（9）American Economic Association

（10）University of Chicago Press

（11）EconWPA（USA）

（12）International Monetary Fund

（13）Centre for Economic Policy Research（UK）

（14）DEGREE（Netherlands）

（15）MIT Press

（16）WoPEc（non-UK）

（17）Econometrica

（18）S-WoPEc（Sweden）

（19）World Bank

（20）WIFO（Austria）

（21）Cambridge University Press

（22）Economic Journal

（23）Iowa State Department of Economics（USA）

（24）Vienna University of Economics and Business Administration（Austria）

（25）IZA（Germany）

（26）Palgrave Macmillan

（27）Munich Personal RePEc Archive（Germany）

（28）Berkeley Electronic Press

（29）Society for Computational Economics

（30）WoPEc - Colombia

（31）Canadian Journal of Economics

（32）Journal of Business and Economic Statistics

（33）UCLA Department of Economics（USA）

（34）CESifo（Germany）

（35）Journal of Money，Credit and Banking

（36）Boston College Economics（USA）

（37）Indian Institute of Management（India）

（38）Penn Institute for Economic Research（USA）

（39）University of California eScholarship Repository（USA）

（40）ILR Review

4. CERN Document Server（http：//cdsweb. cern. ch）

CERN Document Server 是欧洲研究理事会提供的免费图书馆，主要覆盖物理学及相关学科。CERN 这个词其实是历史上它的前身"欧洲核物理研究委员会"（Conseil Europeen pour la Recherche Nucleaire）的简称，一直沿用至今。今天的正式名称叫做"欧洲核物理研究组织"（European Organization for Nuclear Research），习惯上称为"欧洲核子中心"。根据联合国教科文组织 1950 年的决议，由法国、原联邦德国等 12 个国家于 1953 年 7 月在巴黎签订了一项协议，经 12 国批准后，于 1953 年 9 月 29 日正式成立，总部设在日内瓦。该数据库提供 100 万多条题录和 36 万多篇电子版全文下载，内容涉及物理及相关学科方面的图书、期刊、会议录、科技报告、技术档案、照片、预印本文献、录像带、发展报告等。它具有在线提交系统，并且提供了较完善的检索功能。其宗旨是："供欧洲国家在纯科学以及基础性的亚核研究和有关研究方面进行合作之用。"该组织与军事研究无关，实验及理论工作的研究成果将公开发表或供广泛使用。它提供的服务包括：

（1）图书（Books）。拥有自 1954 年以来的大约 4.6 万种图书的书目。

（2）期刊（Periodicals）。有大约 2215 种期刊。

（3）会议（Conferences）。拥有自 1954 年以来的 15000 个会议的会议录和会议通告，有的能链接到会议自身的主页。

（4）预印本（Preprints）。拥有自 1954 年以来的 53 万篇预印本文献（其中 3 万是 1984 年以来的电子预印本），还包括了美国洛斯阿拉莫斯（Los Alamos）实验室的电子预印本。

（5）科学委员会文件（Scientific Committee papers）。拥有自 1994 年以来的科学委员会文件 1200 篇，其中一些文件可获得电子扫描版。

（6）录像带（Video Tapes）。自年以来的录像带 290 盒。

（7）发展报告（Progress Reports）。自 1954 年以来的发展报告 1200 篇。

（8）黄页（Yellow Report）。自 1954 年以来的黄页 1000 篇，其中一部分可获得电子扫描版。

5. CiteSeer^x（http：//citeseerx. ist. psu. edu）

CiteSeer^x 是 CiteSeer 的换代产品，是免费检索计算机英文科技文献的权威网站，CiteSeer 引文搜索引擎是利用自动引文标引系统（ACI）建立的第一个科学文献数字图书馆。它并非是纯粹的预印本文库，而是一个科学文献数字图书馆，更重要的还是一个搜索引擎，它既可以自动收集网上免费论文，也接受在线提交论文，并提供被引次数、引文和引文链接。CiteSeer^x 于 2007 年投入运行，其前身 CiteSeer1997 年诞生于普林斯顿 NEC 研究院，2003 年转到宾夕法尼亚大学服务器归属于宾西法尼亚州立大学信息科学和技术学院。

CiteSeer^x 采用机器自动识别技术搜集网上以 Postscrip 和 PDF 文件格式存在的学术论文，然后依照引文索引方法标引和链接每一篇文章。CiteSeer^x 的宗旨就在于有效地组织网上文献，多角度促进学术文献的传播与反馈。至今，CiteSeer^x 存储的文献全文达 156 万多篇，引文 3029 万多条，内容主要涉及计算机和信息科学领域，主题包括智能代理、人工智能、硬件、软件工程、数据压缩、人机交互、操作系统、数据库、信息检索、网络技术、机器学习等。CiteSeer^x 与 CiteSeer 一样，也公开在网上提供完全免费的服务，实现全天 24 小时实时更新。CiteSeer^x 的常用功能包括：①检索相关学术文献，浏览并下载 PS 或 PDF 格式的论文全文；②查看某一具体文献的"引用"与"被引"信息，同时还能获得文献、作者与出版单位最新的引用排行；③查看某一文献的相关文献，并应用特殊算法计算文献相关度；④图表显示某一主题文献（或某一作者、机构所发表文献）的时间分布，可依此推测学科热点和发展趋势，避免重复劳动。

6. PubMed Central（PMC）（http：//www. pubmedcentral. gov）

PubMed Central 是一个提供生命科学期刊文献和预印本的全文数据库，它是由隶属美国国立卫生研究院的国家生物技术信息中心（NCBI）所创建与管理的。它也并非单纯的电子预印本文库，还收录有 316 种期刊，其中有 200 余种期刊全文可以免费使用。它提供预印本服务是经邮件注册后，在线提交同行评审过的预印本最终版，美国国立卫生研究院（NIH）规定受 NIH 资助的项目成果，一旦手稿被接受，就要提交论文预印本给 PubMed Central 供开放获取，网站上有在线提交系统。与 PubMed 只有引文与文摘的检索系统不同，

PubMed Central 是一个电子期刊全文数据库，获取全文是没有限制的，而且 PubMed Central 所收的文献在 PubMed 有相应的检索口。PubMed CenTrd 中大多数期刊论文全文可以在纸本期刊出版的同时立即获取的，部分期刊论文一年后方可开放获取。

7. NDLTD（http：//www. theses. org）

NDLTD 全称是 Networked Digital Library of Theses and Dissertations，即学位论文网络数字图书馆，是由美国国家自然科学基金支持的一个网上学位论文共建共享项目成果，现在联合国教科文组织也参与资助此项目。NDLTD 为用户提供免费的学位论文文摘，还有部分可获取的免费学位论文全文（根据作者的要求，NDLTD 文摘数据库链接到的部分全文分为无限制下载，有限制下载，不能下载几种方式），以便加速研究生研究成果的利用。

目前全球有170多家图书馆、7个图书馆联盟、20多个专业研究所加入了 NDLTD，其中20多所成员已提供学位论文文摘数据库7万条，可以链接到的论文全文大约有3万篇。NDLTD 学位论文库的主要特点是学校共建共享、可以免费获取。另外由于 NDLTD 的成员馆来自全球各地，所以覆盖的范围比较广，有德国、丹麦等欧洲国家和香港、台湾等地的学位论文。但它不是一个完全开放的预印本文库，只有成员学校的学生才可以提交论文。下表给出的是提供数据的学校列表：

表 4 - 16　提供数据给 NDLTD 的学校列表

	学校名称	国家	数据量	全文
1	Virginia Tech	美国	7082	否
2	Louisiana State University	美国	646	是
3	California Institute of Technology	美国	590	是
4	Hong Kong University	中国香港	9566	是
5	Wirtschaftsuniversitat Wien	澳大利亚	18	是
6	University of South Florida	美国	82	是
7	Massachusetts Institute of Technology	美国口	8149	否
8	Waterloo University Canada	加拿大	154	是
9	North Carolina State University	美国	553	是
10	Uppsala University	瑞典	7	否
11	11 Humboldt-University zu Berlin	德国	1001	是

	学校名称	国家	数据量	全文
12	National Sun Yat-sen University Taiwan	中国台湾	2955	是
13	University of Pittsburgh	美国	123	否
14	University of British Columbia Canada	加拿大	3	是
15	Technische University Dresden	德国	1	是
16	University of Munich，Germany	德国	645	是
17	Gerhard-Mercator-University	德国	461	是
18	Universidad de las Americas-Puebla	巴西	0	
19	Forskningcenter Risoe	丹麦	9	是
20	University of Nebraska-Lincoln	美国	6	否
21	West Virginia University	美国	0	
22	University of Cincinnati	美国	145	是
23	Aarhus Universitet Danmark	丹麦	4	是
24	University of Virginia	美国	15	否
25	其他		2277	

8. SSRN eLibrary Database（社会科学研究网的预印本库）（http：//paper s. ssrn. com/sol3/DisplayAbstractSearch. cfm）

社会科学研究网预印本文库涉及专业领域包括财经、会计、法律、经济、管理等，目前已收藏231160篇可供免费下载的工作论文全文，另外还提供281693篇论文的摘要信息以及136511名作者的信息（2010年4月06日统计）。现用户每月下载论文全文超过80万篇次，用户可以无限制地在线提交论文全文或文摘，包括以前的论文。社会科学研究网络（SSRN）是由世界范围内致力于社会科学研究传播的800多个顶级学者合作组成的社会网络。他们在每个社会科学领域形成数个专业研究网络，鼓励尽早发布审稿中和发行中的研究论文，并征求全世界顶级质量的研究论文的摘要。预印本文库归属于社会科学研究网络的社会科学电子出版公司（Social Science Electronic Publishing, Inc.）

9. E-LIS（http：//eprints. rclis. org）

E-LIS是收藏图书馆学和信息科学文献的预印本文库，建立于2003年，是世界上第一个图书馆学和信息科学学科领域的e印本服务器。它是项目RCLIS

（计算机、图书馆和信息科学研究，Research in Computing，Library and Information Science）和 DoIS（信息科学文献，Documents in Information Science）的研究成果，项目由西班牙文化部支持，服务器现存于意大利，由各种背景的个人志愿者维护，是非商业性的。

10. Cryptology ePrint Archive（密码学研究 e 印本）（http：//eprint. iacr. org）

密码学研究 e 印本存档提供免费获取由作者提交的密码学研究论文。它从 2000 年起动并运行至今，起初由美国国际密码学研究协会的 Eli Biham 和 Christian Cachin 发起，后来 Mihir Bellare 和 Bennet Yee 加入共同建立和维护运行，提交量逐年增加，现年提交量约 500~600 篇。

11. PhilSci Archive（科学哲学存储库）（http：//philsci-archive. pitt. edu）

科学哲学存储库是一个科学哲学（philosophy of science）的学科预印本文库，由美国科学哲学学会、匹兹堡大学的科学哲学中心和图书馆合作创办，2000 年开始运行。目前该库共收录科学哲学相关主题文章 2235 篇，近三年年均增加约 300 篇。任何人注册后均可以在线提交论文。

12. 中国科技论文在线系统（http：//www. paper. edu. cn）

中国科技论文在线是经教育部批准，由教育部科技发展中心主办，针对科研人员普遍反映的论文发表困难，学术交流渠道窄，不利于科研成果快速、高效地转化为现实生产力等问题而创建的科技论文预印本文库。

中国科技论文在线学科覆盖全部自然科学和社会科学，目前有各类文献超过 10 万篇，其中同行评议的有 1 万多篇，各类期刊论文 7 万多篇，且能免费下载全文。学者注册后，可以在线提交首次发表论文，由同行审稿，对稿件质量有一定的要求，并保证在 1 周内发表，收藏作者的预印本，并提供发表时间证明。文库创办于 2003 年，累计访问量已达 80 多万。系统的收录范围按学科分为五大类：自然科学，农业科学，医药科学，工程与技术科学，图书馆、情报及文献学。除图书馆、情报与文献学外，其他一个大类再细分为二级子类，如自然科学又分为数学、物理学、化学等。

13. HAL（Hyper Article en Ligne）（http：//hal. archives-ouvertes. fr/index. php？langue = en&halsid = l3thp1n2499ia24dbc2gvq7qt6）

HAL 是一个法国的多学科开放获取文献数据库，可以存储、传播科学研究论文和博士学位论文（无论是否出版），也可以检索。文献主要来自法国和国外的教学和科研机构，无国界地服务于各个科研团体。HAL 目前包含大多数法国数学预印本和 E 印本，有在线提交入口，可以在线提交。不断发展的

HAL 共享平台面向所有研究学科，学科覆盖化学、认知科学、计算机科学、工程科学、环境科学、人文社会科学、生命科学、数学、物理、金融、科学学、统计学等。HAL 共享平台允许全世界读者自由进入浏览 100，000 多篇科学文章与论文。目前每月收到大约 1800 篇新文章，其中四分之一来自法国科研单位。现在它与国际物理、数学和计算机预印本文库 ArXiv、国际生命科学文库 PubMed Central 相互连接。HAL 档案库提供特殊功能，如搜集同一作者或同一实验室的所有著作，让读者轻易查阅绝版著作，以避免珍贵知识丢失而延迟研究发展。2000 年创建 HAL 资料库时，是为了存放学者及实验室直接提交的科学文章，从长期角度看，它同样以电子版本形式保证了所有著作的存储。

14. HAL-INRIA（http：//hal. inria. fr/index. php？halsid = rld0m6a8k3n24l30pb4sq3mcj0&action_ todo = home）

HAL-INRIA 是一个提供免费出版和获取论文的自存档数据库，由法国通信科学指南中心（Center de Communication Scientifique Directe（CCSD））建设和维护，是 HAL 的一部分，主要覆盖信息和通信技术（Information and Communication Technology），现有全文记录 139，552 条，论文全文同时跨库存储在 arXiv 预印本库中。

15. 奇迹文库（http：//www. qiji. cn）

奇迹文库是由一群中国年轻的科学、教育与技术工作者创办的非盈利性质的电子预印本文库，目的是为中国研究者提供免费、方便、稳定的 eprint 平台，并宣传提倡开放获取（Open Access）的理念。该文库收录文献类型包括科研文章、综述、学位论文、讲义及专著（或其章节）的预印本，现有论文 3678 篇（2010 年 4 月 8 日），没有审稿程序过程。目前学科范围包括自然科学、工程科学与技术、人文与社会科学三大类。提供上载资料，文章浏览和检索等功能。

16. Nature Precedings（http：//precedings. nature. com）

Nature Precedings 是由 Nature 出版集团建设管理的电子预印本文库，接受全球范围内学者的新发现或初步研究成果，另外部分投稿到 Nature 而未录用的论文化也会被张贴在这里供评价，主要覆盖生物医学、化学和地球科学。它是一个供研究人员共享文件的平台，包括简报、海报、白皮书、技术文件、补充调查结果和手稿。它提供了一种快速的方式传播新成果、新理论，征求意见，并记录想法的平台，这也使得这种材料易于存档，共享和引用，整个服务是免费的。它现有资料 2373 篇，具体学科和资料数如下：

Bioinformatics（334）；Biotechnology（197）；Cancer（103）；Chemistry（158）；Developmental Biology（69）；Earth & Environment（177）；Ecology（202）；Evolutionary Biology（139）；Genetics & Genomics（193）；Immunology（72）；Microbiology（97）；Molecular Cell Biology（186）；Neuroscience（275）；Pharmacology（98）；Plant Biology（73）。

17. SINM-MPRESS（http：//siba-sinm. unile. it/mpress/index_ en. html）

意大利国家数学预印本索引，是由 SINM 项目资助的，是 MPRESS 的一部分，有在线提交系统，可以在线提交。

18. 日本京都大学预印本（http：//www. math. kyoto-u. ac. jp/preprint）

日本京都大学预印本文库，提供 1993 至今的预印本，共 307 篇，只能看到目录，预印本全文打不开。

19. 临床医学与健康研究预印本文档（ClinMed Netprints）（http：//clinmed. netprints. org/home. dtl）

英国医学协会的 BMJ 出版公司是其责任者，提供预印本时段为 1999 ~ 2003 年，目前已经关闭了在线提交，原本接受未在期刊上发表的论文预印本。

20. AKT EPrints Archive（http：//eprints. aktors. org）

AKT EPrints Archive（AKT E 印本存档）是英国 AKT 项目的成果，隶属欧洲的工程物理科学研究理事会（EPSRC），服务器寄存于南安普敦大学。AKT 项目旨在为知识抽取、捕获、建模、出版、再利用提供整合方法和服务，主要覆盖计算机科学、图书情报学、信息学学科。论文主要是关于知识获取、检索、出版、再利用，本体等方面的。它仅供 AKT 项目成员提交论文，2005 ~ 2007 年间正常运行，现在项目已经结束，不再修改更新内容。

（二）学科电子预印本数据库

除上述著名的大型电子预印本外，还有许多小型预印本文库，主要属于数学、物理等学科，具体情况如下：

1. 数 学

（1）北卡罗来纳大学数学和统计学院预印本存档（Department of Methematic and Statistics University of NORTH CAROLINA Preprint Achives）

http：//www. math. uncc. edu/preprint

网页存在，运行时段为 2002 ~ 2009 年，但目前无法打开论文。

（2）奥地利因斯布鲁克大学数学系（Jordan Theory Preprint Archives）

http：//homepage. uibk. ac. at/ ~ c70202/jordan/

运行时段为 1996 年至今，共 286 篇预印本论文。

（3）丹麦南丹麦大学数学与计算科学系预印本文档

http：//www. imada. sdu. dk/Research/Preprints

运行时段为 1990 年至今，平均年 17 篇左右。

（4）德国达姆斯坦特大学数学系预印本

http：//www3. mathematik. tu-darmstadt. de/fb/mathe/bibliothek/pre-prints. htmll

运行时段为 1972 年至今，共 2607 篇预印本论文，年均 60 篇。

（5）俄克拉荷马州立大学数学系预印本系列（Oklahoma State University Math Department Preprint Series）

http：//www. math. okstate. edu/preprint/

该预印本网站目前网页无法打开。

（6）俄罗斯圣彼得堡数学学会预印本

http：//www. mathsoc. spb. ru/preprint/

运行时段为 1999 至今，共 132 篇论文，年均 11 篇，论文全文格式为 LaTeX 和 PostScript。

（7）几何积分预印本服务器 Geometric Integration Preprint Server

http：//www. focm. net/gi/gips/

它是几何积分兴趣小组的预印本文库，服务器在挪威，运行时段 1999 ~ 2003 年，共 68 篇预印本论文，年均 17 篇。

（8）加州大学圣巴巴拉数学系预印本文档

http：//www. math. ucsb. edu/ ~ mgscharl/preprints/UCSBpreprints. htm

运行时段为 1999 年至今，2009 年有 47 篇预印本论文，2008 年有 40 篇，2007 年 39 篇，大部分链接到 arXiv，自 2003 年 8 月 31 日起有 15，161 位访问者。

（9）荷兰乌特列支大学逻辑学小组预印本系列（Utrecht University Logic Group Preprint Series）

http：//www. phil. uu. nl/preprints/lgps

共有预印本 282 篇，年均 10 篇预印本论文，只有职员方可提交。

（10）美国路易斯安那大学数学系电子预印本系列

http：//www. math. lsu. edu/ ~ preprint

运行时段为 1994 ~ 2004 年，年均 20 ~ 30 篇预印本论文。

（11）美国数学科学研究所预印本服务器（Mathematical Sciences Research Institute）

http：//www. msri. org/publications/preprints/index. html

运行时段为 1995 ~ 2005 年，年约 9 ~ 50 篇预印本论文。

（12）美国明尼苏达州大学数学及其应用学院预印本文库 IMA Preprint Series，The Institute for Mathematics and its Applications of The University of Minnesota）

http：//www. ima. umn. edu/preprints/new. preprintlist. html

运行时段为 1982 年至今，共 2299 篇预印本论文。

（13）挪威科技大学数学系预印本系列

http：//www. math. ntnu. no/preprint

运行时段为 1989 ~ 1998，年接收 3 ~ 20 篇预印本论文。

（14）挪威科技大学数学系守恒定律预印本（Preprints on Conservation Laws）

http：//www. math. ntnu. no/conservation

运行时段为 1996 年至今，年接收 40 ~ 60 篇预印本论文。

（15）数学物理预印本文档（Mathematical Physics Preprint Archive）

http：//rene. ma. utexas. edu/mp_ arc

美国德克萨斯州大学数学物理预印本文档，每年收到 200 ~ 700 篇预印本论文，2009 年为 218 篇。

（16）拓扑学地图集预印本

http：//at. yorku. ca/topology/preprint. htm

提供 1996 年、1997 年和 2002 ~ 2006 年的预印本论文。

（17）伊利诺斯州大学 AIM 预印本（数学）

http：//www. aimath. org/preprints. html

1998 年开始运行至今，目前大多数文章都链接到 arXiv，年均接收 70 篇预印本论文。

（18）英国格拉斯哥大学数学系预印本

http：//www. maths. gla. ac. uk/research/preprints

只有 2004 ~ 2006 年该系职员成果的目录，自 2007 年起提供到 arXiv 的全文链接。

（19）英国剑桥大学统计实验室 MCMC 预印本服务器（MCMC Preprint

Service）

http：//www. statslab. cam. ac. uk/ ~ mcmc

学科为数学，任何人均可在线提交，共有预印本论文 587 篇，运行时段为 1994～2009 年，2007 年仅有 12 篇文章提交，2008 年仅有 6 篇。

（20）K 理论预印本文档（K-theory Preprint Archives）

http：//www. math. uiuc. edu/K-theory

提供 1994 年至今的电子预印本，共 960 篇，全文可以打开，可以在线提交，在德国有镜像站点。

（21）日本京都大学预印本

http：//www. math. kyoto-u. ac. jp/preprint

日本京都大学预印本文库，提供 1993 至今的预印本，共 307 篇，只能看到目录，预印本全文无法打开。

2. 物理

（1）美国物理学会 E 印本（American Physical Society（APS）E-Prints）

http：//publish. aps. org/eprint

有 1996 年 6 月～2000 年 3 月的预印本论文，现已停止接受新的预印本提交，原来已提交预印本目前仍然可以在线浏览。

（2）日本高能加速器研究机构预印本 KISS（KEK information Service Systems）For Preprint

http：//www-lib. kek. jp/KISS/kiss_ prepri. html

有 1962 至今的预印本论文，包括预印本和报告；有 2. 8 万余篇预印本和报告；有检索系统，此预印本库包含在 KEK Reports & Library 中。

（3）波斯顿大学物理学预印本

http：//physics. bu. edu/bu/preprint. html

2002 年已关闭，只供内部使用。

（4）德国卡尔斯鲁厄大学理论物理研究所预印本文档

http：//www-itp. physik. uni-karlsruhe. de/prep/prep. htm

运行时段为 1994 至今，自 1996 年起链接到 arXiv。

（5）美国新泽西州立大学 Rutgers 物理与天文学系预印本系列

http：//www. physics. rutgers. edu/ast/ast-rap. html

目前服务已经关闭，找不到该网页。

（6）欧洲粒子物理研究所预印本文档

http：//weblib. cern. ch/index. php

运行时段为 1951 年至今，早期的资料数量比 arXiv 更多些，1992 年后有部分预印本链接到 arXiv。

（7）意大利阿布杜斯萨拉姆国际理论物理中心预印本文档

http：//www. ictp. trieste. it/ ~ pub_ off

预印本数据包含在一个文献资源库中，文献资源库包括预印本、图书、期刊等。

（8）加州理工学院 Kellogg 实验室预印本

http：//www. krl. caltech. edu/Preprints. html

有 1993 ~ 2007 年的预印本论文共 355 篇，学科覆盖物理学的理论核物理、核原子理论物理，也包括机构论文的后印本。

（9）德国电子同步加速器研究所 Deutsche Elektronen-Synchrotron DESY 预印本

http：//www-library. desy. de/preprints. html

运行时段为 1993 ~ 2010 年，共 200 ~ 260 条记录。

（10）数学物理预印本 ESI 预印本

http：//www. esi. ac. at/ESI-Preprints. html

运行时段为 1993 ~ 2010 年，共 2233 条记录，允许在线提交，只有本机构职员才可以提交。

3. 化学

（1）化学预印本服务器（Chemistry Preprint Server）

http：//www. chemweb. com/preprint？url =/CPS

化学预印本服务器（Chemistry Preprint Server）是 Elsevier 公司提供的预印本服务。公司本来是希望通过首先在 ChemWeb 预印本服务器上公布将要刊出的论文来吸引最优秀的化学家投稿，但相对于物理学家来讲，比较保守的化学家们对电子预印本并不感兴趣。由于没有足够数量论文提交，预印本服务器被关闭，2004 年停止接收提交论文。

（2）化学物理预印本数据库（Chemical Physics Preprint Database）

http：//www. chem. brown. edu/chem-ph. html

现已经链接到 arXiv 预印本数据库，并入 arXiv 数据库。

4. 计算机

丹麦 Aalborg 大学控制工程系预印本文献

http：//www. control. auc. dk/preprint

运行时段为 1990~2005 年，共有 278 条论文记录。

（三）含有电子预印本的文献数据库

1. SLAC SPIRES-HEP（Stanford Public Information Retrieval System – High Energy Physics）

http：//www-slac. slac. stanford. edu/find/spires. html

SLAC SPIRES-HEP 即"斯坦福大学线形加速器中心公共信息查询系统"，数据库由斯坦福大学线形加速器中心（Stanford Linear Accelerator Center，简称 SLAC）管理运行，SLAC SPIRES-HEP 为其公共信息查询系统，可查询超过 400 万篇高能物理相关文献目录和 180 万分布在世界各地服务器上的全文，包括预印本、期刊论文、技术报告、学位论文和其他文献，预印本是其重要组成部分。1991 年，SLAC SPIRES-HEP 成为北美第一个基于 Web 的站点，现每天吸引世界物理学家高达 5 万次的检索。

2. PANGAEA（Publishing Network for Geoscientific & Environmental Data）

http：//www. pangaea. de

PANGAEA 即"地理科学与环境数据出版网络"，是"一个致力于存档、出版与发布地学（重点是环境、海洋与地质基础研究）参考数据的公共的科学数字图书馆"。服务器寄存于德国阿尔弗雷德·韦格纳极地与海洋研究所和海洋环境科学中心。用户可以通过 3 种途径来获取数据集信息：①简单检索，即关键词检索；②高级检索，检索点包括引文、参考文献、参数、项目、事件、活动及环境等；③使用专门为数据挖掘设计的高级检索工具。数据描述页面包括的信息有：引用与参考文献信息、文摘、项目链接、数据范围、大小、参数、数据下载链接以及相关数据库链接等。

3. Australian Research Online http：//research. nla. gov. au

澳大利亚研究在线（Australian Research Online）是一个可跨库检索系统。它可以跨库检索 60 多个澳大利亚高校和政府研究机构库的文献，共计 408276 条，包括学位论文、预印本、后印本、期刊文章、图书章节、音乐录音和图片等。

（四）电子预印本文献检索系统

1. E-print Network（电子印本网络）

http：//www. osti. gov/eprints

E-print Network 是由美国能源部（Department of Energy，DOE）科技信息

局（Office of Scientific and Technical Information，OSTI）建立的电子印本档案搜索引擎，可供检索存放在学术机构、政府研究机构、实验室、私人研究组织以及科学家和科研人员个人网站的 e-Print 资源。E-print Network 选取内容的基本原则是与 DOE 研究相关的，完全开放使用的电子印本科学信息资源，目前提供 22000 多个电子印本站点的"一站式（one-stop）"浏览／检索和 91 万余篇电子印本的全文检索（目前该引擎只支持 PDF 格式文档的搜索，计划近期推出 PS 等其他格式文档搜索）。它还可检索 52 个主要数据库的近 2000 万个全文页面，提供有 2900 个专业科技学会、协会的网站链接并提供 E-mail 通告服务。

2. MPRESS／MathNet. preprints 数学预印本检索系统（The Mathematics Pre-print Search System）

http：//mathnet. preprints. org

MPRESS 是一个数学预印本检索系统，提供由十大欧洲预印本系统（包括 ArXiv 在奥格斯堡的镜像）的整合检索。它由欧洲数学会的 Math-Net 项目（1997~1999 年）支持，它索引的预印本数据库包括：

Index national des prépublications et thèses en mathématiques en France

JABaPub／Preprints from Austria and Bavaria

SINM-MPRESS／Preprints from Italy

Preprints from Stockholm

MathN／D-MathNet. preprints

Topology Atlas（Preprints related to topology）

xxx. lanl. gov e-Print archive（Mathematics part of the mirror at Augsburg）

Algebraic Number Theory Archives

K-theory Preprint Archives

Preprints of the St. Petersburg Mathematical Society

3. SINDAP

http：//egroups. istic. ac. cn/cgi-bin/egw＿metasweep/2/screen. tcl/name＝welcome&service＝sindap&context1＝fixed&lang＝chi

SINDAP 是中国和丹麦的一个预印本合作项目（Chinese-Danish Preprint Col-labrotary Project），是中国科技信息研究所（ISTIC）和丹麦技术中心（DTV）的合作成果。SINDAP 系统是利用开源软件构建的。SINDAP 现提供来自 17 个预印本网站的 746549 条记录供检索，数据来源于 17 个预印本网站，系统可通过逻辑算符和字段进行检索。其目标是为了促进科研工作者发布自己的预印本文章，以及使用预印本数据库。

4. D-MathNet. Preprints

http：//www. mathematik. uni-osnabrueck. de/harvest/brokers/MathN

D. MathNet. Preprints 是一个德国数学预印本文库跨库检索系统，可以检索德国全国的电子预印本文献，并且有一个德国全国的数学预印本文库的区域索引，按德国城市分别提供各大学预印本服务器的链接。这个预印本检索系统是国际数学联盟的 Math-Net（一个国际数学信息和交流系统）的一部分。

5. Hispana

http：//hispana. mcu. es/es/estaticos/contenido. cmd？ pagina = estaticos/pre-sentacion

Hispana 是一个西班牙开放获取资源网站搜索网站，整合了西班牙各类高校和研究机构生产的在 Internet 上的数字化信息，资源包括预印本。

6. ROAR The Registry of Open Access Repositorie

http：//roar. eprints. org

英国南安普敦大学建设的全球开放获取资源揭示网站，旨在及时提供全世界机构存储的增长和状态，促进 OA 发展，列出 1659 个开放获取资源，包括众多预印本文库。

（五）其他预印本文库相关网站

RoMEO

http：//www. sherpa. ac. uk/romeo

RoMEO 是一个归属于英国诺丁汉大学的提供期刊和自存档论文版权信息的网站。它列出了世界上众多期刊出版社或学术机构出版物是否允许作者发布电子预印本的信息，并根据是否允许发布预印本、后印本及已发表文章的 PDF 全文，将期刊分为绿色（允许预印本和后印本或出版的 PDF）、蓝色（允许后印本或 PDF）、黄色（允许预印本）、白色（不允许预印本或后印本或 PDF）。

第三节　网络学术信息学科导航发展

一、概述

随着网络学术资源的不断增长，为了便于专家学者在浩如烟海的信息海洋中快速获取所需资源，一些图书馆和科研机构都建设了按学科或主题分类集中的网络学术资源导航网站，这种导航网站也被称为"学术信息导航网关"（Subject Guide）。所谓"学术信息导航网关"亦称"基于主题的信息网关"（Subject Based Information Gateways），是以主题或学科为单元对 Internet 上的相关学术资源进行搜集、描述、分类和组织，建立浏览和检索系统，发布于网上，为用户提供网络学科信息资源导引和检索线索的导航系统。从物理上讲，它并不存储各种实际的信息资源，只提供经过选择和组织的网络学术资源的描述和链接，指引用户到特定的地址获取所需实际资源。对资源的描述和主题分类是学术信息主题网关的主要特征，它是以提供经选择的高质量的网络学术资源线索为目的的导航服务，是一项增值的网络资源序化工作。

目前，国外已建立了许多面向教学科研人员的学术信息资源主题网关，同时也有一些项目正在进行学术信息主题网关的专门研究。这些网关有高校图书馆和科研机构建立的，也有专家学者个人建立的，如河边加州大学图书馆的 INFOMINE（信息矿藏），它是一个 Internet 学术资源总汇，加州 20 多所大学的图书馆员参与了这项工作，它按学科和资源类型分别导航。美国教育部承办的 The Gateway to Educational Materials（GEM），是一个教育资源主题网关，为教育学研究人员和教育工作者提供快速简便获得教育资源的路径，可以根据主题和关键词浏览机构，也可以进行主题、关键词、题名检索；德国 the Lower Saxony State and University Library 的 MathGuide 和 GeoGuide 是数学和地理学学术信息主题网关；WWW Virtual Library 是由个人组建的学术主题网关，由各学科专家志愿者搜集和整理学科资源。英国高校和博物馆等机构联合的 RDN（Resource Discovery Network）项目、ROADS 项目和欧洲的 DESIRE 项目都是专门研究主题网关的组织和开发的重大项目。国外图书馆较早意识到这项工作的重要性和必要性，做了大量细致、规范的工作，并对此进行了较深入的研究，有许多可资借鉴的经验。

二、国外学术信息导航网关调查

本文对通过搜索引擎搜索到的 Internet 上的 60 个重要的国外学术信息资源主题网关进行在线调查，主要对其主题覆盖、资源类型、分类体系、主题词表、浏览和检索、网页设计等方面的情况进行调查和分析。结果表明，目前世界上众多国家都建有学术信息主题网关，主要分布在欧洲国家和美国。在 60 个被调查主题网关中按其网络所在地来分，英国有 34 个，美国 13 个，德国 5 个，澳大利亚 4 个，瑞典 2 个，芬兰 1 个，荷兰 1 个。这些主题网关主要由高等院校图书馆或高等教育组织机构主办，并有大型研究项目提供技术和资金支持。从总体情况来看，已建成的国外学术信息主题网关涉及主题（学科）广泛全面；资源种类多，包括文献、资料、站点和信息服务；分类和著录规范，大多采用国际通用分类法和主题词表进行分类和标引。国外学术信息网关比较强调资源的选择性和高质量，在服务对象分析、资源采集、选择评价、分类、管理的标准化和规范化等方面的工作做得非常细致。部分外国学术信息主题网关的名称、WEB 所在国、主题覆盖、出版者类型、分类体系、主题词表、检索系统、浏览方式、语种等具体情况见表 4 - 17。

表 4 - 17　部分国外学术信息主题网关概况

名称	覆盖学科	出版者	分类体系	主题词表	检索	浏览	语种	运行状况
AHDS（英）	艺术 设计 建筑 媒体	高校	杜威十进制分类法（DDC）	the Art & Architecture thesaurus	有	有，按主题	英语	1995 ~ 2011 2008 年 4 月起不再更新
Biz/ed（英）	商业 经济 体育 旅游 教育	非盈利机构	无	无	有	有，	英语	1996 ~ 2011 仍在更新
BUBL Link（英）	所有学科	高校	杜威十进制分类法（DDC）	无	有	有，按 DDC、主题等	英语	1996 ~ 2011 2008 年起不再更新
EELS（瑞典）	工程	高校	EI 分类法（EI classification）	EI 词表	有	有，按分类	英语	2011 年已无法打开
DutchESS（荷兰）	所有学科	高校	荷兰基本分类法（Dutch Basic Classification）	无	有	有	英语	1997 ~ 2007 2011 年已无法打开
GeoGuide（德）	地理 地球	高校	有，（Göttinger Online Klassifikation）	有，多种，以 GeoRef Thesaurus 为主	有	有	英德	1997 ~ 2011 仍在更新
INFOMINE（美）	所有学科	高校（加州大学等）	LCC	LCSH	有	有，按主题、关键词、资源类型	英语	1994 ~ 2011 仍在更新

名称	覆盖学科	出版者	分类体系	主题词表	检索	浏览	语种	运行状况
Internet Public Library（美）2010更名 ipl2	所有学科	高校	无	无	有	有，按主题、类型等	英语	1996～2011仍在更新
OMNI（英）已并入 Intute	医学生物医学卫生管理	高校	National Library of Medicine Classification	MeSH	有	有，按 NLM 序号或字顺	英语	1996～2011 2011.7后不再更新
SOSIG（英）已并入 Intute	社会科学	高校	the Universal Decimal Classification scheme（UDC）	HASSET thesaurus	有	有	英语	1996～2011 2011.7后不再更新
WWW Virtual Library（瑞士）	所有学科	志愿者	不详	无	有	有，按分类	英法西中	1991～2011仍在更新
Scout Report Archives（美）	所有学科	高校	无	LCSH	有	有，按 LCSH	英语	1996～2011仍在更新

三、国外学术信息主题网关的主要特点

（一）国外学术信息主题网关覆盖主题面广，以综合性的居多

目前国外学术信息主题网关几乎覆盖社会科学和自然科学领域的各个学科，这些学术信息网关既有涵盖单一学科和多个相关学科的，也有综合性的覆盖所有学科专业或社会科学、自然科学学科的。相比于国内的学科导航，国外主题网关覆盖多学科和综合性的较多，在 60 个被调查对象中涵盖全部学科的（all subjects）有 12 个，人文社会科学综合有 3 个，自然科学综合有 2 个，多个相关学科的有 12 个，覆盖多个相关主题和综合性的共 28 个，占被调查主题网关总量的 46.7%。其中，RDN 综合性主题网关是几个欧洲导航网站的整合站点，而 Renardus 是欧洲几个导航网站的元搜索网站。覆盖单一学科主题的信息网关有 32 个，占总数的 53.3%，其中以一级学科为主，覆盖主题为二级

学科的仅有 3 个：Internet Directory for Botany（植物学）、MedHist（医学史）、RUDI（城市设计）。表 4 - 18 列出了 60 个被调查国外主题网关类型及其主题覆盖情况：

表 4 - 18　国外主题信息网关类型及主题覆盖

类型	覆盖学科	网关数	信息网关
综合（17）	全部学科	13	About. com Education, Academic Info, BUBL Link, DMOZ, DutchESS, IN-FOMINE, NISS Directory of Networked Resources, RDN, Renardus, Scout Report Archives, WWW Virtual Library, Australian Subject Gateways Forum, Internet Public Library
	自然科学	2	SciCentra, psci-com
	人文社会	3	AHDS, HUMBUL, SOSIG
多主题（11）	文学和历史	11	Anglo-AmericanCulture
	艺术、设计、建筑、媒体		ADAM：art, design, architecture, media
	建筑、规划、风景		Sapling：architecture, planning, landscape
	教育改革、信息技术		EdWeb：educational reform, information technology
	风俗、休闲、体育、旅游		ALTIS：hospitality, leisure, sport, tourism
	地理、环境		GEsource：Geography and Environment
	卫生、生命科学		BIOME：health, life sciences
	临床营养、营养学、药剂学		The Finnish Virtual Library Project
	农学、林学、环境、食品科学、园艺		AGRIGATE：agriculture, forestry, environment, food science, horticulture
	工程、数学、计算机		EEVL：engineering, mathematics, computing

类型	覆盖学科	网关数	信息网关
单主题（32）	哲学	2	Philosophy Around The Web, Philosophy in Cyberspace
	法学	3	InfoLaw, LAWLINKS, Portal to Legal Resources in the UK and Ireland
	军事	2	CAIN：Conflict（冲突）, PORT：maritime studies,
	经济/商业	2	NetEc, Biz/ed
	语言/艺术	2	iLoveLanguages/World Wide Arts Resources
	地理/历史	3	Geo-Information Gateway, GeoGuide/History
	教育/心理学	3	GEM/ Psych Web, PSIgate：psychology
	图书情报	1	BUBL：library and information science
	数学	2	The Math Forum, MathGuide
	通讯/计算机	2	MCS/ PADI
	物理	2	PhysicsWeb Resources, PSIgate
	化学	2	ChemDex, Links for Chemists
	生物学/林学	3	Biogate/Internet Directory for Botany/ForestryGuide
	环境/工程	2	ELDIS：development & the environment/EELS
	航空宇宙	1	AERADE：aerospace and defence studies
	城市设计	1	RUDI：urban design

（二）国外学术信息主题网关覆盖的资源种类多

国外学术信息主题网关覆盖的资源种类很多，就其文献类型来讲主要包括文献、资料、站点和信息服务四大类，其中文献类包括：文章/论文/报告（在线的文章、连续性工作总结、研究论文、会议论文、报告，包括单独的和汇总的），数据库（书目数据库、事实数据库），出版物（政府出版物、电子期刊、电子图书、电子报纸、法律条文）；资料类包括：参考工具（软件、字典、词典、手册、大全、标准、专业词汇、缩略语），教学资源（电子教材、电子教案、教学大纲、教学计划、讲稿、多媒体课件、教学实录、教学素材（图片、照片、实例、案例、数据）、参考书目、习题和试题、考研指导、教学规范和标准），数据（统计数据、经济指数、物性数据）；站点类包括：机构实体（政府机构、高等院校研究中心、公司），组织协会（组织、学会、协会、社团），资源站点（导航类、资源汇总类、个人站点）；信息和服务类包括：学术会议、研究项目、新闻、工作机会、讨论组、mail list。图 4 - 4 为国外学术信息主题网关收录的资源类型树形示意图。

就资源的格式来讲有文本类、图像类、音频类、视频类等，其文件格式主要包括：txt（文本）、tiff（标签图像）、doc（word）、html（超文本）、ppt（Powerpoint）、asf（Advanced Streaming format，高级流格式）、rm（RealAudio 文件）、pdf（PDF）、ps（PostScript）、DVI（TeX 文件）等。

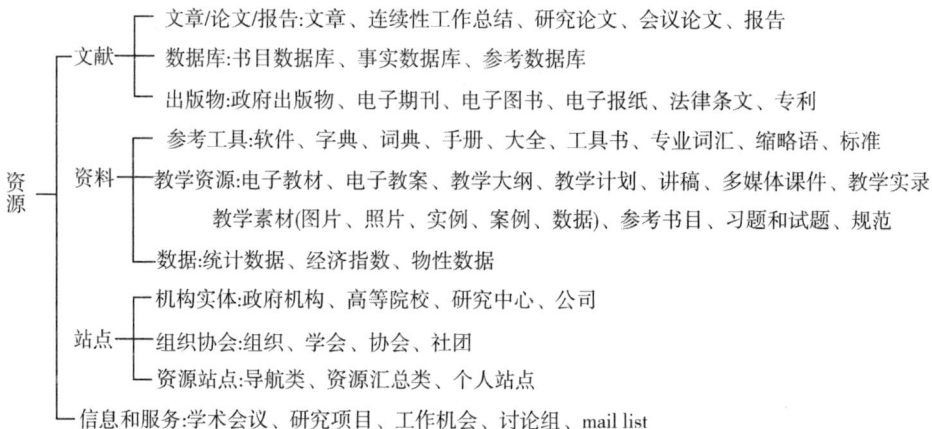

图 4 - 4 国外学术信息主题网关收录的资源类型树形示意图

（三）多为科研项目和横向合作项目

国外的主题信息网关主要组成部分大多是大型科研项目或横向联合合作项

目的一部分，有一定资金资助和技术支持，能够在最大程度上实现技术和智力资源的共享。目前国外有关主题网关的大型项目主要有三个。①英国的 eLib：The Electronic Libraries Programe 项目。该项目由隶属于英国高等教育基金委员会的联合信息系统委员会（Joint Information Systems Committee）支助，始建于1998 年，其子项目 ROADS（Resource Organisation And Discovery in Subject-based Services）和资源发现网（RDN, Resource Discovery Network）是研究主题信息网关专门研究项目。ROADS 提供一整套制作信息网关的工具软件和标准，欧洲的十余个主题网关都使用了其软件和标准。这些网关有 ADAM、ALEX、Biz/ed、BeCal、EELS、HISTORY、The Finnish Virtual Library Project等。资源发现网（RDN）项目下建成八个信息网关：ALTIS、Biz/ed、BIOME、GEsource、EEVL、Humbul、PSIgate、SOSIG。其中，BIOME（健康和生命科学网关）下又包括 8 个健康和生命科学相关的主题网关：OMNI（健康和医药）、VETGATE（动物健康）、BIORES（生物和生物医学）、NATURAL（自然世界）、AGRIFOR（农业、食品和林学）、psci-com（科学和技术）、BioethicsWeb（生物医学伦理）、MedHist（医学史）。这些主题网关也使用ROADS 提供的工具软件和标准。②DESIRE（Development of a European Service for Information on Research and Education）项目。它是一个由欧洲四国英国、荷兰、挪威、瑞典的十个研究机构合作的项目，研究焦点是信息网关的方法论和工具。其信息网关手册提供了详细的制作高质量信息网关的管理策略、信息管理方法（选择评价、分类编目、元数据著录、用户界面设计）和技术，Biz/ed、Dutchess、EELS、SOSIG 采用了其方法和技术。③德国 SSG-FI 项目。由Deutsche Forschungs Gemeinschaft（DFG）提供资金支助，麾下有四个主题网关：MathGuide，GeoGuide，ForestryGuide，Anglo-American Culture。另外 Scout Report Archives 是由美国国家自然科学基金资助的 Internet Scout Project 项目的一部分，由 University of Wisconsin- Madison 的计算机科学系承担，其主要目的是帮助高等教育团体实现网络上的资源发现。

（四）强调资源是经过选择和质量控制的

国外基于主题的学术信息网关非常重视对资源的选择和质量控制，几乎所有的信息网关都强调是提供经选择的高质量的网络学术资源，且制订了详细的资源选择评价准则和程序。欧洲的 DESIRE 项目自 1998 年就开始了网络资源的存贮、发现和导航研究，现已制订出一套完整详细的网关建设手册，包括资源选择评价准则、资源发现、元数据格式、主题分类和收藏管理等方面的细则，供学术信息网关的制作者共享和使用。Biz/ed、Dutchess、EELS、SOSIG 等主题网关采用了其资源选择和评价准则。由美国国家自然科学基金资助的 Internet Scout 项目的主题网关 Scout Report Archives① 制订了细节性的选择准则，从内容、权威性、信息维护、外观、有效性和费用等方面对资源进行评价和选择。英国的卫生和生命科学信息网关 BIOME 设有专门的评价专家顾问组进行专门研究和指导，并在网上发布了其资源评价指南。

（五）采用规范的分类系统和主题词表

国外主题信息网关大多采用通用的权威分类系统对所收网络资源进行分类和主题标引。在所列的 12 个信息网关中有 10 个均采用标准的分类系统，主要有杜威十进制分类法（DDC）(5 个)，美国国家医学图书馆分类法（NLM）（1 个)，美国国会图书馆分类法（LCC）（1 个)，通用十进制分类法（UDC)(1 个)，EI 分类法（1 个)，国家级基本分类如荷兰基本分类法（Dutch Basic Classification）等。它还根据学科特点采用相应的权威主题词表进行主题标引，如美国国会图书馆主题词表（LCSH）、EI 词表、医学主题词表（MeSH）、艺术和建设词表（the Art & Architecture thesaurus）等。英国的 ROADS 项目针对不同类型的资源提供了相应的分类模板和元数据格式②，欧洲的十余个主题网关都采用了这一标准的分类体系。

（六）网页设计简洁明了且功能全面

国外主题信息网关网页页面基本上都是简洁明了的，很少有 FLASH、动画和图片，因为这些不必要的装饰会使网页文件变大，减慢网速。他们更多地侧重于资源的质量和简洁明了、易于使用，而不是外观形式。另外，国外学术信息网关大多也提供全面的信息和服务，包括以学科、主题词和字顺排列的浏览、高级检索、简单检索、学科检索、检索指南、资源选择评价准则、资源详情、自我介绍、网站地图、版权等，便于用户充分利用资源，这也是图书馆专业人员对资源的评价和取舍时总结出的经验，而后引入网页制作中的。

总之，国外学术信息主题网关涉及学科全面、分类和著录规范、强调资源的选择性、网页设计简洁明了、整体制作标准规范，如同国外的很多研究一样国外学术信息主题网关的构建较为系统、规范、细致、严谨，这是值得我们国

---

① Internet Scout Project（Selection Criteria. http：//sxout. wisc. edu/Report/selection. php）

② ROADS Consortium（The ROADSMetadata Registry. http：//www. ukoln. ac. uk/metadata/roads/templates/）

内同行在科研和工作中学习和借鉴的。

四、国外著名的学科导航网关

1. INFOMINE：all subjects

   http：//infomine. ucr. edu/

2. GEM（Gateway to Educational Materials）：educational resources

   http：//thegateway. org/

3. MathGuide：maths

   http：//www. mathguide. de/

4. GeoGuide：earth science，geography and mining

   http：//www. geo-guide. de/

5. WWW Virtual Library：all subjects

   http：//www. vlib. org. uk /

6. SOSIG：social sciences

   http：//www. sosig. ac. uk/

7. AHDS：arts and humanities

   http：//ahds. ac. uk/

8. HUMBUL：humanities

   http：//www. humbul. ac. uk/

9. psci-com：communication of science；science in society

   http：//www. psci-com. org. uk/

10. SciCentral：science

    http：//www. scicentral. com/index. html

11. ADAM：art，design，architecture and media

    http：//adam. ac. uk/

12. AGRIGATE：agriculture，forestry，environment，food science，horticulture

    http：//www. agrigate. edu. au/

13. ALTIS：hospitality，leisure，sport，tourism

    http：//www. altis. ac. uk/

14. BIOME：health and life sciences

    http：//biome. ac. uk/

15. Biz/ed：business and economics

http：//www. bized. ac. uk/

16. EEVL：engineering，mathematics and computing

http：//www. eevl. ac. uk/

17. Internet Public Library：allsubject

http：//www. ipl. org/

18. Sapling：architecture，planning and landscape

http：//www. sapling. org. uk/

19. EdWeb：educational reform and information technology

http：//www. edwebproject. org/

20. ELDIS：development & the environment

http：//nt1. ids. ac. uk/eldis/

21. The Finnish Virtual Library Project：clinical Nutrition，Neurosciences，pharmacy

http：//www. uku. fi/kirjasto/virtuaalikirjasto/

22. AERADE：aerospace and defence studies

http：//aerade. cranfield. ac. uk/

23. Biogate：biological sciences

http：//biogate. lub. lu. se/

24. BUBL：library and information science

http：//bubl. ac. uk/

25. CAIN：conflict studies

http：//cain. ulst. ac. uk/

26. ChemDex：chemistry

http：//www. chemdex. org/

27. EELS：Engineering Electronic Library，Sweden

http：//eels. lub. lu. se/

28. Geo-Information Gateway：geography，geology，the environment

http：//www. geog. le. ac. uk/cti/info. html

29. History：historical studies

http：//www. ihrinfo. ac. uk/

30. iLoveLanguages：language-learning & linguistics

http：//www. ilovelanguages. com/

31. InfoLaw：law

    http：//www. infolaw. co. uk/

32. Internet Directory for Botany：botany

    http：//www. botany. net/IDB/botany. html

33. LAWLINKS：law

    http：//library. ukc. ac. uk/library/lawlinks

34. Links for Chemists：chemistry

    http：//www. liv. ac. uk/Chemistry/Links/link. html

35. The Math Forum Internet Mathematics Library：mathematics

    http：//mathforum. org/library/

36. MCS：media and communication studies

    http：//www. aber. ac. uk/media/Functions/mcs. html

37. MedHist：history of medicine，and allied sciences

    http：//medhist. ac. uk/

38. NetEc：economics

    http：//netec. mcc. ac. uk/NetEc. html

39. PADI：Preserving Access to Digital Information

    http：//www. nla. gov. au/padi/

40. Philosophy Around The Web：philosophy studies

    http：//users. ox. ac. uk/ ~ worc0337/phil_ index. html

41. Philosophy in Cyberspace：philosophy

    http：//www-personal. monash. edu. au/ ~ dey/phil/

42. PhysicsWeb Resources：physics

    http：//physicsweb. org/resources/

43. PORT：maritime studies

    http：//www. port. nmm. ac. uk/

44. Portal to Legal Resources in the UK and Ireland：law

    http：//www. venables. co. uk/

45. PSIgate：physical sciences

    http：//www. psigate. ac. uk/

46. Psych Web：psychology

    http：//www. psychwww. com/

47. RUDI：urban design

http：//www. rudi. net/news. cfm

48. World Wide Arts Resources：the arts

http：//wwar. com/

49. ForestryGuide

http：//www. forestryguide. de/

50. Anglo-AmericanCulture

http：//www. sub. uni-goettingen. de/ssgfi/anglo-americana. html

51. About. com Education：all subjects

http：//home. about. com/education/index. htm

52. Academic Info：all subjects

http：//www. academicinfo. net/index. html

53. BUBL Link：all subjects

http：//bubl. ac. uk/link/

54. DMOZ：The Open Directory Project：all subjects

http：//dmoz. org/

55. DutchESS：all subjects

http：//www. konbib. nl/dutchess/

56. NISS Directory of Networked Resources：all subjects

http：//www. niss. ac. uk/subject/index. html

57. RDN：all subjects

http：//www. rdn. ac. uk/

58. Renardus：all subjects

http：//www. renardus. org/

59. Scout Report Archives：all subjects

http：//scout. cs. wisc. edu/archives/

60. Australian Subject Gateways Forum：all subjects

http：//www. nla. gov. au/initiatives/sg/gateways. html

61. ROADS

http：//roads. sourceforge. net/

第五章

数字环境下科学交流系统重组和功能实现

第一节　科学交流系统模型及其数字化演进

科学交流系统是由社会需求、科学发展规律和技术力量驱动的不断发展变化的系统，数字环境下科学交流系统已经发生了重大的变革和重组。追溯数字环境下科学交流系统模式的变革，探寻科学家在新的环境下进行科学交流的习惯和规律，建构新的科学交流模型，有助于图书馆寻找参与科学交流系统再造的具体原则、策略、方式、途径，实现图书馆功能的重塑。

国内外关于科学交流系统的研究很多，早期文献中已经有了关于科学交流模型的报道。1970 年，心理学家加维及其同事格里菲思在对心理学领域科学交流的深入研究基础上，发布了描述科学研究过程中的信息交流的科学交流模型，即加维—格里菲思模型（Garvey-Griffith Model，简称 G-G 模型）。[1] 几乎在同一时段，1971 年联合国教科文组织（UNESCO）和国际科学联盟理事会发布了 UNISIST 模型[2]，描绘了科技信息通过多条路径从生产者到达使用者的整个信息流程，其中包括了图书情报服务系统提供的交流渠道。1976 年苏联科学院科技信息所所长 А. И. 米哈依洛夫在其专著《科学交流与信息学》中提出了集正式和非正式科学信息交流为一体的米哈依洛夫模型。2005 年瑞典经济和商业管理学院的 Bo-Christer Björk 发布了生命圈模型（Scholarly Communication Life-cycle model，简称 SCLC 模型）[3]，SCLC 模型由一系列层次图来分

[1]　W. D. Garvey, *Communication: The Essence of Science*, Elmsford: Pergamon Press, 1979.

[2]　The United Nations Educational, Scientific and Cultural Organization and the International Council of Scientific Unions, "*UNISIST, Study Report on the Feasibility of a World Science Information System*", Paris, 1971.

[3]　Bo-Christer B., "A lifecycle model of the scientific communication process", *Learned Publishing*, Vol. 18, No. 3, 2005, pp. 165~176.

别描述科学交流中的研究、交流和成果应用活动。下面就科学交流系统的多种模型及其数字化演进进行详细回顾。

一、加维—格里菲思模型及其数字化

加维—格里菲思模型是由科学家总结概括的最早的科学交流模型，作为许多科学交流模型中的一种，受到同行的关注和肯定。由于 Garvey-Griffith 模型形象地描述了科学研究过程中的信息交流，具有普适性，后来图书馆学家多次对其进行了相应的修正。G-G 模型诞生时计算机技术还未普及，模型没有涉及信息技术应用，随着现代信息技术的发展和广泛应用，科学交流系统中增加了许多新的交流媒介和交流渠道。因此，Hurd 等依据网络环境下电子交流的增加和新技术元素的应用多次对 Garvey-Griffith 模型进行了修正，并提出新的模型和数字环境中参与者在科学交流中的新角色和具体工作。

（一）加维—格里菲思模型的提出

1. 加维的科学交流系统图解

1970 年，约翰霍普金斯大学 John's Hopkins University 大学的加维（Garvey）及其同事格里菲思对科学家在科学研究过程中的知识生产伴随的信息交流活动进行了细致的考察，并绘制了科学交流中信息流程图（图 5 - 1）。他们从科学家的角度，比较详尽地描述了从研究开始—研究完成—论文发表—被引用—新的研究开始的整个研究过程中的信息交流活动和信息流程，为科学交流系统绘制了信息交流的详细图解。

加维指出，在科学研究开始阶段的各个步骤中，科学家随时与同行交流想法和感受，此时交流内容是不为公众可获的，是随意的、偶然的，但经常是内容丰富的。研究开始 1~2 年期间，研究达到一定程度，快要完成时，科学家就很少交流了，这是因为保护优先权的缘故。研究进入完成阶段时，科学家开始准备发布自己的成果，先是在本机构的学术论坛上作报告，得到反馈意见后进行修改，完成整个研究。然后科学家进入投稿给会议和学术期刊阶段，在大范围内公开自己的研究成果，在全国会议上发布论文，经过会议发布后，有些论文会被期刊选择发表。另外，会后感兴趣的同行会讨要论文全文，论文被利用后，后续的研究也会发表（见图 5 - 1（A）（B）（C）部分）。论文手稿投稿给期刊之前和之后都会有预印本分发给同行，论文被期刊录用发表后，会由抽印本继续扩散成果，下一步是被引用和写入综述。

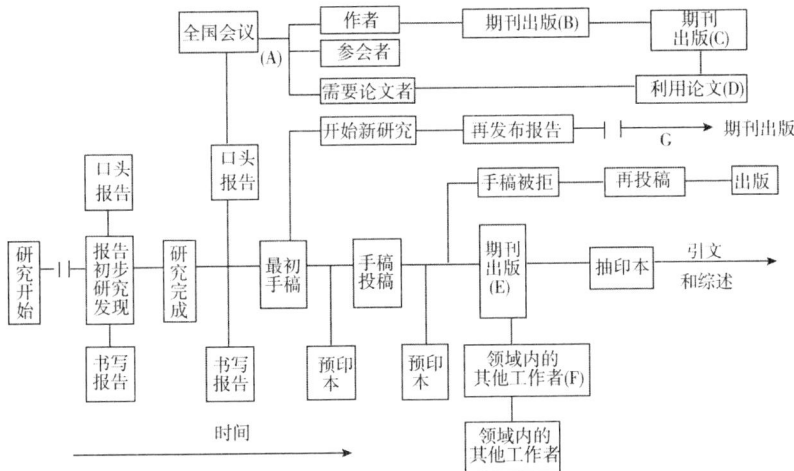

图 5-1　Garvey 的科学交流系统图解

来源：Garvey W. D. , *Communication*：*The Essence of Science*. Elmsford：Pergamon Press，1979，p. 167.

2. 加维—格里菲思科学交流模型原型（Garvey-Griffith Model）

在对科学家研究过程中的信息交流的长期观察和实验的基础上，特别是对心理学领域科学交流的深入研究和总结，1970 年加维（Garvey）及其同事格里菲思发布了科学交流模型，即加维—格里菲思模型（Garvey-Griffith Model)①，详见图 5-2。

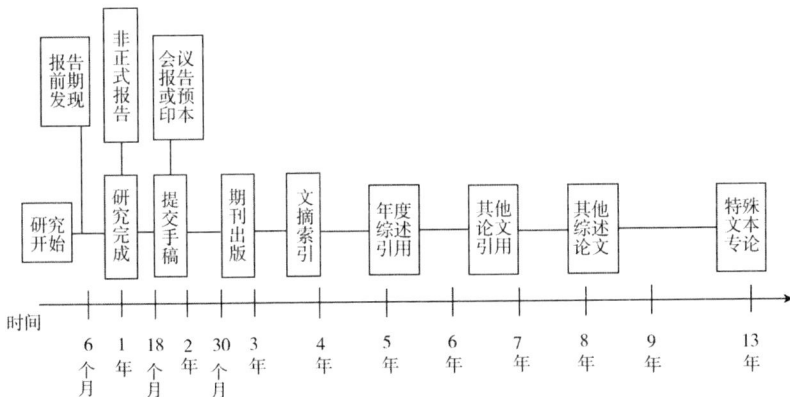

图 5-2　时间视角的 Garvey-Griffith 模型

来源：W. D. Garvey，Communication：The Essence of Science，Elmsford：Pergamon Press，1979.

---

① W. D. Garvey, *Communication*：*The Essence of Science*，Elmsford：Pergamon Press，1979.

这个模型很好地描述了基于时间线的科学研究过程中的信息扩散过程，从科学家开始研究到其发现被整合、融入形成科学知识的知识生产的全过程中的信息交流。它包括从研究开始到研究完成过程中前期报告、非正式报告，及其后提交手稿和同时发布会议报告和预印本，然后是期刊发表、被索引、被引用，直到被写入综述或专论图书的知识生产过程。它的中心部分既包括正式过程也包括非正式过程。随后，加维—格里菲思模型被证明同样适用于物理学和社会科学。

加维—格里菲思的研究强调了在知识生产活动中时间与扩散交流的相关性。根据他们的模型，从开始研究到在期刊上正式出版，需要三年时间，再过一年才能被文摘刊物索引，然后才逐步地被写入综述，或许会被写入图书。

3. 后人归纳的加维—格里菲思模型

加维—格里菲思模型从时间的角度描述了信息交流的过程，并且增加了非正式交流元素，发现了非正式交流在科学交流中的重要作用。作为许多科学交流模型中的一种，它受到同行的关注和肯定，后继研究者的将其总结归纳为 Garvey-Griffith 模型，详见图 5 – 3。

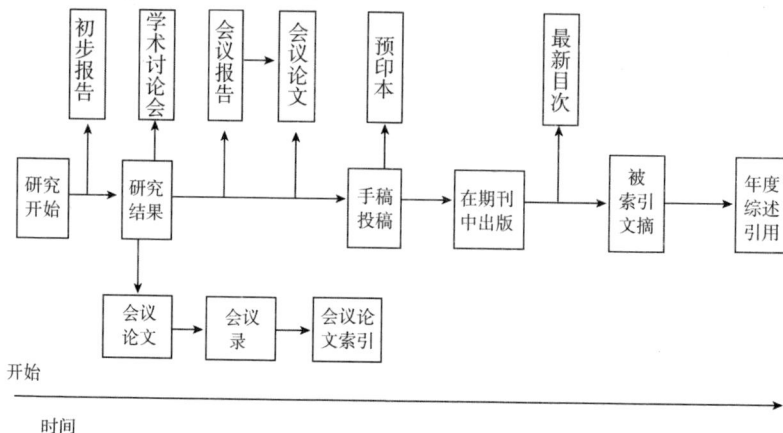

图 5 – 3　Garvey-Griffith 模型

来源：J. S. Mackenzie Owen, *The scientific article in the age of digitization*, Springer, 2007.

（二）Hurd 修正的数字化加维—格里菲思模型

1. 1996 年 Hurd 修正的数字化加维—格里菲思模型

G-G 模型诞生时计算机技术还未普及，模型没有涵盖信息技术支持下的科学交流活动，即计算机和网络支持下的科学交流活动。随着现代信息技术的发展和广泛应用，科学交流系统中增加了许多新的交流媒介和交流渠道。1996年，Hurd 考察了网络环境下的科学交流过程，以 Garvey-Griffith 科学交流模型为框架建构了现代化 Garvey-Griffith 模型，全面描述了网络环境下的数字化信息生产、出版和交流过程，引入了 Internet 的新的交流元素，如电子会议、电子预印本、数据库和电子出版等，详见图 5 – 4。

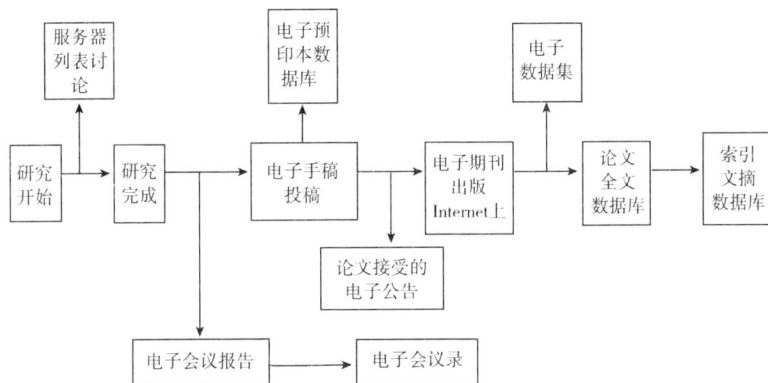

图 5 – 4　Hurd 的现代化 Garvey-Griffith 模型

来源：Hurd J. M. , *From Print to Electronic：The Transformation of Scientific Communication*, Medford：Information Today Inc. , 1996, p. 22.

2. Hurd 提出的 2020 年科学交流模型

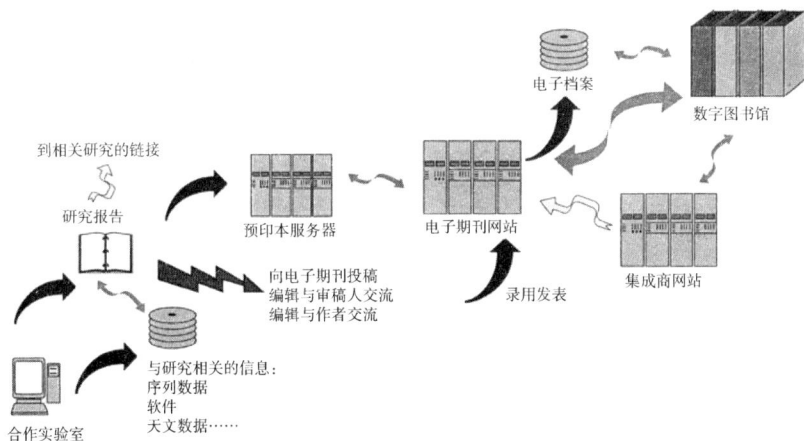

图 5 – 5　2020 年科学交流模型

来源：Julie M. Hurd, "The transformation of scientific communication：a model for 2020," *Journalof the American Society for Information Science*, Vol. 51, No. 14, 2000, pp. 1279 ~ 1283.

2000 年时，Hurd J. M. 曾预测 2020 年的科学交流模型（图 5 - 5），在未来科学交流系统中增加了预印本服务器、电子期刊站点、E - 存档、RRI 和整合站点。其中，RRI（research-related information）是研究相关信息，如存储在服务器上的原始数据、软件，并指出在信息技术的支持下科学交流系统将发生重大变革，包括基本路径的过程改变和新的媒介的出现，未来科学交流系统将具有传统纸质交流系统不具备的功能。

3. 2004 年 Hurd 再次修正的数字时代的科学交流模型

2004 年，Hurd 再次修正了 Garvey-Griffith 模型，又增加了一些新发展元素，如开放获取、网络自出版、跨库链接和机构库（见图 5 - 6），并分别描述了在数字环境中科学家、大学、图书馆和图书馆员、出版商和新的参与者的在科学交流中新角色和具体工作。

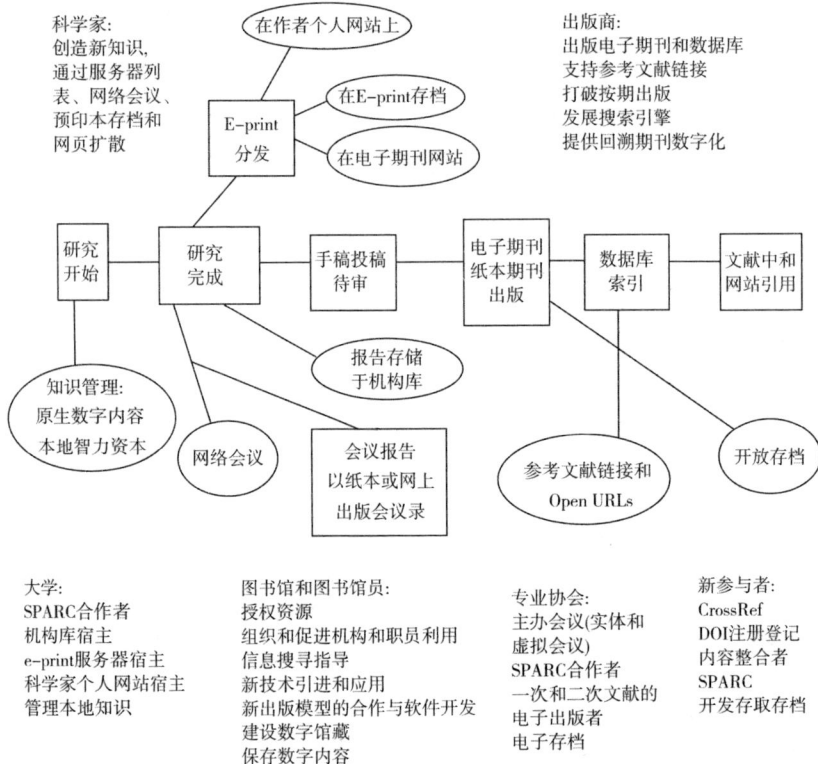

图 5 - 6　Hurd 的数字时代的科学交流模型

来源：Hurd, J. M.. "Scientific Communication: New Roles and New Players," *Science & Technology Libraries*, Vol. 25, No. 1 ~ 2, 2004, pp. 5 ~ 22.

科学家：创造新知识，通过服务器列表、网络会议、预印本存档和网页扩散。

出版商：出版电子期刊和数据库，支持参考文献链接，打破按期出版，为库存优化搜索引擎，回溯期刊数字化。

大学：SPARC 合作者，数字化机构库宿主，e-print 服务器宿主，科学家个人网站宿主，管理本地知识。

图书馆和图书馆员：订购资源，允许机构和职员利用，信息搜寻指导，新技术引进和应用，新出版模式的合作与软件开发，建设数字馆藏，保存数字内容。

专业协会：主办会议（真实的和虚拟的会议），SPARC 合作者，一次和二次文献的电子出版者，电子存档。

新参与者：CrossRef，DOI 注册登记，内容整合者，SPARC，开发存取存档。

Hurd 认为在信息技术支持下，科学交流系统发生了重大变革，包括交流路径的改变、交流过程的改变和新的传统纸本系统不具备的功能的增加。同行审查将是任何新的交流系统的必有特征，尽管在数字提交和审查过程中确保质量的机制可能不同。新的科学交流系统具有"现代化"的特点，运用现代信息技术支持和更新传统功能，因为传统交流方式对于科学家的交流是继续有价值的。"无形学院"也将继续存在，并且已经于传统的无形学院有所不同，它依赖互联网维持其成员之间的沟通，扩大成员人数，被称为电子无形学院。徐引篪等将电子无形学院定义为"具有共同科学志趣的科学家通过电子论坛、网络会议、新闻组等手段构成的非正式交流网络"[1]。一个无形学院成员无论在哪里都可能通过博客、电子论坛、网络会议、新闻组、E-mail 与其他成员交换各种信息，并且不受时间、地域和原有社交结构的限制。

加维—格里菲思科学交流模型及其修正模型以流程图的方式高度概括了的科学交流系统中信息流动的过程，揭示了科学交流的规律，及时、准确地反应了科学交流系统的变革。近代科学交流系统重大变革主要有两次，一是网络环境下科学交流的数字化；二是开放存取思想和 Web2.0 技术支持下的以用户参与、互动和共享为特征的变革。对应于这些变革 Hurd 两次对加维—格里菲思科学交流模型进行了改良。1996 年，他为加维—格里菲思模型增加了数字化

① 宋丽萍、徐引篪：《基于 SNA 的电子无形学院结构分析》，《情报学报》，2007 年第 6 期，第 902～908 页。

的发布、传播、保存科学交流路径，包括电子报告、电子预印本、电子期刊、数据集、数据库等；2004 年又增加了一些新发展元素，如开放获取、网络自出版、机构库、参考文献链接。这些变革促使科技情报工作者加强预印本文库、机构库、资源数据库的建设；积极开展多种基于 Web2.0 技术的信息服务；承担知识资产的开放存储、开放获取或长期保存；重新定位图书馆和图书馆员在科学交流系统中功能和角色，指出图书馆和图书馆员的工作已经转化为订购资源，允许机构和职员利用，信息搜寻指导，新技术引进和应用，新出版模式的合作与软件开发，建设数字馆藏，保存数字内容。

长期以来，加维—格里菲思科学交流模型一直影响着我国科技情报学的发展，为我国科技情报工作提供着指导。目前，我国科技情报工作者也积极行动起来，积极参与数字资源建设、开放获取和长期存储工作，开放集成各种数字内容，根据用户的需求来研究有机链接所需要的内容。有机嵌入用户信息环境，努力使自己的服务能够支持用户动态变化的需求和行动①，建设符合学者们需求的学术信息交流支撑环境。

二、UNISIST 模型

（一）原始的 UNISIST 模型

UNISIST 是联合国科技情报系统（United Nations Information System in Science and Technology）的简称，也称为"世界科学信息系统"。这个系统是1971 年联合国教科文组织（UNESCO）和国际科学联盟理事会（ICSU，InternationalCouncil of Scientific Unions）合作的"世界科学信息项目"发布的研究成果之一。它是合作 4 年的产物，是一个学术信息交流的社会系统模型，描绘了科技信息通过多条路径从生产者到达使用者的整个信息流程，明析了科学技术的信息结构及参与其中的信息交流组织，详见图 5-7。UNISIST 模型抽象地表现了科学交流中不同类型的信息（gener），处理信息的行为人如知识生产者、中介（Intermediaries）和用户及其相互关系，以及行为人之间的信息交流活动。

作为一个系统它由多种不同的组织机构（organisational units）和文献单元（documentary units）组成，每个组织和单元起到不同的作用，科技信息通过各种组织单元（出版社、编辑、文摘索引服务商、图书馆、信息中心）和文献

---

① 张晓林：《让数字图书馆驱动图书馆服务创新发展——读《国际图联数字图书馆宣言》有感》，《中国图书馆学报》，2010 年第 3 期，第 73~76 页。

单元（图书、期刊、学位论文、报告、文摘索引期刊、目录、专题目录、综述、定量调查数据）进行交流。

在 UNISIST 模型中，科学交流中的信息源分为三种层次类型。其中，一次信息源承担着选择、加工制作和发行科学信息的功能，如编辑和出版社过滤后出版的原始论文、图书等，它是科学信息生产的起点。二次信息源包含登记、描述、汇集和整理一次信息之后产生的信息，便于检索，如主题目录、文摘索引、图书馆目录、数据库分析等，二次信息服务的核心工作是一次文献分析、存储和传播。三次信息源是收集、整理一二次文献以后的产物，如专题书目、综述等。概而言之，在 UNISIST 模型中，文献和信息的具体形式包括论文、图书、书评、会议论文集、书目、辞典、手册、百科全书和综述评论文章等。①

UNISIST 模型将科技信息交流渠道分为三大类：正式交流渠道、非正式交流渠道和表格数据交流渠道。其中正式交流的文献包括出版的和未出版两类文献。出版的文献包括图书、期刊，未出版文献包括的学位论文、报告（政府机构未出版的研究和技术报告）、印本论文的补充材料（实验测试数据、记录、照片等）。非正式交流包括谈话、报告和会议等，非正式交流又分为口头交流和书面交流两类。表格数据交流指所交流的是以表格形式呈现的资料，UNISIST 承认的表格数据包括在印刷书籍、期刊和出版文件中的量化调查数据和数据银行（data bank）中的数据。UNISIST 将表格式数据交流作为一种交流方式单独列出，可能是基于自然科学研究过程中有大量与成果相关的支撑数据，这些数据只有很少一部分在论文和著作中列出，大部分存储于科学数据银行、科学机构的数据库中和科学家个人手中，当时已经出现的自动化数据储存库（mechanized data bank）便于检索、计算和处理数据，是交流表单数据信息更加合适的新型渠道。

---

① 徐丽芳：《UNISIST 模型及其数字化发展》，《图书情报工作》，2008 年第 10 期，第 66~69 页。

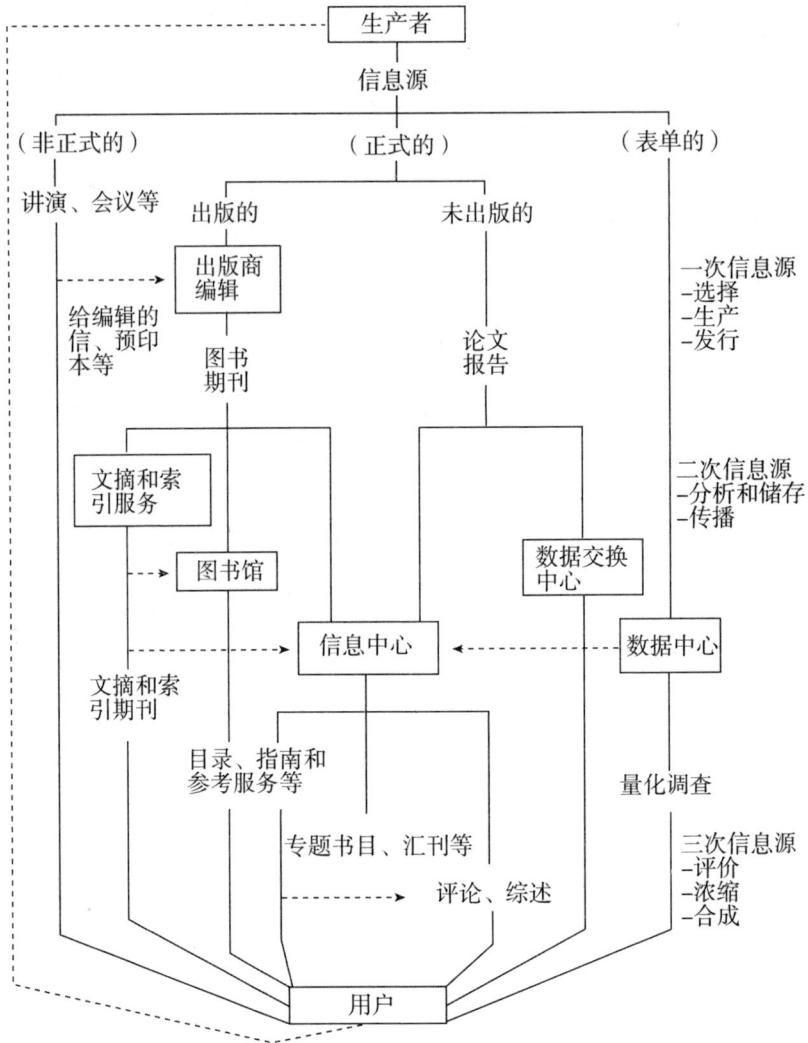

图 5-7 UNISIST 模型

（二）Sondergaard 改进、更新的 UNISIST 模型

20 世纪 90 年代以后，随着网络普及，学者和研究人员的信息、技术技能逐渐提高，使用 Internet 网络进行学术交流成为普遍的，甚至是首选的方式。同时，信息技术的发展催生了许多新型交流方式，学者们对于这些基于 Internet 的交流频道的使用不断增长，已经改变了科学交流的信息流。

诞生于 1971 年的 UNISIST 模型没有涉及基于网络的数字化信息交流方式

和渠道，已经不能适于描述互联网时代的科学交流系统。而且，UNISIST 模型最初也没有将社会科学和人文科学领域的信息交流纳入思考范围，对于自然科学各个分支学科之间的差异也没有给予足够重视。因此，2003 年 Trine Fjord-back Søndergaard 等对 UNISIST 模型进行了改进和更新，提出了三种略有变化的改良 UNISIST 模型：①基于 Internet 的科学信息交流模型，是纯粹反映基于互联网的科学交流模型；②通用科学交流模型，是整合了 Internet 交流元素的 UNISIST 模型，反映数字交流和传统基于印刷出版物的交流并存的现状，并且适用于一切科学领域的通用交流模型；③学科 UNISIST 模型，是为学科领域分析而修正的 UNISIST 模型，是具体学科领域科学信息交流情况模型。

1. 基于互联网的科学交流模型——数字化更新的 UNISIST 模型

在 Søndergaard 基于互联网的科学交流模型中（见图 5 - 8），描述了网络环境下在线的非正式交流渠道和正式交流渠道。

非正式交流渠道包括：

（1）电子邮件（E-mail）

（2）列表服务器传递的短信（List servers），如邮件列表，也叫 Mailing List，时事通讯（Newsletter）等

（3）新闻组（Usenet 或 NewsGroup）

（4）电子会议或网络会议（Electronic meeting or Webcam conferencing）

正式科学交流渠道包括：

（1）预印本库（Preprint databases）

（2）书目或全文数据库（Bibliographic or full-text databases），包括商业（如 First Search，DIALOG，STN，Lexis-Nexis 等）和非商业

（3）科研组织的服务器（Scientific and research organizations servers）

（4）出版商站点（Publisher Web sites）

（5）虚拟图书馆（Virtual libraries as defined earlier）

（6）搜索引擎或元搜索工具（Search engine or meta search tools）

Søndergaard 对于正式的科学文献也重新作了界定，类型主要有三种。①电子期刊（E-journal）和在线期刊（online journal）。Søndergaard 认为 E-journal 是只以电子和数字形式存在的期刊，而 online journal 是纸质期刊的网络版本。20 世纪 90 年代中期以前，由于电子期刊缺乏验证功能，它只能作为迅速传递信息的非正式交流渠道而存在。但是当前，随着同行评议数字期刊越来越多，它已经成为一种无可争议的正式交流渠道。②预印本。一般认为预印本是

在正式出版之前或者在同行评议之前就发布的文献。预印本通常被认为是一种灰色文献，但是近年来，在某些学科领域随着预印本服务器的广泛应用，情况已经有所变化。③灰色文献和未出版文献。此类文献如学位论文、政府文件、报告等，常见于机构服务器上，在互联网上灰色文献更容易获取，而且获取费用相对较低。①

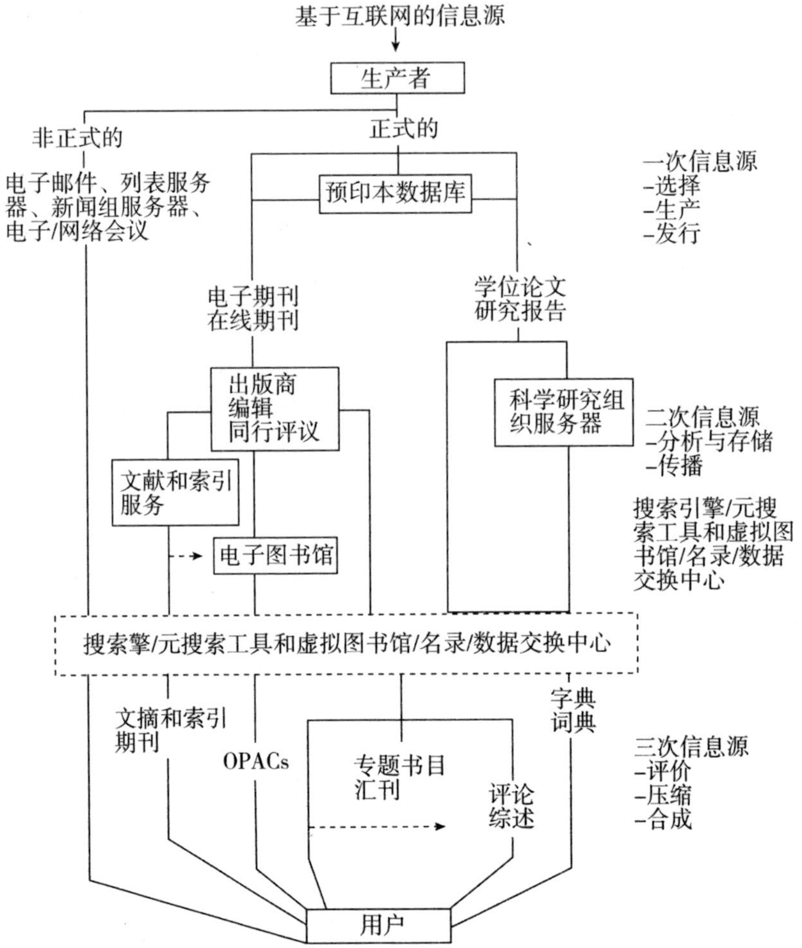

图 5-8　基于互联网的科学交流模型

① Søndergaard T. F., Anderson J., Hjørland B., " Documents and the communication of scientific and scholarly information: Revising and updating the UNISIST model," *Journal of Documentation*, Vol. 59, No. 3, 2003, pp. 278~320.

Sφndergaard 基于互联网的科学交流模型充分考察了当时网络环境中各种新技术的应用，如预印本数据库，以及处于模型中心包含各种互联网搜索工具（如搜索引擎、元数据搜索引擎、虚拟图书馆、网络主题目录和数据交换中心）在内的其他新型系统要素。Sφndergaard 等还认为，数字科学信息交流可能改变某些信息和文献类型的性质与功能。比如，数字期刊在数字化科学交流的早期仍然是一种一次信息源，但是随着时间推移，数字期刊也许将转而主要承担验证与存档功能，并因此蜕变为一种二次文献。相应地，预印本服务器将承担期刊原来承担的在开始阶段聚集信息与知识的功能。

在线出版期刊的数量以令人惊讶的速度增加。1998 年，大多数主要的传统学术出版社也加入进来，他们提供一些形式的电子产品以占领市场，如纸本期刊、图书的电子版，提供增值服务和彩色的动画图片。

由于学术界不满于纸本期刊的出版延迟和发行问题，预印本库作为新媒体成为重要角色。纸本期刊仍然起到一定的交流作用，主要是保存和传袭作用，然而，在正式交流方面，它已经不再是首选交流形式了，无论是从出版还是交流的角度，预印本文献在一些学科领域广泛传播。

有学者认为未来期刊（纸本的和电子的）将占居第二文献的地位，预印本将取代其现在所在的第一文献的地位，他们说未来期刊的主要作用将是保存和证明，预印本将取代其交流角色。

2. 通用科学交流模型——整合了 Internet 的 UNISIST 模型

通用科学交流模型整合 UNISIST 模型和 Sφndergaard 互联网模型于一体，把 Internet 上的各种组织单元和文献单元并行的添加入 UNISIST 模型的每一阶段，组成了包括传统交流渠道和网络交流渠道的多回路的交流系统模型，见图 5 - 9。

信息源

生产者

互联网

(非正式的)　　　　(正式的)

讲演
会议

(出版的)　　　　(未出版的)

出版商
编辑

电子邮件、
列表服务器、
新闻组服务
器、电子/
网络会议

预印本
数据库

图书

书评

期刊

学位论文
研究报告

电子期刊
在线期刊

学位论文
研究报告

科学研究组
织服务器

文摘和索
引服务

出版商
编辑
同行评议

文摘和索引服务

字典
词典

数据交
换中心

电子图书馆

图书馆
信息中心

字典、词典
OPACs词汇表

文摘和索
引期刊

搜索引擎、名录、虚拟
图书馆、数据交换中心

目录
指南
参考服务

专题书目
汇刊

评论、综
述、手册、
百科全书

用户

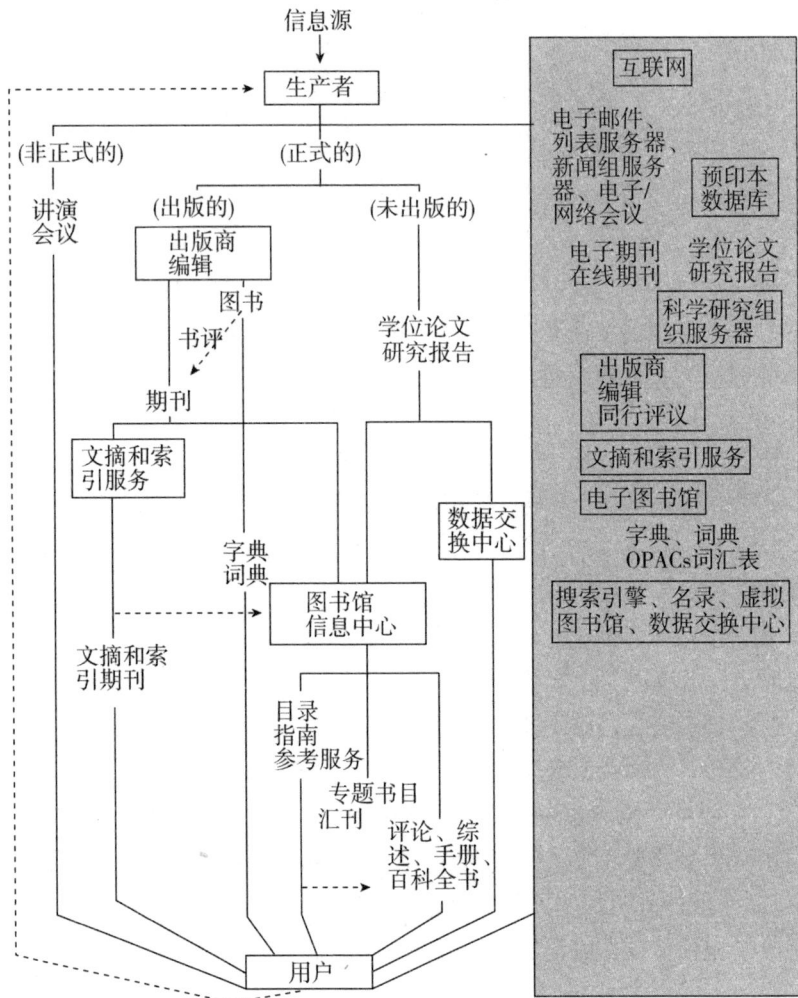

图 5-9　通用科学交流模型

在通用科学交流模型中，信息流在传统渠道和互联网渠道上同时流动，经常起到相同的作用。互联网上增加了传统系统中没有的非正式交流渠道，包括邮件列表服务器（List servers）、新闻组等，正式交流渠道则包括预印本数据库、科研组织服务器、搜索引擎和元搜索引擎等。模型也沿用了一二三次文献的说法，并在一次文献中增添了书评这种正式出版交流形式，因为书评对于学术专著的评价和传播非常重要；在二次文献中增加了词典和叙词表；在三次文献中增加了手册和百科全书等。

UNISIST 是由科学家和图书情报学专家合作总结出来的科学交流模型，全面涵盖了各种文献类型、相关组织机构及其多种交流渠道。而加维－格里菲思模型是由科学家总结出来的，更注重于科学研究过程中的信息流程，忽略了文献生产机构和信息服务机构在科学交流系统中的作用。

3. 学科 UNISIST 模型——为学科领域分析而修正的 UNISIST 模型

学科 UNISIST 模型是为学科领域分析而修正的 UNISIST 模型，是反映某一具体学科领域科学信息交流情况的模型。

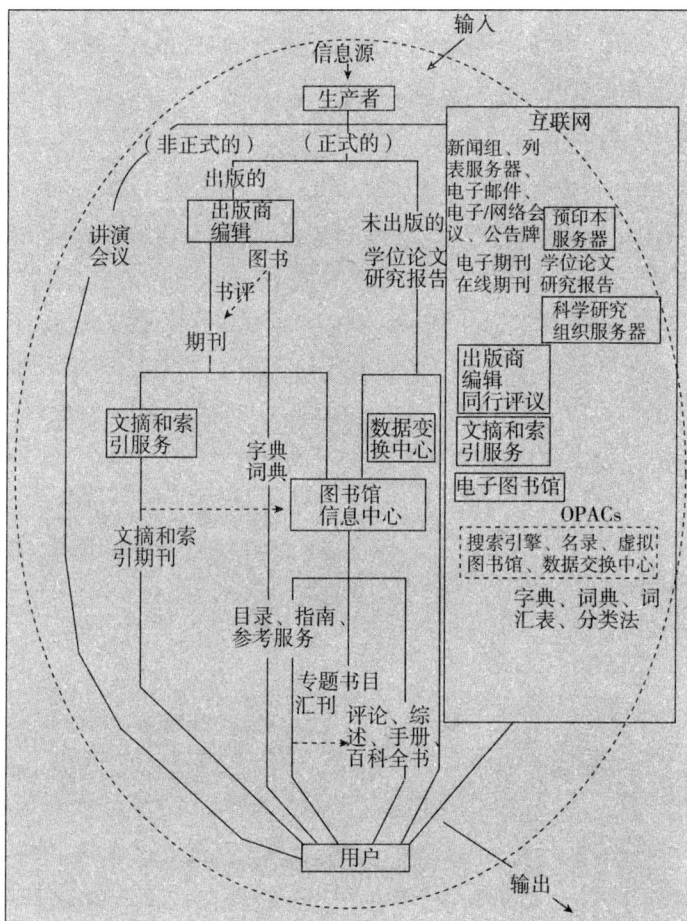

图 5 - 10　学科 UNISIST 模型——为学科领域分析而修正的 UNISIST 模型

Søndergaard 等人十分重视考察具体学科的科学交流情况。他们认为，科学交流和信息交换是在为了达到共同目标、解决共同问题而组织起来的相互合作的群体，或者是在特定的学科领域之中发生的。每个不同的科学、学术和专业领域都有独特的交流结构以及不同的出版物类型，它们是对某个特定学科独特的交流需求的确切表达。为科学交流建模的根本任务就是对每个学科独特的交流系统和结构加以经验地描述，以揭示不同学科领域特殊的信息流，检验每一种信息要素对于特定学科而言所具有的价值，并对上述问题作出理论阐释。为此，Søndergaard 等超越了在通用科学交流模型中利用专有要素体现学科差异的做法，而建立了完全基于学科分析的科学交流模型。具体的处理手法是把通用科学交流模型用椭圆涵括起来，以此来表示一个特定的学科领域，如生物学、医学、法学等。学科领域通常具有开放结构，彼此之间常常相互交叉、重叠，因此椭圆用虚线表示，参见图 5 - 10。

三、米哈依洛夫 II 型模型

1976 年苏联科学院科技信息所所长 А. И. 米哈依洛夫在其出版的专著《科学交流与信息学》中提出了集正式和非正式科学信息交流为一体的科学交流理论和模型（见图 5 - 11）①。米哈依洛夫将科学交流的过程归纳为九项基本活动，并将这些基本活动概括分为非正式过程和正式过程，并把科学信息的出版、发行、搜集、保存、加工、服务等过程纳入"科学技术文献系统"和"科学信息和图书—书目工作"这两个正式交流环节。图中虚线以上的部分是"非正式交流"，以下部分是"正式交流"。

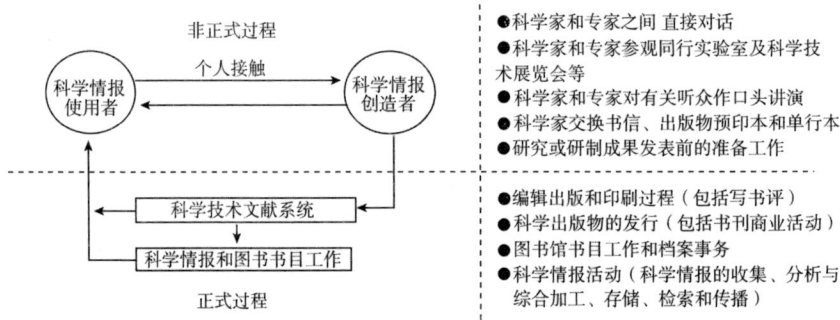

图 5 - 11　米哈依洛夫的科学交流模型

---

① ［俄］А. И. 米哈依诺夫著，徐新民等译：《科学交流与情报学》，科学技术文献出版社，1980年。

四、科学交流的生命周期模型——SCLC 模型

科学交流的生命周期模型（scientific communication lifecycle model）简称 SCLC 模型）是 2000～2006 年欧盟资助的科学信息交流自组织机构库（SciX）和芬兰科学院资助的开放科学交流（OACS）两个项目的部分研究成果。此模型是利用制造业中的企业流程再造模型方法 IDEF0（ICAM DEFinition，集成计算机辅助制造功能建模方法）建立的，目的是为政策制定者提供详细的一个路线图，涵盖从开始研究到应用研究成果，再到改善日常生活的整个科学交流价值链。SCLC 模型由一系列图来分别描述科学交流中的研究、交流和成果应用等活动。IDEF0 图表是等级式的，在上级图表中包含的活动可以细分为次级图表和活动，SCLC 模型用五大要素来描述：活动、输入、输出、控制、机制。2005 年，芬兰的 Bo-Christer Björk 提出 SCLC 模型的第三版①，图 5 – 12 是 SCLC 模型众多图表中的 A0 综合图表，用于理解整个科学交流的层次结构。

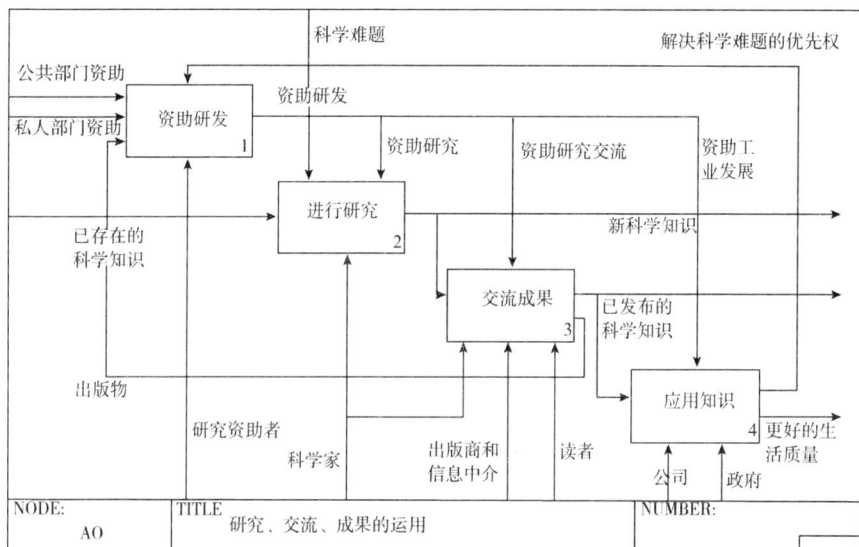

图 5 – 12　SCLC 模型——A0 综合图：研究、交流、成果的运用

SCLC 模型建模是为了理解科学交流的程序，以及科学交流如何受到互联网的影响，以便为各种新的替代交流方式及其组织的成本和性能分析的提供一个

---

① Bo-Christer B.，"A lifecycle model of the scientific communication process," *Learned Publishing*, Vol. 18, No. 3, 2005, pp. 165～176.

基础模型，同时也可以作为路标在整个系统中安置新型交流活动渠道，如电子预印本库、元数据收割工具等。总体来讲，SCLC 模型涵盖正式交流和非正式交流过程，但是重点关注正式出版物，尤其是科技期刊进行的正式科学交流活动。SCLC 模型包括整个交流过程中所有参与者的活动，即包括研究人员、出版商、编辑和审稿人、图书馆、书目索引服务商、读者、应用者的所有活动。

　　IDEF 是用于描述企业内部运作的一套建模方法，用于创建各种系统的图像表达、分析系统模块。IDEF 共有 10 套方法，IDEF0 是其中之一的功能建模方法。其主要的功能在于以结构化的方式来表达出系统功能环境，以及各个功能之间的关系，藉由图形化及结构化的方式，将一个系统当中的功能以及功能彼此之间的限制、关系、相关信息与对象表达出来，让使用者由图形便可清楚地知道系统的运作方式以及功能所需的各项资源。IDEF 是 ICAM DEFinition method 的缩写，是由美国空军在 20 世纪 70 年代末 80 年代初发明的，是在 ICAM（Integrated Computer Aided Manufacturing）项目基础上建立的一套系统分析和设计方法。

　　SCLC 模型由一系列图来分别描述科学交流中的研究、交流和成果应用活动。IDEF0 图表是等级式的，在上级图表中包含的活动可以细分次级图表和活动。SCLC 模型用五大要素来描述：活动、输入、输出、控制、机制。整个过程包括四个阶段：资助研发、进行研究、交流成果、应用知识，在四个阶段分别有相应的输入、输出、控制、机制。四个阶段中的任何一个子活动又可以分解为不同的子阶段，并有相应的输入、输出、控制、机制作用于子阶段，以此类推构成等级式的图表系列。2005 年的 3.0 版包括 26 个分表，安排进入七个层级，每个表通常有三到四个活动，总共有 80 个活动，250 个箭头。

　　SCLC 模型的整体分层细分见表 5 - 1。

表 5 - 1　SCLC 模型的分层分类

内容图示研究，交流和成果应用
执行研究
交流知识
非正式交流成果
发布成果
发布文本式成果

写手稿

出版成果

出版图书

出版专著

发布为会议文件

发布为学术期刊论文

作为普通出版商的活动

作为普通期刊的活动

处理论文

评审手稿

简单编辑手稿

排队等待出版

洽谈版权或稿费

出版文章

出版数据和模型

促进传播和存档

促进公开的检索

原稿提供在网上公开

从不同的渠道在电子服务器上出版整合元数据进入搜索服务

促进在读者机构内的检索

保存出版物

对结果进行研究

发现出版物/搜索出版物/出版物提醒

检索刊物/阅读刊物

应用知识评估研究或研究人员

来源：BC Bjork. "A lifecycle model of the scientific communication process", *Learned Publishing*, Vol. 18, No. 3, 2005, pp. 165~176.

这个层次结构图表明，这种模式并不是聚焦于科学期刊本身的功能特性，而是关注于对应这些功能的大量由参与者执行的各种操作，这些操作包括撰写、编辑、印刷、传播、存档、检索和阅读。①

2008 年，由英国的联合信息系统委员会（JISC）资助的澳大利亚维多利亚大学和英国的拉夫堡大学两个团队对芬兰学者 Bo-Christer Björk2007 年的模型进行升级，提出了科学出版的经济学模型（EI-ASPM），主要包括两方面：①强调了不同出版模式的不同之处；②对模型中的每一处活动所涉及到的花费进行经济分析。目的是衡量科学交流的整个过程中的花费和带来的利益，以帮助利益相关者理解正在兴起的科学出版模式（如提交、开放获取以及自存档三种出版模式）的制定、预算和经济含义。②

第二节　数字环境下科学交流系统的重组

近 20 年来随着信息技术的飞速发展，学术信息借助于 Internet 网广泛快速地传播开来。特别是近年来，开放获取和 Web2.0 应用服务的广泛开展，为科学交流提供了新的交流频道和方式，开放存取作为一种新的学术交流机制，从根本上改变了学术信息传播方式，改变学术信息链上各个节点（包括图书馆）的功能，从而引发科学信息交流系统的重组和科学交流系统功能的实现方式和路径的变革。传统的学术交流链是一个线型的垂直结构系统，其功能主要是依赖期刊来实现，通过收稿日期进行注册，由专家评审认证，最终发表文章执行通告功能，由发表期刊级别和被引次数来实现对作者的认可和荣誉。一个功能实现后，它才会继续履行下一个功能。由于社会需求、科学发展自然规律以及技术力量的趋动科学交流发生了重大的变化，现代科学交流系统变成了一个互动的网状交流体系，有多个节点和多种路径发布、传播、保存，平行实现注册、认证、通告、存档和荣誉功能，而且可以同时实现多个功能。现代科学交流系统中学术信息的发布、传播、保存方式，过滤和评价机制，以及注册、认证、通告、存档和荣誉功能的实现，都发生了一系列的变革，带来整个科学交流系统的重新组合。

一、新的交流频道的加入

新的交流频道（Channel）主要是包括现代信息技术、开放获取带来的新

---

① J. S. Mackenzie Owen, *The scientific article in the age of digitization*, Springer, 2007, pp. 62~63.

② 孙玉伟：《数字环境下科学交流模型的分析与评述》，《大学图书馆学报》，2010 年第 1 期，第 41~45 页。

的由信息发布者到接收者的完整交流回路，由新的出版方式（如在线自出版）、存档方式（如自存档）和相对应的传播方式（如在线发布、免费存取）、扩散方式（标签聚类、允许搜索引擎索引）组成完整的交流频道。

数字化网络环境下，新的自出版模式和开放获取理念是引起科学交流系统重组的主要动因。新的自出版模式主要包括两大类出版形式：OA 期刊出版和自存档（self-archieve），其中自存档又可通过三种路径：机构知识库、学科知识库、博客或个人网站。所存论文文档被称为 E 印本（Eprint），包括预印本、后印本等电子文档。OA 期刊出版和自存档同属开放存取，有一个共同特点，即所有人在 Internet 公共领域内可以免费获取其文档全文，所不同的是自存档作者可以自由提交存档，是开放存开放取；而 OA 期刊是作者付费出版，部分OA 期刊是经同行审稿的，开放取而不完全开放存。

目前开放获取出版模式也逐渐被科学家所接受，众多开放获取期刊、机构库、预印本文库系统都已成功运行，并已得到广泛应用。Alma Swan 等调查作者自出版行为结果表明近一半（49%）的被调查者在近三年内至少提交一篇文章于机构库或个人网页中①。三大引文索引——SCI、SSCI、ISTP已经开始收录部分 OA 期刊；开放存取期刊目录（DOAJ）现已收集了 2625种有 ISSN 的开放获取期刊；开放资源引擎 Socolar 索引的 OA 期刊有 6103种、机构库 842 个；开放资源门户网站 E-print Network 提供了世界范围的24600 个基础和应用科学开放资源的检索；密执安大学数字图书馆的开放数字资源"一站式"检索门户网站 OAIster，2006 年的检索点击次数为 625053次；各个学科也都建有覆盖本学科或多学科的电子预印本文献库，如覆盖物理、数学、计算机科学、定量生物学、统计学的 arXiv，覆盖心理学、人类学、哲学、语言学的 CogPrints，经济学的 RePEc、临床医学和卫生的ClinMed Netprints、、物理的 CERN Preprint Server、天文物理的 Astrophysics Data System（ADS）Article Service、图书馆学的 E-LIS 其中数学、物理两学科预印本库最多。最早也是全世界最大预印本文库的 arXiv 目前已成为物理、数学、计算机科学等学科学者首选的交流工具。

新的交流模型扩大了发布主体的范围，有更多的参与者，并且是以用户为中心的，科学家更多参与控制的、快速的、适合科学研究需要的交流系统。然

① Alma Swan, Sheridan Brown, "Open access self-archiving: An author study"（http://eprints.ecs.soton.ac.uk/10999/070415）

而，在不同学科对开放获取有不同水平的接受，其中物理、生物等学科接受度要更大一些。Tenopir 和 king 2000 年对 Oak Ridge National Laboratory 的调查表明 75% 的物理学家使用 arXiv，100% 的物理学家知道 arXiv。[1] 而且，尽管有许多种替代的电子出版模式，传统的学术期刊仍然是首要的出版研究成果的平台，Keiko Kurata 等在其"学者使用电子期刊行为调查"中发现，70% 的被调查研究者将其 60% 的研究成果投稿给传统期刊，预印本的重要性仍落后于期刊，作者会在投稿给预印本库后会继续投稿期刊，并未放弃传统的出版路线[2]。

二、科学交流系统的内部重组：信息流程重组

加维—格里菲思模型（Garvey-Griffith 模型）从科学家的角度，比较详尽的描述了科学交流系统内部的信息流程，即从研究开始到其发现被整合、融入形成科学知识的知识生产全过程中的信息交流流程，未涉及支持科学交流的图书馆、出版发行机构等科学交流外部服务系统。其主要描写与知识生产相关的学术信息流通，包括从研究开始到研究完成过程中前期报告、非正式报告，及其后提交手稿和同时发布会议报告和预印本，然后期刊发表、被索引、被引用，直到被写入综述或专论图书的整个知识的知识生产过程的信息流。它的中心部分既包括正式过程也包括非正式过程。Garvey-Griffith 模型它很好地描述了在缺乏技术支持的环境下基于时间的科学交流过程，从研究开始到产生新知识的知识生产全过程中的信息交流。20 世纪 90 年代，计算机和网络技术发展，给科学交流带来了新的渠道和路径，改变了交流方式，1996 年 Hurd 依据网络环境带给科学交流过程改变，修改了描述科学交流系统内部交流流程的 Garvey-Griffith 科学交流模型，增加了 Internet 的新的交流元素，如 E-mail 和电子出版等，2004 年 Hurd 再次修正了 Garvey-Griffith 模型，又增加了一些新发展元素，如网络自出版和机构库，图 5－13 为 Garvey-Griffith 和 Hurd 模型的中心部分。[3]

① Tenopir C., King D. W. "Electronic journals and user behavior," *Learned Publishing*, Vol. 15, No. 4, 2002, pp. 259~265.

② Keiko Kurata et al, Electronic journals and their unbundled functions in scholarly communication: Views and utilization by scientific, technological and medical researchers in Japan," *Information Processing and Management*, Vol. 43, No. 5, 2007, pp. 1402~1415.

③ Björk, B-C," A model of scientific communication as a global distributed information system," *Information Research*, Vol. 12, No. 2, 2007, p. 307. (http://InformationR. net/ir/12－2/paper307. html)

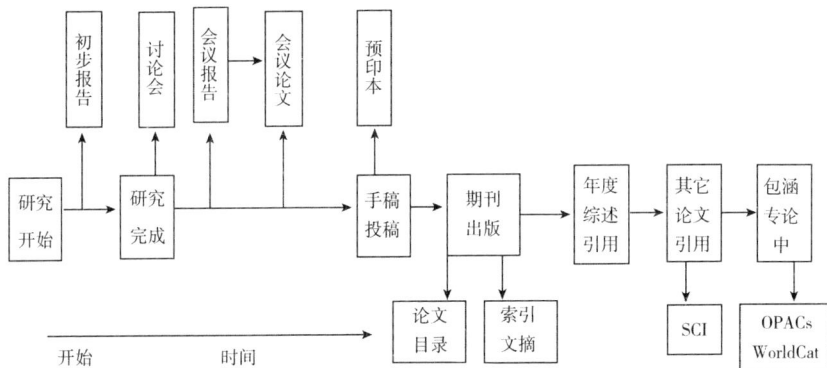

图 5 – 13 Garvey-Griffith 和 Hurd 模型的中心部分

来源：Björk，B-C. A model of scientific communication as a global distributed information system. Information Research，2007，12（2），307.

但是，无论是 Garvey-Griffith 模型还是经 Hurd 修正的模型都是单一的线型的以传统期刊为主线的交流模型，然而随着自存档以及 OA 期刊逐渐被科学家所接受和应用，科学交流过程事实上已形成多路径网状结构交流模型，笔者总结如图 5 – 14 所示。

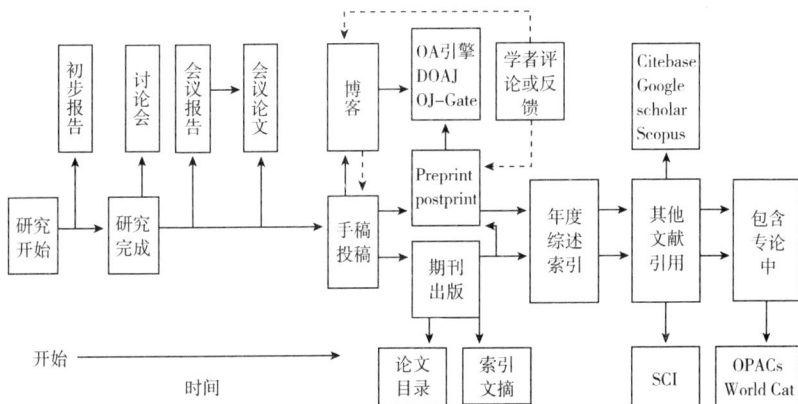

图 5 – 14 数字环境下科学交流系统内部信息流程模型

新系统中不仅包括原有的传统期刊出版（纸本和电子版），还包括新的平行的出版模式即自存档（作者自己在电子预印本文库、机构库、学术机构网站、个人主页或博客上发布论文的预印本、后印本），以及新的索引系统（OA 资源目录和 OA 资源搜索引擎，如 DOAJ）和新的引文工具 Citebase、

Google Scholar、Scopus 等。并且，它还包括学者的评论和反馈，传统的模型是线性的拥有广大的读者却只有很少的反馈，而现代网络 Web2.0 技术为科学交流系统的提供更好的互动条件，无论是电子期刊，还是预印本库、机构库、博客都有在线评论和反馈的表单或链接。

三、科学交流系统的外部重组：科学信息服务系统重组

前苏联学者米哈依洛夫将传统的科学信息的出版、发行、搜集、保存、加工、服务等过程作为"科学技术文献系统"和"科学信息和图书—书目工作"，纳入科学信息交流系统，这一部分实质上是科学交流的外部信息服务系统，张晓林[①]将其结构归纳为图 5 - 15 所示。

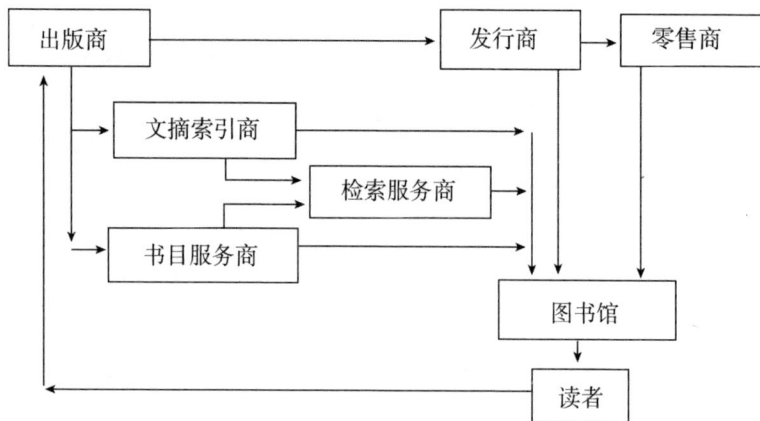

图 5 - 15　传统科学交流外部信息服务系统

开放获取和 Web2.0 使得这一传统的服务系统发生了结构和组成上的变化，形成了新信息服务系统，详见图 5 - 16。

---

① 张晓林：《网络化数字化基础上的新型学术信息交流体系及其影响》，《图书馆》，2000 年第 3 期，第 1~4 页。

科学信息创造者 → 图书馆 学术机构 —— 机构库、OA期刊、Eptint文库 → OA资源搜索提供者

科学信息创造者 → 出版商 —— 纸本和电子期刊、图书 → 发行商

出版商 → 文摘索引商

文摘索引商 → 检索服务商

书目服务商 → 检索服务商

发行商 → 搜索引擎商

搜索引擎商 → 图书馆

书目服务商 → 博客服务商

图书馆 → 科学信息接收者

科学信息接收者 → 科学信息创造者

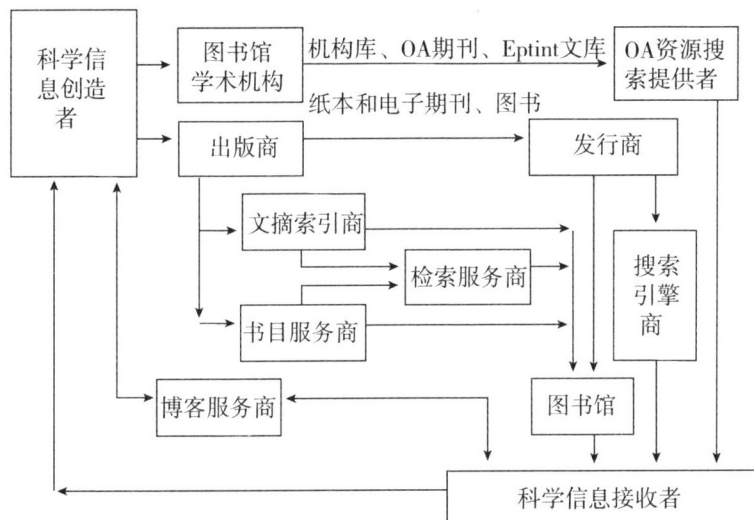

图 5 – 16　数字环境下科学交流外部信息服务系统

新的科学信息服务系统与传统的相比，具体来讲主要有如下的变化：

（1）图书馆和科研机构由原有学术交流链的末端节点变成为全程参与者。开放存取和 Web2.0 应用技术拓宽了发布渠道，技术进步给予研究人员对学术信息交流的组织结构进行改革的能量，传统的学术信息交流主要依赖期刊或图书（包括纸本和电子版）的印刷出版这一途径现实现。图书馆作为这一学术交流系统的一端，承担着选择、组织、保存、传播学术信息的职责和功能。学术机构和科学家在学术交流系统的起始端，承担着信息生产职责。在开放存取和数字化环境中，学术交流绕过出版商环节，由图书馆、学术机构和科学家承担电子预印本文献库、机构库、博客的建设，同时也负责开放资源搜索门户建设和运行。因此，图书馆、学术机构和科学家参与和控制学术信息的编辑、出版、传播、存档的整个交流过程，从末端节点变成为全程参与者。

（2）新的系统中，书目服务商的市场被削弱，有很多替代的方式完成了它的业务，许多学术搜索引擎免费提供学术资源检索；出版商免费提供的网络版期刊和图书的目录、文摘信息及其检索，网络书店也提供了免费书目信息，使目录服务商失去了部分市场。

（3）搜索引擎提供商成为信息服务的新的参与者，也是图书馆学术信息服务的有力竞争者。Google Scholar 通过抓取网上的学术资源，如专家评审文献、论文、书籍、预印本、摘要以及技术报告，并与数据库商合作提供数据库

内部题录、引文信息和全文链接，使网民更方便地搜索和获取全球的科研成果。通过 Google 搜索到 Elsiver 的 ScienceDirect 数据库的期刊论文和图书，可以直接在线获取全文（只要检索机用户购买了数据库）。此外，它还能提供论文被引用信息、施引文献链接，搜到"非在线"文章的被引用信息，比如爱因斯坦的很多著作并未在线发布，却被众多学者引用。Google 通过提供这些引用信息，可使网民了解到重要的非在线论文。据调查，google 成为科研人员搜索学术信息的首选工具，Google 已经变革了学术圈查询信息的方式。

四、评价机制的改变

迅速转变的环境使得想要发现高影响的文章的方式发生了转变，传统的引文分析方法在新的环境中需要转变，开放文档的评价机制也将所改变。新的评价机制将会主要依赖两方面影响因素对电子文档进行评价，即引用影响因子（引用因子）和基于使用的影响因子（下载和点击次数）。其中引用影响因子（引用因子）将采用类似 pagerank 的迭代方法对一篇文章的被引次数及其引文的被引次数进行迭代计算，来测度文档的质量；而基于使用的影响因子将依据下载和点击次数加权计算，使用数据来自于不同层次的用户，包括研究生、教授、职员、外行、学者，即所有类型的用户，遍布全球，无国界限制。

而且有许多新的引文文献计量网站来支撑新的评价机制，如 Citebase、Google Scholar、Scopus 等开放资源搜索引擎和引文分析门户网站，提供引文检索和引用次数、下载次数、引文追踪等引用和使用数据，成为新的文献计量工具。Citebase、Google Scholar、Scopus、SciRate 等文献计量工具预示着未来科学评价系统的重组。

Google Scholar 免费索引学术资源并按引用次数排序，且增加引用论文和其他资源的引文追踪。几乎所有学术数据库出版商（除 ACS 外）已经与 Google 合作允许 Google 索引其数据库内部题录和引文信息，如 Taylor & Francis Group 的 Informaworld 电子资源平台和 John Wiley & Sons Inc 的 Wiley Inter-Science 平台等，其资料在 Google Scholar 中可见。与 Web of Science 和 Scopus 相比，非期刊资料是 Google 的优势，其搜索可以揭示 preprint、postprint、ArXiv、会议论文、技术报告、图书、学位论文和电子期刊。目前我国数据库出版商维普和万方也已经与 Google 合作，Google 检索结果中的中文论文提供到的维普数据库或万方数据库的全文链接，通过手机和购买充值卡付费可下载全文。

Citebase（http：//www. citebase. org/）作为以网络引文分析与引文检索为

目的的服务工具，依据文献的影响排列检索结果，其主旨面向网上公开获取的论文，提供电子印本库的参考与链接服务，与此同时提供引文与影响分析。当一篇新文章以电子印本的形式存储或发表，Citebase 将自动检索并在搜索引擎中标引，并链接其参考文献，继而在 Citebase 中生成一个该文的 OAI-PMH（Open Archives Initiative Protocol for Metadata Harvesting）标识符。系统支持依据引用文献的作者、题名、文摘关键词、出版物名称（Publication Title）、创建日期（Creation Data）以及 OAI 识别号检索，并可按照创建日期、最新更新日期、论文被引量、作者被引量、作者点击率、文章点击率等多种准则排列检索结果，采用图示显示文献被引率、点击率随时间的发展情况，因而可直观判断文献的影响及研究热点。目前，Citebase 采用了英国 UTF-8 编码框架，结果更为精确匹配。对于每一篇文献，Citebase 提供了：①文章引用或点击历史；②该文参考文献列表；③引用该文的前 5 篇文章（依文献被引量排列，亦可选择显示引用该文的所有文章）；④与该文同被引的前 5 篇文章（亦可选择与该文同被引的所有文章），并且通过链接，由一篇文献可无限延伸下去，充分体现了引文索引滚雪球式的扩展功能。

Scopus（www.scopus.com）于 2004 年 11 月正式推出，是目前全球规模最大的文摘和引文数据库。Scopus 涵盖了由 4000 多家出版商出版发行的科技、医学和社会科学方面的 15100 多种期刊。相对于其他单一的文摘索引数据库而言，Scopus 的内容更加全面，学科更加广泛，特别是在获取欧洲及亚太地区的文献方面，用户可检索出更多的文献数量。通过 Scopus，用户可以检索到 1966 年以来的 2800 多万条摘要和题录信息，以及 1996 年以来所引用的参考文献。

另外，还有利用读者投票进行评价和过滤的，如 SciRate 网站就是利用其投票系统，将得票高的论文排在前面，像 digg. com 网站中的新闻排序规则一样，依靠这种人工的过滤系统，最后能够把好的论文给留下来。

第三节　现代科学交流的功能实现

关于科学交流的功能，Rowland 曾于 1997 年在其关于"印刷本期刊的未来"的文章中在给出一个简洁而有影响力的概要大纲，他指出了四个科学交流的功能。① 其一是"传播",即明显的信息扩散功能;其二是"质量控制"(quality control),由同行专家评审程序从根本上控制进入信息链的论文质量;其三是"权威存档"(canonical archive),集中的科学出版记录科学研究产出,建立正式的标准的记录提供给科学共同体;第四个功能是"认可"(recognition),承认作者在科学交流中的社会影响,赋予作者科学地位。Rowland 定义的科学交流功能与科学交流方式有关,他描述的是组织化的科学交流系统的功能,主要是期刊的科学交流功能。Rowland 认为相比于传播功能来讲,后三个功能是正式科学交流系统的关键功能,因为,书信、无形学院可以更快捷地传播、扩散信息,但却不能起到质量控制、存档和认证的作用。可以说它是从效用的角度来概括期刊的科学交流功能。

Roosendaal and Geurts 也于 1997 年发布了其关于科学交流的作用和功能的研究成果,在对自 18 世纪起出现的正式科学交流进行分析的基础上,更全面地指出每个科学交流系统必须执行下面的功能②:①注册(Registration),声明科学发明优先权;②认证(Certification),确定已注册声明的正确性;③告知(Awareness),使科学系统中的学者知道新的声明和发现;④存档(Archiving),长期保存学术记录;⑤荣誉(Rewarding),基于来源自系统的文献计量结果派生的对参与者在交流系统中表现的认可和荣誉,如在某一级别刊物上发表文章以及被引用所隐含的对学术水平的肯定。将这些功能联系起来可以发现,Roosendaal 是从价值的角度来审视科学交流系统的功能的。

科学交流系统通常要执行上述五个功能,Roosendaal 认为其中四个是科学交流的主要功能,即注册、认证、告知、存档,并根据这四种功能的关系和属性将其形象化的描绘成图(图 5 - 17)。其中纵轴上的注册和告知功能是属于科学观察的两个不同方面,而横轴的认证和存档功能属于科学判断的不同方面。他分析这些功能属性,认为注册功能是具体而客观的,通告功能是抽象而主观的。认证功能是具体而主观的,最后,存档功能是抽象而客观的。主观的功能属于科学研究过程内部的,而客观的功能是属于科学研究过程外部的。现代电子交流环境下主要发展了两个外部功能即注册和存档。对于现代科学交流

---

① Rowland F. , " Printed Journals: Fit for the future? ", *Ariadne*, No. 7, 1997, pp. 6 ~ 7; (http://www. ariadne. ac. uk/issue7/fytton/) .

② Roosendaal H. E. , Geurts P. A. Th. M. , " Forces and functions in scientific communication: an analysis of their interplay," *Cooperative Research Information Systems in Physics*, 1997, Oldenburg, Germany. (http://www. physik. uni-oldenburg. de/conferences/crisp97/roosendaal. html) .

功能实现分析如下：

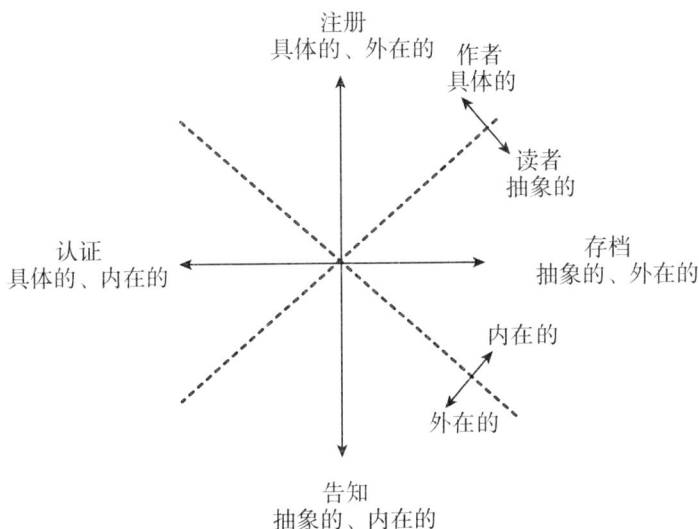

图 5 - 17 科学交流的 4 个基本功能的关系和属性

一、注册功能的实现

数字环境下，开放存取和 Web2.0 应用技术拓宽了发布渠道，出现了新的出版模式，如电子预印本文献库、机构库、OA 期刊、博客、机构网站等，因而也出现了多种方式与传统出版平行或替代的实现注册功能，①。其中，电子预印本文献库、机构库、OA 期刊发表即可实现有效注册，其优先权得到公众认可。俄罗斯拓扑学家格里高利·佩雷尔曼（Grigory Perelman）将其证明庞加莱猜想的两篇论文发表在 arXiv 上后，并未再投稿于正式学术期刊，仍然获得了数学界的最高奖项菲尔兹奖（Fields Medal），这说明了科学界对电子预印本库文献的优先权的承认。但学术成果在个人网页和博客上发表是否完成注册并未受到公众的认可，其优先权也没有得到承认。目前，科学界认为在个人网站上发表科学见解 100 篇等于 0，使得一些科学家担心在个人网页和博客发表科学见解只会泄漏科研秘密，而放弃通过个人网页和博客来交流学术信息。

---

① Herbert Van de Sompel, Sandy Payette, John Ericksonetal, "Rethinking Scholarly Communication Building the System that Scholars Deserve", *D-Lib Magazine* Vol. 10, No. 9, 2004.

（http://www. dlib. org/dlib/september04/vandesompel/09vandesompel. html）

二、认证、荣誉功能的实现

传统的出版采取专家审稿或编辑审稿的过滤机制，文章发表代表着对该文档正确性的认可和对作者研究的承认和荣誉，专家审稿的 OA 期刊同传统期刊一样具备认证和荣誉功能。而开放获取资源除了 "peer-reviewed" OA 期刊以外，基本上是采取文责自负原则，开放地接受所有提交的成果的，是未经过滤的。部分预印本库由专家志愿者进行简单的格式或作者资质的过滤，也未进行认证，其文献的认证要靠传统的期刊的发表来实现，可以说 OA 资源认证功能与注册和存档功能是分离的。另外，读者评论或反馈也有一定的评价作用，但缺乏权威性和共信度，不具备可靠的认证功能。专家审稿一直被视为论文质量的维持力，Eprints 缺乏这种质量保障，因此在机构库和预印本库发布研究成果得不到与某级期刊上发表文章相应的荣誉和认可。

三、告知和存档功能的实现

开放存取资源有传播快速、索引良好、全世界可获、无成本获取等优点，是最好的实现告知功能的一种交流方式。但它也有一些缺点，如价值不高的文献大量涌现和重复的出版使得获取可靠的有价值的信息更困难，以及不成熟的发现缺乏足够的实验细节和支持数据，泛滥的修正和更新造成的多种版本，造成信息接收者的迷惑和不信任等，对告知功能的实现有一定的负面作用，尽管如此，开放存取仍不失为最好的实现告知功能的交流方式。

由于外在环境因素（如投稿太少）、经费问题、管理因素、安全问题、技术进步等原因使得开放存取资源的长期保存具有一定的风险性，一些科学家认为开放存取的存档是不适当的存档方式，具有潜在的不稳定性和不连续性。尽管 OA 存档有以上缺点，但作为一种可以存储多种格式、多种类型和广域资源的存档方式，OA 存档对于现代和未来的科学交流仍具有重要的存在意义和存在价值。

总之，新的交流模型已经融入现代科学交流系统，为原有系统增加新的单元，新的路径，有利于尽早注册，快速、有效传播和加快发现速度，并且信息容易获得，使信息主体能够被重用、发掘、分析，形成新知识被创造的基础。新的交流模型挑战已有模型，并逐渐替代执行或平行执行原有模型的部分功能，形成多路径网状交流系统，同时也为系统中的所有参与者提供新机会，允许试用新的方式执行学术交流功能，使得学术交流系统随着科学过程的进化而进化，造就一个适合学术研究需要的学术交流系统。

参考文献

中文译著：

1. ［俄］А. И. 米哈依诺夫著，徐新民等译：《科学交流与情报学》，科学技术文献出版社，1980 年。

2. ［英］D. 普赖斯著，宋剑耕等译：《小科学、大科学》，世界科学社，1982 年。

3. ［英］J. D. 贝尔纳著，陈体芳译：《科学的社会功能》，广西师范大学出版社，2003 年。

4. ［英］J. D. 贝尔纳著，伍况甫等译：《历史上的科学》，科学出版社，1981 年。

5. ［美］哈里斯著，吴晞、靳萍译：《西方图书馆史》，书目文献出版社，1989 年。

6. ［英］昂温 G.、昂温 P. S. 著，陈生铮译：《外国出版史》，中国书籍出版社，1980 年。

7. ［美］查尔斯·霍默·哈斯金斯著，夏继果译：《十二世纪文艺复兴》，上海三联书店，2005 年。

8. ［美］戴安娜·克兰著，刘珺珺等译：《无形学院——知识在科学共同体的扩散》，华夏出版社，1988 年。

9. ［美］戴维·林德伯格著，王珺译：《西方科学的起源：公元前六百年至公元一千四百五十年宗教、哲学和社会建制大背景下的欧洲科学传统》，中国对外翻译出版公司，2001 年。

10. ［美］丹尼尔·J. 布尔斯廷著，李成仪等译：《发现者 人类探索世界和自我的历史 自然篇》，上海译文出版社，1995 年。

11. ［美］默顿著，范岱年等译：《十七世纪英国的科学、技术与社会》，四川人民出版社，1986 年。

12. ［英］约翰·齐曼著，徐纪敏、王烈译：《知识的力量——对科学与社会关系史的考察》，湖南出版社，1992 年。

13. ［英］斯蒂芬·F. 梅森著，周熙良等译：《自然科学史》，上海译文出版社，1980 年。

14. ［日］小野泰博著，阙法箴等译：《图书和图书馆史》，北京大学出版社，1988年。

15. ［英］亚·沃尔夫著，周昌忠等译：《十六、十七世纪科学、技术和哲学史》，商务印书馆，1984年。

中文图书：

1. 程德林：《西欧中世纪后期的知识传播》，北京大学出版社，2009年。

2. 戴利华、刘培一：《国外科技期刊发展环境》，社会科学文献出版社，2007年。

3. 董天策：《传播学导论》，四川大学出版社，2002年。

4. 段瑞华：《科学技术革命与社会主义之历史演进》，华中理工大学出版社，1996年。

5. 方楠、秋燕：《河流的故事》，团结出版社，2007年。

6. 方卿、徐丽芳：《科学信息交流研究》，武汉大学出版社，2005年。

7. 丰成君：《信息交流原理》，武汉大学出版社，1997年。

8. 冯广超：《数字媒体概论》，中国人民大学出版社，2004年。

9. 郭熙汉等：《数学知识探源》，湖北教育出版社，2000年。

10. 黄晓鹏、刘瑞兴：《科技期刊工作研究》，中国科学技术出版社，1997年，第44页。

11. 李兆友等编著《科学技术发展概论》，东北大学出版社，2006年。

12. 林德宏：《科学思想史》，江苏科技出版社，1985年。

13. 刘新成：《西欧中世纪社会史研究》，人民出版社，2006。

14. 刘兹恒：《信息媒体及其采集》，北京大学出版社，1998年。

15. 罗健雄：《现代期刊管理综述》，华南理工大学出版社，1993年。

16. 倪波：《信息传播原理》，书目文献出版社，1996年。

17. 王金祥等：《期刊学概论》，情报杂志社，1993年。

18. 王一煦：《期刊资料管理及利用》，吉林大学出版社，1991年。

19. 魏纶：《数学文化》，人民教育出版社，2003年。

20. 邢天寿：《论学会》，福建科学技术出版社，1986年。

21. 徐丽芳：《数字科学信息交流研究》，武汉大学出版社，2008年。

22. 徐耀魁：《世界传媒概览》，重庆出版社，2000年。

23. 杨威理：《西方图书馆史》，商务印书馆，1988年。

24. 姚海：《世界近代前期科技史》，中国国际广播出版社，1996年。

25. 翟杰全：《让科技跨越时空：科技传播与科技传播学》，北京理工大学出版社，2002年。

26. 赵志坚主编、何平等编著：《网络信息系统资源组织和检索》，人民邮电出版社，2004年。

27. 中国大百科全书总编辑委员会：《中国大百科全书 图书馆学 情报学 档案学》，中国大百科全书出版社，1993年。

28. 段瑞华：《科学技术革命与社会主义之历史演进》，华中理工大学出版社，1996年。

中文论文：

1. 丁岭：《施普林格数字出版发展模式探析》，《大学出版》，2008年第2期，第60~63页。

2. 都平平等：《利用国外电子期刊数据库进行期刊评判及网上投稿》，《农业图书情报学刊》，2008年第8期，第168~170，192页。

3. 范爱红：《国外数据库产品的个性化服务》，《现代图书情报技》，2004年第8期，第22~24页。

4. 郎永杰：《中世纪大学对科学研究活动的贡献》，《山西大学学报（哲学社会科学版）》，2007年第6期，第84~87页。

5. 李斌：《俄罗斯科学院——帝国的科学院》，《世界博览》，2008年第13期，第72~77页。

6. 李国红：《А. И. 米哈依洛夫科学交流模式述评》，《情报探索》，2005年第6期，第44~46页。

7. 李建珊：《中世纪欧洲科学技术浅析——也谈中世纪是近代的摇篮》，《天津大学学报（社会科学版）》，2009年第1期，第29~34页。

8. 李斌：《伦敦皇家学会以前的科学社团》，《世界博览》，2008年第1期，第74~79页。

9. 刘珺珺：《关于"无形学院"》，《自然辩证法通讯》，1987年第2期，第36页。

10. 吕世灵：《预印本系统：国际学术交流的重要平台》，《情报学报》，2004年第5期，第547~551页。

11. 罗春荣：《国外网络数据库：当前特点与发展趋势》，《中国图书馆学报》，2003年第3期，第44~47页。

12. 罗良道：《国外电子期刊发展研究》，《图书馆杂志》，2001年第3期，第11~16页。

13. 师曾志、王建杭：《纯电子期刊及大学图书馆读者对它的态度和利用》，《中国图书馆学报》，2002年第3期，第57~59页。

14. 宋丽萍、徐引篪：《基于SNA的电子无形学院结构分析》，《情报学报》，2007年第6期，第902~908页。

15. 孙玉伟：《数字环境下科学交流模型的分析与评述》，《大学图书馆学报》，2010年第1期，第41~45页。

16. 唐曙南：《科技期刊数字化网络化问题研究》，硕士学位论文，华东师范大学，2001年。

17. 王克君：《从科学史看无形学院对科学发展的作用》，《东北大学学报（社会科学版）》，2001 年第 2 期，第 122～124 页。

18. 王琳：《网络环境下科学信息交流模式的栈理论研究》，《图书情报知识》，2004 年第 1 期，第 19～21 页。

19. 王子舟：《图书馆产生特点与演进路径》，《图书馆论坛》，2007 年第 6 期，第 29～34 页。

20. 吴丹：《网络电子期刊发展现状及对策研究》，《津图学刊》，2002 年第 3 期，第 24～28 页。

21. 吴稌年：《图书馆学／协会促进近代图书馆学术转型》，《图书馆理论与实践》，2007 年第 2 期，第 123～126 页。

22. 徐丽芳：《UNISIST 模型及其数字化发展》，《图书情报工作》，2008 年第 10 期，第 66～69 页。

23. 张晓林：《让数字图书馆驱动图书馆服务创新发展——读〈国际图联数字图书馆宣言〉有感》，《中国图书馆学报》，2010 年第 3 期，第 73～76 页。

24. 张晓林：《网络化数字化基础上的新型学术信息交流体系及其影响》，《图书馆》，2000 年第 3 期，第 1～4 页。

25. 钟文一：《电子期刊对纸媒的冲击及其发展前景》，《人民论坛》，2010 年第 05 期。

26. 周汝忠：《科技期刊发展的四个历史时期》，《编辑学报》，1992 年第 2 期，第 75～81 页。

学位论文

1. 唐曙南：《科技期刊数字化网络化问题研究》，硕士学位论文，华东师范大学，2001 年。

2. 尹兆鹏：《科学传播的哲学研究》，博士学位论文，复旦大学，2004 年。

3. 张婷：《国家科学交流系统探析》，硕士学位论文，大连理工大学，2005 年。

4. 张耀坤：《非正式科学交流中的信息服务研究》，硕士学位论文，华中师范大学，2008 年。

电子资源

1. 《金斯帕——永远在线的物理学》（http：//www. qiji. cn/news/open /2003/11/28/20031128232449. htm. ）

2. 《历史上最有影响的人——约翰·古腾堡［德国］》（http：//www. cei. gov. cn /index/serve/showdoc. asp？Color = Nine&blockcode = wnworld&filename = 200306103017）

3. 罗志会、邹小筑：《国内外四大网络数据库的比较研究》（http：//lib. nuaa. edu. cn/xxy/eighth/theory/luo. htm）

4. 马怡：《简牍与简牍时代》，《中国社会科学院院报》（http：//www. cass. net. cn/file/2007030688128. html）

5. 王以铸：《谈谈古代罗马的"书籍"、"出版"事业》（http：//ebook. 1001a. com/up-

loadfiles_ 6143 /% CE% C4% D1% A7/)

6. 张剑：《民国科学社团与社会变迁——以中国科学社为中心的考察》（http://www.historyshanghai.com/admin/WebEdit/UploadFile/0305ZJ.pdf)

外文图书

1. Brian C. Vickery, *Scientific communication in History*, The Scarecrow Press, 2000.

2. David A. Kronick, *History of scientific & technical periodicals, the origins and development of the scientific and development of the scientific and technical press*, 1665 ~ 1790, The Scarecrow Press, 1976.

3. Hurd J. M. , *From Print to Electronic: The Transformation of Scientific Communication*, Medford: Information Today Inc. , 1996.

4. J. S. Mackenzie Owen, *The scientific article in the age of digitization*, Springer, 2007.

5. M. Mcluhan, *Understanding Media*. New York: The New American Library, 1964.

6. Richard Waller, *Essays of Natural Experiments made in the Academie del Cimento*, London, 1684（英译本）.

7. W. D. Garvey, *Communication: The Essence of Science*, Elmsford: Pergamon Press, 1979.

外文论文：

1. Bjork Bo-Christer, "A Lifecycle model of the scientific communication process," *Learned Publishing*, Vol. 18, 2005, pp. 105 ~ 176.

2. Björk, B-C, "A model of scientific communication as a global distributed information system," *Information Research*, Vol. 12, No. 2, 2007, p. 307.

3. Bo-Christer B. , "A lifecycle model of the scientific communication process," *Learned Publishing*, Vol. 18, No. 3, 2005, pp. 165 ~ 176.

4. D. F. Zaye, W. V. Metanomski, "Scientific Communication Pathways: An Overview and Introduction to a Symposium," *J. Chem. Inf. Comput. Sci.* , Vol. 26, No. 2, 1986 , pp. 43 ~ 44.

5. F. W. Lancaster, "The Evolution of Electronic Publishing," *library trends*, Vol. 43, No. 4, 1995, pp. 518 ~ 527.

6. Fosmire M. , Young E. , "Free scholarly electronic journals: what access do college and university libraries provide?" *College and Research Libraries*, Vol. 61, No. 6, 2000, pp. 500 ~ 508.

7. Garfield, E. "Has scientific communication changed in 300 years?" *Essays of an information scientist*, IS1 Press: Philadelphia, PA. Vol. 4, 1981, pp. 394 ~ 400.

8. Hurd, J. M. , "Scientific Communication: New Roles and New Players," *Science & Technology Libraries*, Vol. 25, No. 1 ~ 2, 2004, pp. 5 ~ 22.

9. Hurd, J. M. , "The transformation of scientific communication: a model for 2020," *Jour-

nalof the American Society for Information Science, Vol. 51, No. 14, 2000, pp. 1279～1283.

10. Keiko Kurata et al, "Electronic journals and their unbundled functions in scholarly communication: Views and utilization by scientific, technological and medical researchers in Japan," *Information Processing and Management*, Vol. 43, No. 5, 2007, pp. 1402～1415.

11. Kling R., McKim G., King A., "A bit more to it: Scholarly communication forums as socio-technical Interaction networks," *Journal of the American Society for Information Science and Technology*, Vol. 54, No. 1, 2003, pp. 47～67.

12. Malhan I V, Rao, "Agricultural Knowledge Transfer in India: a Study of Prevailing Communication Channels," *Library Philosophy and Practice*, 2007.

13. Oeuvres de Leibniz, "Foucherde Careil", Vol. 7, 1875, Paris.

14. Roosendaal H. et al, "Forces and functions in scientific communication: an analysis of their interplay," 转引自 Herbert Van de Sompel etal, "Rethinking Scholarly Communication Building the System that Scholars Deserve." *D-Lib Magazine*, Vol. 10, No. 9, 2004.

15. Søndergaard T. F., Anderson J., Hjørland B., "Documents and the communication of scientific and scholarly information: Revising and updating the UNISIST model," *Journal of Documentation*, Vol. 59, No. 3, 2003, pp. 278～320.

16. Tenopir C., King D. W., "Electronic journals and user behavior," *Learned Publishing*, Vol. 15, No. 4, 2002, pp. 259～265.

17. Ziming Liu, "Trends in transforming scholarly communication and their implications," *Information Processing & Management*, Vol. 39, No. 6, 2003, pp: 889～898.

18. Sharon M. Jordan: "Preprint Servers: Status, Challenges, and Opportunities of the New Digital Publishing Paradigm," InForum '99, May 5, 1999.

19. The United Nations Educational, "Scientific and Cultural Organization and the International Council of Scientific Unions. UNISIST, Study Report on the Feasibility of a World Science Information System", Paris, 1971.

外文电子文献

1. "A few facts about top science blogs" (http://www.nature.com/news/2006/060703/multimedia/blogshots.html)

2. "Blogs and Science Communication" (http://scienceblogs.com/clock/2006/09/blogs_and_science_communicatio.php)

3. "Evaluation of the ESI preprint series" (http://www.esi.ac.at/preprints/evaluation.html)

4. "The effect of open access and downloads ('hits') on citation impact: a bibliography of studies" (http://opcit.eprints.org/oacitation-biblio.html)

5. ACRL, "Principles and Strategies for the Reform of Scholarly Communication" (http://

www. ala. org/ala/mgrps/divs/acrl/publications/whitepapers/principlesstrategies. cfm#）

6. Bora Zivkovic，"Publishing hypotheses and data on a blog - is it going to happen on science blogs？"（http：//sciencepolitics. blogspot. com/2006/04/publishing-hypotheses-and-data-on-blog. html）

7. Dru Mogge etal，Directory of Electronic Journals，Newsletters and Academic Discussion Lists（7th edition）（http：//www. ias. ac. in/currsci/jan25/articles38. htm）

8. Herbert Van de Sompel，Sandy Payette，John Ericksonetal，"Rethinking Scholarly Communication Building the System that Scholars Deserve"（http：//www. dlib. org/dlib/september04/vandesompel/09vandesompel. html）

9. Lewellyn R. D.，Pellack L. J.，Shonrock D. D.，"The Use of Electronic-Only Journals in Scientific Research. Issues in Science and Technology Librarianship"（http：//www. istl. org/02-summer/refereed. html）.

10. ROADS Consortium，The ROADS Metadata Registry（http：//www. ukoln. ac. uk/metadata/roads/templates/）

11. SINDAP（http：//egroups. istic. ac. cn/cgi-bin/egw _ metasweep/2/screen. tcl/name = welcome&service = sindap&context1 = fixed&lang = chi）

12. Tomaiuolo N. G.，Packer J. G.，"Preprint Servers：Pushing the Envelope of Electronic Scholarly Publishing "（http：//www. infotoday. com/searcher/oct00/tomaiuolo%26packer. htm）